普通高等教育"十三五"规划教材

高分子
纳米复合材料

Polymer Nanocomposite

李仲伟　主编

黄梅英　王富忠　副主编

·北京·

内 容 简 介

　　《高分子纳米复合材料》共分十章，以高分子材料为主体，兼顾无机纳米材料的制备、性质，能够反映纳米材料、高分子纳米复合材料方面的新技术、新方法、新材料。本书还给出了部分纳米材料、高分子纳米复合材料的实例，具有重要的参考意义。每章后边都有思考题，帮助读者深入思考，更好地掌握内容。

　　《高分子纳米复合材料》是面向复合材料、高分子材料专业本科生学习的教学用书，也可作为研究生的参考书，对高分子纳米复合材料感兴趣的读者亦可以从中得到诸多启发。

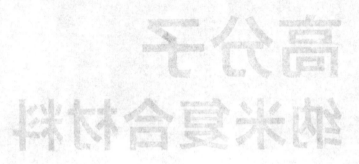

图书在版编目（CIP）数据

高分子纳米复合材料/李仲伟主编. —北京：化学工业出版社，2020.7（2021.9重印）
普通高等教育"十三五"规划教材
ISBN 978-7-122-36868-3

Ⅰ.①高…　Ⅱ.①李…　Ⅲ.①纳米材料-复合材料-高等学校-教材　Ⅳ.①TB383

中国版本图书馆 CIP 数据核字（2020）第 083820 号

责任编辑：李　琰　　　　　　　　　　装帧设计：关　飞
责任校对：王鹏飞

出版发行：化学工业出版社（北京市东城区青年湖南街 13 号　邮政编码 100011）
印　　装：北京印迪数码科技有限公司
787mm×1092mm　1/16　印张 14½　字数 365 千字　　2021 年 9 月北京第 1 版第 2 次印刷

购书咨询：010-64518888　　　　　　　售后服务：010-64518899
网　　址：http://www.cip.com.cn
凡购买本书，如有缺损质量问题，本社销售中心负责调换。

前言

随着纳米科学及技术的飞速发展，出现了许多新的理论、方法及应用，如石墨烯偏转 1.1°左右表现出超导性，为超导的研究透进来一缕别开生面的气息。为了充分展示国内外纳米材料及基于纳米材料的高分子纳米复合材料相关的最新成果，编者基于 10 多年的科研基础和教学经验编写了本书。

《高分子纳米复合材料》共分十章，分为绪论、纳米材料、无机纳米材料的制备及应用、常用无机纳米材料、纳米材料的分散、填充型高分子纳米复合材料、溶胶-凝胶高分子纳米复合材料、层状高分子纳米复合材料、高分子纳米复合材料的成型及表征、高分子纳米复合材料的应用。以高分子材料为主体，兼顾无机纳米材料的制备、性质，能够反映纳米材料、高分子纳米复合材料方面的新技术、新方法、新材料。本书还给出了部分纳米材料、高分子纳米复合材料的实例，具有重要的参考意义。每章后边都有思考题，帮助读者深入思考，更好地掌握内容。

《高分子纳米复合材料》由齐鲁工业大学（山东省科学院）材料学院高分子材料专业李仲伟为主编，山东省第一医科大学第一附属医院黄梅英及齐鲁工业大学（山东省科学院）材料学院复合材料专业王富忠为副主编。其中第 1 章、第 3 章和第 10 章中高分子纳米复合材料在生物及医学方面的应用部分由黄梅英编写，第 6 章、第 7 章、第 8 章的纳米材料对复合材料性能的影响部分由王富忠编写，第 9 章由齐鲁工业大学（山东省科学院）材料学院丁碧妍编写，书中膜相关部分由青岛远东富隆新材料有限公司纪学军、李磊编写，其余章节由李仲伟编写并对全书进行统稿，此外齐鲁工业大学（山东省科学院）材料学院无机非金属材料专业的杨雪娜老师及高分子材料专业的乔从德老师、何福岩老师、吴月老师也参与了本教材的编写工作。为了便于教学，本教材配备了完备的电子课件，有需要的可以与本书作者联系（lizhongwei@qlu.edu.cn）。

《高分子纳米复合材料》是面向复合材料、高分子材料专业本科生学习的教学用书，也可作为研究生的参考书，对高分子纳米复合材料感兴趣的读者亦可以从中得到诸多启发。

《高分子纳米复合材料》由山东省重点研发计划（2019GHY112060）、齐鲁工业大学教材建设基金、齐鲁工业大学材料学院联合资助出版，在此表示感谢。

由于纳米科学技术涉及面广，限于编者水平，书中难免有不足与疏漏之处，敬请读者与本书编者联系。

编者

2020 年 3 月

于齐鲁工业大学（山东省科学院）

目录

第1章 绪论 / 1

1.1 概述 1
1.2 纳米、纳米复合材料与高分子纳米复合材料 2
1.3 纳米领域的进展 5
1.4 主要国家纳米规划及现状 8
1.5 纳米学科发展 9
1.6 高分子纳米复合材料的命名与制备 10
 1.6.1 高分子纳米复合材料的命名 10
 1.6.2 高分子纳米复合材料的制备 10
1.7 高分子纳米复合材料的结构与性能 11
 1.7.1 纳米材料的聚集态结构 11
 1.7.2 高分子纳米复合材料的性能 13
 1.7.3 高分子纳米复合材料断裂模型 19
1.8 纳米材料对生态系统的影响 20
思考题 22

第2章 纳米材料 / 23

2.1 纳米材料的新特性 23
2.2 纳米材料的分类 24
 2.2.1 按照属性分类 25
 2.2.2 按照结构分类 25
 2.2.3 按照维度分类 29
2.3 纳米材料的基本性质 30
 2.3.1 小尺寸效应 30
 2.3.2 表面效应 31
 2.3.3 量子尺寸效应 33
 2.3.4 宏观量子隧道效应 33
2.4 纳米材料的特殊性质 34
 2.4.1 光学性质 34
 2.4.2 热学性质 36
 2.4.3 储氢性质 37
 2.4.4 润滑性质 38
 2.4.5 超疏水性质 39
思考题 42

第3章 无机纳米材料的制备及应用 / 43

3.1 无机纳米材料的制备方法 ……………………………………………………………… 43
    3.1.1 水热合成法 …………………………………………………………………………… 43
    3.1.2 溶胶-凝胶法 ………………………………………………………………………… 44
    3.1.3 气相合成法 …………………………………………………………………………… 46
    3.1.4 化学气相沉积 ………………………………………………………………………… 46
    3.1.5 化学气相渗透 ………………………………………………………………………… 46
    3.1.6 模板法 ………………………………………………………………………………… 47
    3.1.7 沉淀法 ………………………………………………………………………………… 48
    3.1.8 溶液合成法 …………………………………………………………………………… 50
    3.1.9 自组装法 ……………………………………………………………………………… 50
    3.1.10 燃烧合成法 ………………………………………………………………………… 51
    3.1.11 生物合成法 ………………………………………………………………………… 52
    3.1.12 自上而下合成法 …………………………………………………………………… 53
    3.1.13 自下而上合成法 …………………………………………………………………… 53
    3.1.14 球磨法 ……………………………………………………………………………… 53
    3.1.15 其它方法 …………………………………………………………………………… 55
3.2 无机纳米材料的应用 …………………………………………………………………… 55
    3.2.1 催化剂 ………………………………………………………………………………… 55
    3.2.2 医用材料 ……………………………………………………………………………… 57
    3.2.3 磁性纳米材料 ………………………………………………………………………… 59
    3.2.4 光电性能 ……………………………………………………………………………… 62
    3.2.5 传感器 ………………………………………………………………………………… 63
    3.2.6 水处理 ………………………………………………………………………………… 64
    3.2.7 吸附材料 ……………………………………………………………………………… 65
    3.2.8 油水分离 ……………………………………………………………………………… 66
思考题 ………………………………………………………………………………………… 66

第4章 常用无机纳米材料 / 68

4.1 纳米 SiO_2 ……………………………………………………………………………… 69
4.2 纳米 $CaCO_3$ …………………………………………………………………………… 71
4.3 富勒烯 …………………………………………………………………………………… 72
4.4 碳纳米管 ………………………………………………………………………………… 74
4.5 石墨烯及氧化石墨烯 …………………………………………………………………… 77
4.6 石墨炔 …………………………………………………………………………………… 83
思考题 ………………………………………………………………………………………… 85

第5章 纳米材料的分散 / 86

5.1 含量的影响 ……………………………………………………………………………… 86

5.2　粒径的影响 ······ 87

5.3　溶剂的影响 ······ 87

5.4　基底材料的影响 ······ 89

5.5　表面活性剂的影响 ······ 90

5.6　超声的影响 ······ 91

5.7　温度的影响 ······ 92

5.8　离子强度的影响 ······ 93

5.9　pH 的影响 ······ 94

5.10　球磨时间的影响 ······ 95

思考题 ······ 95

第6章　填充型高分子纳米复合材料 / 96

6.1　填充型高分子纳米复合材料的设计 ······ 96

6.2　纳米材料的表面改性 ······ 97

　　6.2.1　纳米粉体的不稳定性 ······ 97

　　6.2.2　纳米粉体改性的目的 ······ 98

　　6.2.3　改性方法 ······ 98

6.3　填充型高分子纳米复合材料的制备 ······ 101

　　6.3.1　原位填充聚合 ······ 101

　　6.3.2　溶液混合 ······ 103

　　6.3.3　熔融混合 ······ 103

6.4　纳米材料对复合材料性能的影响 ······ 103

　　6.4.1　对表面形貌的影响 ······ 103

　　6.4.2　对疏水性能的影响 ······ 104

　　6.4.3　对力学性能的影响 ······ 106

　　6.4.4　对热学性能的影响 ······ 107

　　6.4.5　对阻燃性能的影响 ······ 109

　　6.4.6　对摩擦性能的影响 ······ 111

　　6.4.7　对其它性能的影响 ······ 114

思考题 ······ 114

第7章　溶胶-凝胶高分子纳米复合材料 / 115

7.1　溶胶-凝胶体系 ······ 116

　　7.1.1　溶胶 ······ 116

　　7.1.2　凝胶 ······ 117

7.2　纳米材料前驱体的溶胶-凝胶反应 ······ 119

　　7.2.1　纳米材料的前驱体 ······ 119

　　7.2.2　纳米 SiO_2 的溶胶-凝胶制备过程 ······ 119

　　7.2.3　影响因素 ……………………………………………………………… 121

　　7.2.4　对纳米 SiO_2 的表面改性 …………………………………………… 123

7.3　溶胶-凝胶高分子纳米复合材料的制备 …………………………………… 125

　　7.3.1　反应型聚合物 ………………………………………………………… 125

　　7.3.2　惰性聚合物 …………………………………………………………… 127

　　7.3.3　交联反应 ……………………………………………………………… 128

7.4　纳米材料对复合材料性能的影响 …………………………………………… 129

　　7.4.1　对力学性能的影响 …………………………………………………… 129

　　7.4.2　对光学性能的影响 …………………………………………………… 130

　　7.4.3　对疏水性能的影响 …………………………………………………… 131

思考题 ……………………………………………………………………………… 133

第8章　层状高分子纳米复合材料 / 134

8.1　层状高分子纳米复合材料的设计 …………………………………………… 134

　　8.1.1　插层纳米复合材料的结构 …………………………………………… 134

　　8.1.2　黏土 …………………………………………………………………… 137

　　8.1.3　插层高分子纳米复合材料的特点 …………………………………… 140

8.2　层状硅酸盐的表面改性 ……………………………………………………… 141

　　8.2.1　蒙脱土离子交换 ……………………………………………………… 141

　　8.2.2　蒙脱土有机化处理 …………………………………………………… 142

　　8.2.3　改性与分散方法 ……………………………………………………… 145

　　8.2.4　蒙脱土的剥离 ………………………………………………………… 149

8.3　层状高分子纳米复合材料的制备方法 ……………………………………… 151

　　8.3.1　原位插层聚合法 ……………………………………………………… 151

　　8.3.2　聚合物插层法 ………………………………………………………… 152

　　8.3.3　层层自组装 …………………………………………………………… 154

　　8.3.4　其它插层方法 ………………………………………………………… 154

8.4　层状高分子纳米复合材料的性能 …………………………………………… 155

　　8.4.1　力学性能 ……………………………………………………………… 155

　　8.4.2　阻隔性能 ……………………………………………………………… 158

　　8.4.3　阻燃性能 ……………………………………………………………… 160

　　8.4.4　热稳定性 ……………………………………………………………… 163

思考题 ……………………………………………………………………………… 163

第9章　高分子纳米复合材料的成型及表征 / 165

9.1　传统成型方式 ………………………………………………………………… 165

    9.1.1　螺杆纺丝 ………………………………………………… 165

    9.1.2　注射成型 ………………………………………………… 166

  9.2　静电纺丝成型 …………………………………………………… 166

    9.2.1　静电纺丝原理 …………………………………………… 166

    9.2.2　静电纺丝的应用 ………………………………………… 167

  9.3　3D 打印 ………………………………………………………… 169

    9.3.1　3D 打印原理 …………………………………………… 169

    9.3.2　3D 打印应用 …………………………………………… 170

  9.4　高分子纳米复合材料的表征 ………………………………… 171

    9.4.1　FTIR …………………………………………………… 172

    9.4.2　XRD …………………………………………………… 173

    9.4.3　SEM、TEM …………………………………………… 173

    9.4.4　EDS …………………………………………………… 175

    9.4.5　STM …………………………………………………… 176

    9.4.6　AFM …………………………………………………… 177

  思考题 …………………………………………………………… 178

第 10 章　高分子纳米复合材料的应用 / 179

  10.1　疏水或疏油 …………………………………………………… 179

    10.1.1　油水分离 ……………………………………………… 179

    10.1.2　疏油凝胶 ……………………………………………… 180

  10.2　传感、检测与吸附 …………………………………………… 181

  10.3　光催化 ………………………………………………………… 185

  10.4　载药及药物释放 ……………………………………………… 186

  10.5　弹性体 ………………………………………………………… 187

  10.6　生物、医用 …………………………………………………… 189

  10.7　纤维 …………………………………………………………… 190

  10.8　涂层 …………………………………………………………… 191

  10.9　透明材料 ……………………………………………………… 195

  10.10　自修复材料 ………………………………………………… 198

  10.11　电池与超级电容器 ………………………………………… 199

  思考题 …………………………………………………………… 199

英语专业名词 / 201

参考文献 / 202

第1章

绪 论

1.1 概 述

纳米材料科学是一门新兴的并正在迅速发展的材料科学，许多新的发现（石墨烯、硼烯等）和新的应用不断涌现。纳米材料体系由于具有传统的微米级材料所没有的性质，应用前景非常广阔，被誉为"21世纪最有前途的材料"，比如石墨烯由于其独特性质被称为"新材料之王"，石墨炔、硼烯的出现进一步推动了纳米科学的发展。由于高分子纳米复合材料既能发挥纳米粒子自身的独特效应，又能促进粒子间的协同效应，而且兼有高分子材料本身的可设计、可加工、易成型的优点，所以其能提高高分子材料在热稳定性、力学强度、催化性能、阻燃、阻隔等方面的性能，也能促进其自身在油水分离、凝胶、金属检测与吸附、光催化、载药及药物释放、弹性体、医用等诸多方面的发展。

单个细菌用肉眼是根本看不到的，用显微镜测直径大约是 $5\mu m$。比如一根头发的直径约 $0.06mm$（通常为 $60\sim90\mu m$），把它轴向平均剖成6万根，每根的直径大约就是 $1nm$。也就是说，$1nm$ 就是 $0.000001mm$。纳米科学与技术研究结构尺寸在 $1\sim100nm$ 范围内材料的性质和应用。纳米技术的发展带动了与纳米相关的很多新兴学科的发展，如纳米医学、纳米化学、纳米电子学、纳米材料学、纳米生物学等。世界各国都不惜重金发展纳米技术，力图抢占纳米科技领域的战略高地，我国纳米材料和纳米结构的研究也取得了引人瞩目的成就。

纳米效应就是指纳米材料具有传统材料所不具备的奇异或反常的物理、化学特性，如原本导电的铜到某一纳米级界限就不导电，原来绝缘的 SiO_2 晶体等在某一纳米级界限时开始导电。这是由于纳米材料具有颗粒尺寸小、比表面积大、表面能高、表面原子所占比例大等特点，归结为特有的四大效应[1]：表面效应、小尺寸效应、量子尺寸效应和宏观量子隧道效应。对于固体粉末或纤维，当其在一个维度的尺寸小于 $100nm$ 时，即达到纳米尺寸，可称为纳米材料。如图1-1所示的碳纳米管直径为 $1nm$，清华大学化工系魏飞教授团队制备出了世界上最长的碳纳米管，单根长度达半米以上[2]。

现在很多材料的微观尺度均以 nm 为单位，如大部分半导体制程标准皆是以 nm 表示。著名半导体代工企业台积电芯片的 $7nm$ 加工工艺于2018年就已经用于量产，2019年正在探索 $5nm$ 的生产技术，并意图提高良品率。所用的阿斯麦（ASML）EUV光刻机单台售价达到1亿美元，由于产能有限不易购买。

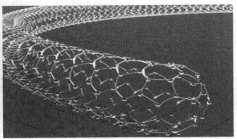

图 1-1 碳纳米管的结构示意图

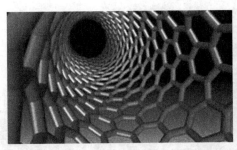

小知识

你的手机能弯吗？

0.142nm

0.123nm

世界上最薄的材料

石墨烯最基本的六角结构，面积约0.052nm²，密度为0.77mg/m²(左)
面积一平方米的单层原子的石墨烯，总重仅0.77mg，但它却可承载4kg以内重物(右)

2010 年 10 月 5 日，瑞典皇家科学院宣布将 2010 年诺贝尔物理学奖授予英国曼彻斯特大学安德烈·海姆和康斯坦丁·诺沃肖洛夫，以表彰他们在石墨烯材料方面的卓越研究。那么石墨烯技术与手机能弯是否有关？

石墨烯的研究与应用开发持续升温，与石墨和石墨烯有关的材料广泛应用在电池电极材料、半导体器件、透明显示屏、传感器、电容器、晶体管等方面。2015 年在青岛举行的石墨烯企业专场路演活动中，一家企业展示了石墨烯导电薄膜，以代替现在手机触摸屏上常用的 ITO 膜，实现手机弯曲，今后这项技术还可应用于可弯曲的智能手表、曲面触摸电视等。中国科学院重庆研究院目前正开发一系列基于石墨烯的柔性传感器件，以这样的屏幕所组装的手机，在变轻巧的同时，将拥有更高的韧性，具有防震、抗摔等功能。然而也有报道指出虽然触摸屏可以用石墨烯柔性屏替代，但是 OLED、LCD 显示屏目前还无法被替代。因此要真正做到想象中完美的柔性还需要进行深入的研究。

1.2 纳米、纳米复合材料与高分子纳米复合材料

纳米（nanometer）是一个很微小的尺度，为 10^{-9} m。图 1-2 展示了纳米到毫米的递变。

根据国际标准组织的定义，纳米材料（nanomaterial）指的是任何外部尺寸、内部结构或表面结构满足 1~100nm 的材料[3]。我国国家标准定义[1]为：物质结构在三维空间中至少有一维处于纳米尺度，或由纳米结构单元构成的具有特殊性质的材料。如图 1-3 所示的纳米银颗粒的 TEM 照片，其尺寸分别为 25nm、35nm、45nm 和 60nm，这些纳米颗粒分布比

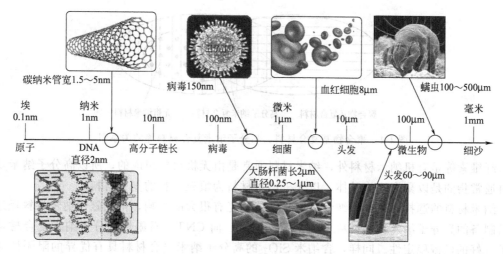

图 1-2　材料从微观到宏观尺度的递变图

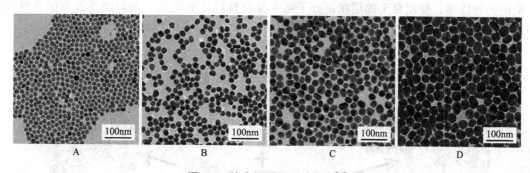

图 1-3　纳米银颗粒及其分布[4]

较均匀，处于单分散状态。只有尺寸在上述区间的纳米材料才能更好地表现出和超细、超微甚至宏观材料不同的性质。

纳米复合材料（nanocomposite）本质还是复合材料，指的是由有机或无机组分组成的，至少有一维以纳米级大小（1～100nm）分散在材料基体形成的复合材料[5]。材料基体可以是陶瓷、金属或聚合物等。

聚合物由于具有易于生产和加工、重量轻等独特的特点，在许多领域得到了广泛的应用。然而，与金属相比，聚合物具有较低的强度和韧性。为了改善聚合物的力学性能和其它性能（如阻燃性能、疏水性能），在聚合物基体中共混了蒙脱土（montmorillonite，MMT）、碳纳米管（carbon nanotube，CNT）、石墨烯（graphene）、氧化石墨烯（graphene oxide，GO）和还原氧化石墨烯（reduced graphene oxide，rGO）等纳米材料，可以制备出高分子纳米复合材料或聚合物基纳米复合材料（polymer nanocomposite）。因此，结合纳米材料的特点，高分子纳米复合材料在力学性能、阻燃性能、阻隔性能、疏水性能、电性能等方面有明显改善。

以聚合物为基体（连续相），以无机材料、纤维等为复合材料（分散相），构成了高分子复合材料或聚合物基复合材料（polymer composite）。当分散相为纳米材料时，就构成了高分子纳米复合材料。因此，高分子纳米复合材料只是聚合物基复合材料的一小部分，同时也包含了无机纳米材料的一部分，如图 1-4 所示。实际上，除了少数液晶分子、棒状高分子及

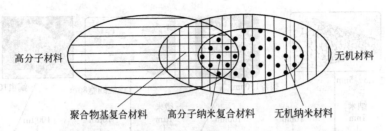

图 1-4　聚合物基复合材料、高分子纳米复合材料等的关系图

纳米纤维素等是有机纳米材料外，纳米材料通常是由无机材料组成的，所以高分子纳米复合材料通常指的是以聚合物为基体，以无机纳米材料为填充材料的复合材料。

纳米材料的选择对高分子纳米复合材料的性能有很大的影响，例如磁性纳米材料经过改性后制备的高分子纳米复合材料可提供荧光信号，而 CNT、石墨烯高分子纳米复合材料提供了良好的机械稳定性。同样，含纳米 SiO_2 的高分子纳米复合材料具有优异的阻隔性能和水解稳定性，而量子点（quantum dot）高分子纳米复合材料提供了优良的荧光信号，可用于靶向药物传递，使用黏土的层状高分子纳米复合材料可实现优异的阻隔性能和阻燃性能，如图 1-5 所示[6]。

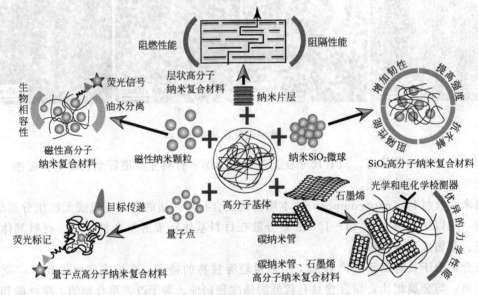

图 1-5　高分子纳米复合材料的应用[6]

图 1-5 说明通过对纳米材料进行有目的的改性，结合高分子材料易加工的特点，制备出高分子纳米复合材料，可赋予或提高高分子纳米复合材料相应的功能。因此，种类繁多的纳米材料可制备出各种各样的功能性高分子纳米复合材料。高分子纳米复合材料虽然也是复合材料，但是与常规的无机填料/聚合物复合体系有很大不同。

①尺度上的不同：不是有机相与无机相的简单混合或微米尺度的混合，而是两相在纳米尺度范围内复合而成。只有在纳米尺度上的混合才能体现出纳米材料赋予的图 1-5 所示的功能性。

②用量上的不同：常规填料的用量通常超过 20%，而纳米材料的用量一般不超过 5%，有的甚至不足 1%。

蒙脱土纳米复合材料的力学性能有望优于纤维增强聚合物体系，因为层状蒙脱土可以在二维方向上起到增强作用，无需特殊的层压处理。它比传统的聚合填充体系质量轻，只需少量的填料即可具有很高的强度、韧性及阻隔性能，而常规纤维、矿物填充的复合材料需要高得多的填充量，且不能兼顾各项指标。

图 1-6 显示了蒙脱土/尼龙 6 纳米复合材料、玻璃纤维/尼龙 6 复合材料的拉伸模量与基体模量随填料用量的变化。如果将模量提高 1 倍，所需玻璃纤维的质量大约是蒙脱土的 3 倍。因此，与传统玻璃纤维复合材料相比，纳米复合材料具有重量优势。此外，纳米复合材料的表面光洁度比玻璃纤维复合材料要好得多，这是因为与玻璃纤维直径（$10 \sim 15 \mu m$）相比，蒙脱土片层为纳米尺寸[7]。

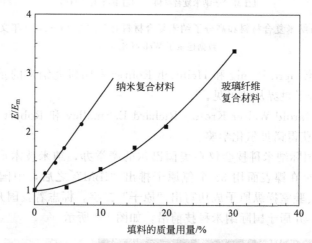

图 1-6　蒙脱土纳米复合材料、玻璃纤维复合材料在拉伸模量上的对比[7]

③ 对性能影响不同：常规填料往往对韧性或强度进行改善，或单纯起到填充作用。高分子无机纳米复合材料不仅具有纳米材料的表面效应、量子尺寸效应等基本性质，而且将无机物的刚性、尺寸稳定性和热稳定性与聚合物的韧性、加工性及优良的介电性能糅合在一起，既可以改善聚合物的性能，也可以赋予聚合物新的性能。此外，与传统的微米材料相比，改用纳米材料后，性能有了很大幅度的提升。

同样是对尼龙 6 进行填充，使用 Ag 的粒径不同，产生的杀菌效果有很大差别。对于灭杀大肠杆菌来说，填充 0.06% 的纳米 Ag 后的尼龙 6 纳米复合材料可以在 24h 内完全杀灭，而填充 1.9% 的微米 Ag 后的尼龙 6 复合材料在同一时间内仅能杀死 80%[8]。这是因为在用量相同时，纳米颗粒的比表面积大得多，因此纳米复合材料的银离子释放率比微米填充的复合材料高一个数量级。

1.3　纳米领域的进展

为了满足全球需求，纳米复合材料的产量正在迅速增长。根据市场调查报告，2011 年全球纳米复合材料消费量为 138389t，净值为 9.2 亿美元。据估计，2016—2021 年期间其将以 26.7% 的年复合增长率增长，预计收入将达到 53 亿美元。按照这个速度，到 2022 年，仅高分子纳米复合材料的市场份额就有望达到 115.49 亿美元[6]。技术的不断发展和创新促进了新型高性能纳米复合材料的生产。图1-7为截至2019年底与纳米复合材料和高分子纳米复合材料相关文献的统计。

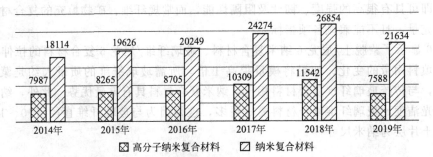

图1-7　与纳米复合材料和高分子纳米复合材料有关的2014—2019年文献的统计
数据检索于Web of Science

1981年，科学家Gerd Binnig和Heinrich Rohrer发明研究纳米的重要工具——扫描隧道显微镜，原子、分子世界从此可见。

1985年9月，Harold Walter Kroto、Richard E. Smalley和Robert F. Curl发现富勒烯分子，并于1996年获得诺贝尔化学奖。

1990年，首届国际纳米科技会议在美国巴尔的摩举办，纳米技术形式诞生。同年，美国IBM公司研究人员在镍表面用35个氙原子排出"IBM"之后，中国科学院（简称中科院）北京真空物理实验室操纵原子成功写出"原子"二字，标志着我国开始在国际纳米科技领域占有一席之地，并居于国际纳米科技前沿，如图1-8所示。

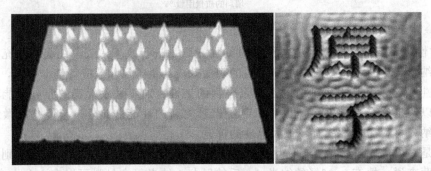

图1-8　原子移动产生的图案

1991年，CNT被发现，它的质量是相同体积钢的六分之一，强度却是铁的10倍，迅速成为纳米技术研究的热点。

1997年，美国科学家首次成功地用单电子移动单电子，这种技术可用于研制速度和存储容量比现在提高成千上万倍的量子计算机。同年，美国纽约大学科学家发现，DNA可用于建造纳米层次上的机械装置。

1998年，清华大学范守善团队在国际上首次把氮化镓制成一维纳米晶体。同年，我国科学家成功制备出金刚石纳米粉，被国际刊物誉为"稻草变黄金——从四氯化碳制成金刚石"。

1999年，巴西和美国科学家在进行CNT实验时发明了世界上最小的"秤"，它能够称量十亿分之一克的物体，即相当于一个病毒的质量；此后不久，德国科学家研制出能称量单个原子质量的秤，打破了该纪录。北京大学薛增泉教授研究组在世界上首次将SWCNT组装竖立在金属表面，并组装出世界上最细且性能良好的扫描隧道显微镜用探针。中科院成会明博士研究组合出高质量的碳纳米材料，被认定为迄今为止"储氢纳米碳管研究"领域最令人信服的结果。中科院物理所解思深研究员研究组研制出了世界上最细的 CNT——直径 0.5nm，已十分接近 CNT 的理论极限值 0.4nm[9]。

2004 年，Andre Geim 和 Konstantin Novoselov 实现了"手撕"分离得到单层石墨烯，并于 2010 年获得诺贝尔物理学奖。

2010 年，中科院李玉良团队成功合成了大面积碳的新同素异形体——石墨炔，如图 1-9 所示，这是世界上首次制备出了大面积石墨炔薄膜。它具有丰富的碳化学键、大的共轭体系、宽的面间距、优良的化学稳定性，被誉为最稳定的一种人工合成的二炔碳的同素异形体。由于其特殊的电子结构及类似硅性能的优异的半导体性能，石墨炔可以广泛应用于电子、半导体以及新能源领域。

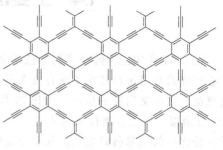

图 1-9　石墨炔的分子结构

2015 年，由北京化工大学和山东玲珑轮胎股份有限公司、风神轮胎股份有限公司共同完成的"节油轮胎用高性能橡胶纳米复合材料的设计及制备关键技术"项目荣获国家技术发明二等奖。该项目通过原位改性分散技术和乳液纳米复合技术，解决了工业化应用时纳米填料的分散与界面调控难题，进而开发了节油轮胎用高性能橡胶纳米复合材料，生产出达到国际最好水平的节油（B 级）、安全（A 级）轮胎。

2017 年，加州大学伯克利分校杨培东教授团队开创了纳米科技的新领域——半导体纳米导线，这是继量子点、C60、CNT 之后的第四类纳米材料，开创了纳米科技的崭新历史。

2018 年 3 月 5 日，国际顶尖期刊 *Nature* 连续刊登了麻省理工学院 Jarillo-Herrero 教授课题组两篇关于石墨烯超导重大发现的论文，当两层平行石墨烯堆成约 1.1° 的微妙角度时，就会产生神奇的超导效应[10,11]，这两篇文章的第一作者曹原也被 *Nature* 杂志评为 2018 年度科学人物，被称作"石墨烯的驾驭者"。此外，网站还专门配上了宾夕法尼亚大学 Eugene J Mele 教授对这一重大突破的评述。两篇论文所报告的系统可以通过改变扭转角度和电场来轻松调整，这意味着它可以为超导材料提供指导意义。

2018 年 3 月 31 日中国首条全自动量产石墨烯有机太阳能光电子器件生产线在山东省菏泽市启动，该项目主要生产可在弱光下发电的石墨烯有机太阳能电池，解决了有应用局限、对角度敏感、不易造型这三大太阳能发电难题。

据估计，到 2022 年，中国 CNT 导电浆料产值将突破 45 亿元，年复合增长速度达 35%。

小知识

可精准阻断肿瘤血管饿死肿瘤的纳米机器人

在 2018 年 2 月发表的 *Nature Biotechnology* 上，中科院国家纳米科学中心和亚利桑那州立大学华人科学家团队的成果让人眼前一亮：科学家们用 DNA 折纸技术制造出了世界上第一种智能抗癌的纳米机器人，它们可以在人体内自行找到给肿瘤供血的血管，随后释放药物制造血栓阻塞血管，从而"饿死"肿瘤，在动物实验中体现了良好的疗效和安全性[12]。

1.4 主要国家纳米规划及现状

在 2017 年中国国际纳米科学技术会议上，由中国国家纳米科学中心、中科院文献情报中心和施普林格·自然集团联合发布的《国之大器始于毫末——中国纳米科学与技术发展状况概览》中英文白皮书显示，中国纳米方面的论文产出由 1997 年的 820 篇增至 2016 年的 5.2 万余篇，年复合增长率达 24％，远高于平均 3.7％的增长率；2016 年中国贡献了全球超过三分之一的纳米科研论文，几乎是美国的两倍；中国对纳米领域的高被引论文的贡献率在 2014 年超过美国，其贡献已是除美国以外其它国家的数倍之多；中国的纳米专利申请量位列世界第一，这与中国纳米科研强国的地位相一致；过去二十年，中国的纳米专利申请量累计达 209344 件，占全球总量的 45％，是美国同期累计申请总量的两倍以上。自 2008 年起，中国的年度专利申请量已超过美国，成为世界第一大专利申请国，其增长速度远高于世界平均水平。

在中国经济持续增长，以及政府大力扶持和倡导科技创新的前景之下，中国的科技投入，尤其是对纳米科学和技术的投入有望继续增加。中国政府各部委和相关机构已制定了科研计划，为纳米科学和技术提供持续的经费支持。最近五年，仅教育部就已为各高校拨付了逾 5 亿元人民币的纳米科研预算资金。中科院也启动了纳米先导专项，投入了约 10 亿元人民币。具体来说，大量优质资源被投入到纳米材料及表征技术、纳米器件与制造、纳米催化技术与纳米生物医药等领域的基础和应用研究中。

美国的纳米研究由国家纳米技术推动计划所推动，分为 5 个工作领域：①基础研究；②创新性应用项目；③成立 10 个纳米中心和网络；④基础设施；⑤人员教育与培训、研究纳米技术所引起的伦理、法律及社会问题。

日本特别重视材料研究和应用，因此在纳米科技研究这一环节尤其重视材料纳米研究，日本政府的大型材料纳米技术研究专案计划内容包括：①精密高分子技术；②纳米玻璃技术；③纳米金属技术；④纳米粒子的合成与机能化技术；⑤纳米涂覆技术；⑥纳米机能合成技术；⑦纳米量测平台技术；⑧纳米技术知识的架构化。计划规模庞大，不仅是开发优异材料，更重要的是建构材料开发平台。

现在石墨烯堪称研究热度最高的纳米材料，随着其基础研究的深入，研发支持力度也在不断加大，产业化方向逐渐清晰。美国、欧盟、日本和韩国等先后从国家战略高度开展相关部署，出台多项支持政策和研究扶持计划。2011 年英国在《促进增长的创新与研究战略》中将石墨烯确定为今后重点发展的四项新兴技术之一，投入 7150 万英镑支持石墨烯研发和商业化应用研究，力图确保英国在石墨烯领域的领先地位，并使这种材料在未来几十年里从实验室进入生产线并最终走向市场。2012 至 2018 年间，韩国原知识经济部预计向石墨烯领域提供 2.5 亿美元的资助，其中 1.24 亿美元用于石墨烯技术研发，1.26 亿美元用于石墨烯商业化应用研究。2013 年 1 月，欧盟委员会将石墨烯列为"未来新兴技术旗舰项目"之一，10 年提供 10 亿欧元资助，将石墨烯研究提升至战略高度。

随着"中国制造 2025"国家战略的出台，国家、地方政府、产业联盟通过多种手段支持石墨烯产业发展，如图 1-10 所示。总体上，前期世界各国的支持政策主要集中在石墨烯基础研究。目前，大多集中在石墨烯产业链中游，以石墨烯功能器件研发为主[13]。

时间	2020	2025
目标	石墨烯材料规模制备及电化学储能、印刷电子、航空航天用轻质高强复合材料、海洋工程防腐等应用领域的技术水平达到国际领先，大幅提升相关产品性能，形成百亿元产业规模	高质量石墨烯粉体年产万吨级以上，薄膜年产达上亿立方米，实现8英寸[1英寸(in) = 2.54厘米(cm)]石墨烯芯片批量生产，突破石墨烯在电子信息领域应用的技术瓶颈，整体产业规模突破千亿元

电动汽车锂电池用石墨烯基电极材料产业规模达万吨级

海洋工程用石墨烯基防腐蚀涂料产业规模达十万吨级

柔性电子用石墨烯薄膜产业规模达上亿立方米

重点产品	电动汽车锂电池用石墨烯基电极材料	较现有材料充电时间缩短1半以上，续航里程提高1倍以上	石墨烯基电极材料在电动汽车用动力锂电池等领域上得到规模化应用
	海洋工程等用石墨烯基防腐蚀涂料	较传统防腐蚀涂料寿命提高1倍以上	石墨烯基防腐蚀涂料实现产业化并在海洋工程等领域得到规模化应用
	柔性电子用石墨烯薄膜	性价比超过ITO，具有优异的柔性，可广泛应用于柔性电子领域	石墨烯薄膜实现产业化并在柔性电子等领域得到规模化应用
	光电领域用石墨烯基高性能热界面材料	石墨烯基散热材料较现有产品性能提高2倍以上	石墨烯基高性能热界面材料在光电领域得到应用
关键技术及装备		石墨烯的规模制备技术、石墨烯粉体的分散技术、石墨烯基电极材料的复合技术	石墨烯基电极材料在动力电池等领域得到规模化应用

图1-10 "中国制造2025"石墨烯材料技术路线图[13]

1.5 纳米学科发展

纳米技术是一门交叉性很强的综合学科，研究的内容涉及现代科技的广阔领域，纳米材料与技术专业学科也建立起来了，目前单独开设该专业的院校有北京航空航天大学、南京理

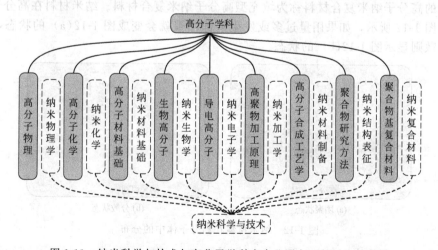

图1-11 纳米科学与技术与高分子学科在专业课方面的对比与联系

工大学、北京科技大学、大连理工大学、苏州大学、北京交通大学和中央民族大学等。该学科与高分子学科主要专业课对比情况如图 1-11 所示，对于高分子学科的主要专业课，纳米科学与技术学科都有对应专业课，说明该学科发展迅速且全面。

1.6 高分子纳米复合材料的命名与制备

1.6.1 高分子纳米复合材料的命名

(1) "增强相/分散相复合材料"的命名原则

这类命名如石墨烯/聚乳酸纳米复合材料、纳米 $CaCO_3$/环氧树脂复合材料、CNT/尼龙 6 纳米复合材料、纳米 $ZnCO_3$/聚酯复合材料。此外石墨烯、CNT 虽然不加"纳米"，但是它们的结构就属于纳米材料的范畴。

(2) 强调基体的复合材料命名原则

如聚乳酸纳米复合材料，强调基体为聚乳酸的一类纳米复合材料。

(3) 强调增强材料的复合材料命名原则

石墨烯纳米复合材料，对于高分子来说是强调石墨烯与高分子基体构成的纳米复合材料，对于纯粹的纳米材料来说，通常是指由石墨烯掺杂或混合其它纳米材料构成的纳米复合材料。

(4) "纳米材料/聚合物纳米复合材料"的命名原则

如石墨烯/聚乳酸纳米复合材料，也可以说成聚乳酸/石墨烯纳米复合材料。纳米 $ZnCO_3$/聚酯纳米复合材料也可以称为聚酯/纳米 $ZnCO_3$ 纳米复合材料。

1.6.2 高分子纳米复合材料的制备

高分子纳米复合材料根据其制备方法，主要分为三种类型。

(1) 填充型高分子纳米复合材料

由颗粒状的纳米材料分散在单体中原位聚合，或者与高分子聚合物（也称高分子基体）混合形成的高分子纳米复合材料称为填充型高分子纳米复合材料。纳米材料在高分子基体中的分布如图 1-12 所示，如果用量过多或发生局部团聚就会变成图 1-12(a) 的状态，如果能够均匀分散则显示图 1-12(b) 的状态。

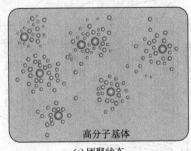
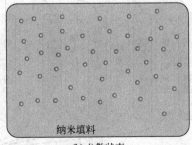

高分子基体　　　　　　　　纳米填料

(a) 团聚状态　　　　　　　　(b) 分散状态

图 1-12　纳米材料在高分子体中的分布

使用该方法制备高分子纳米复合材料时，纳米材料和聚合物基体材料的选择都没有限制，纳米材料可以与处于溶液、熔融状态的聚合物，或单体、聚合物的前驱体溶液共混再实施聚合。这种方法是应用最为广泛的制备方法。

> **小知识**
>
> ### 原位聚合（in-situ polymerization）
>
> 原位聚合并不是连锁聚合或逐步聚合中的一种，而是纳米材料相对于聚合过程的出场顺序而言。若单体中含有纳米材料，再实施聚合得到聚合物的过程称为原位聚合，此时纳米材料的出场是早于聚合过程的，反之，聚合完毕再加入纳米材料，就不是原位聚合了。
>
> 原位聚合根据纳米材料的分类可以分为原位分散聚合、原位插层聚合和原位溶胶－凝胶聚合等。原位填充（或分散）聚合：改性或未改性的纳米材料分散在单体中再实施聚合的过程。原位插层聚合：单体插入黏土层间再实施聚合的过程。原位溶胶-凝胶聚合：纳米材料的前驱体形成溶胶后，在形成凝胶过程中，单体实施聚合的过程。

（2）溶胶-凝胶高分子纳米复合材料

溶胶-凝胶高分子纳米复合材料又称杂化高分子纳米复合材料，是以溶胶-凝胶技术合成的纳米材料为分散相的高分子纳米复合材料。该方法的优点是纳米微粒具有较小的粒度和较均匀的分散程度，甚至可以达到分子级别的分散，但是由于纳米材料是溶胶-凝胶法制备的，种类有限，选择空间不大。

（3）层状高分子纳米复合材料

使用单体插层黏土矿物再实施聚合或者聚合物直接插层黏土矿物得到的高分子纳米复合材料称为层状高分子纳米复合材料，其中黏土矿物被部分或全部剥离成二维纳米片层，分散在聚合物基体中，如图 1-13 所示，可以通过溶液插层、熔融插层、原位插层聚合的方式制备层状高分子纳米复合材料。该方法的优点是能够获得单一分散的纳米片层的复合材料，容易工业化生产，但是可供选择的纳米材料不多，主要限于蒙脱土、埃洛石、海泡石等。

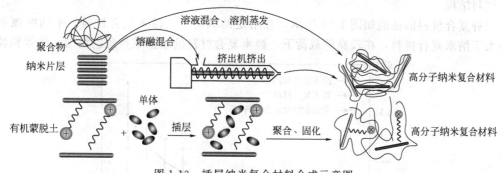

图 1-13　插层纳米复合材料合成示意图

1.7　高分子纳米复合材料的结构与性能

1.7.1　纳米材料的聚集态结构

纳米材料的聚集态结构主要分为以下几种。

① 初级结构，也称为一级结构，相当于纳米材料出厂时的参数：纳米材料的粒径大小、粒径分布、颗粒形状。

② 次级结构，也称为二级结构，指的是纳米材料在高分子基体中的参数：纳米材料的粒径、纳米材料的分散状态、分散程度。产生次级结构的根本原因是纳米材料易团聚，因此如何促进纳米材料在聚合物基体中的有效分散是制备高性能高分子纳米复合材料所面临的主要问题。此外，如果能够提高纳米材料与聚合物基体的相互作用力，也能提高高分子纳米复合材料的性能。

对于黏土来说，一级结构还应该包含层间离子交换容量，二级结构也要包括黏土的剥离程度。

小知识

为什么会存在聚集态结构？

产生聚集态结构的本质原因是纳米材料的表面效应使其相互之间存在强相互作用，由于团聚的产生，通常次级粒径要大于初级粒径，比如市售纳米 $CaCO_3$ 和硬脂酸改性的纳米 $CaCO_3$ 的粒径为 100nm 左右，加入到 ABS/PMMA 混合材料中后粒径分别增大至 243.8nm、234.5nm，最大可达 596nm、616nm，说明有较严重的团聚现象[14]。

聚合物基体中纳米微粒的大小与纳米微粒的初级结构密切相关，初始粒径越小，则聚合物基体中的纳米微粒相应越小。但初始粒径的大小并不能决定纳米微粒在聚合物基体中的微粒大小。

在高分子基体中，纳米微粒可以有序分布，即位置分布具有长程周期性（一维或多维有序），但在通常状况下，纳米微粒在高分子体中的分布是无序的。纳米微粒的初级结构已经由其制备工艺决定，因此，高分子纳米复合材料研究的主要对象是基体中纳米微粒的次级结构形态。对成型后的复合体系还可以进行后处理，如加热使粒子迁移、聚集和生长，从而调整粒子的聚集结构。纳米微粒的聚集态结构随高分子基体的形变而变化，能够形成各向异性复合材料结构。

三种复合材料的性能如图 1-14 所示，在给定的载荷下，微米复合材料的平均摩擦系数总是大于纳米复合材料，在较高的载荷下，微米复合材料的摩擦系数急剧增加，纳米颗粒团

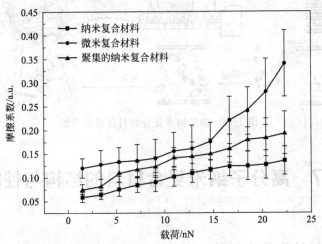

图 1-14　SiO_2 纳米复合材料、产生聚集的 SiO_2 纳米复合材料与微米 SiO_2
复合材料的摩擦力与外加载荷的关系[15]

聚后摩擦系数明显增加[15]。因此，在高分子纳米复合材料的制备过程中，要尽量避免团聚的产生。

1.7.2　高分子纳米复合材料的性能

高分子纳米复合材料具有下列独特的性能。

(1) 同步增强增韧效应

刚性无机粒子填充聚合物材料可以提高聚合物材料的刚性、硬度和耐磨性等性能。普通的无机粉体填料填充聚合物材料在增强这些性能的同时大都会降低聚合物材料的强度或韧性。无机纳米材料由于粒径小、比表面大，在高分子纳米复合材料中，与基体材料间有很强的结合力，不仅能提高材料的刚性和硬度，还可以起到增韧的效果。高分子纳米复合材料能够同步增强增韧的原因[16]包括以下几点。

① 纳米材料的粒径对增强增韧性能有直接的贡献。

复合材料的拉伸强度与颗粒基体间的黏结功的关系[17]：

$$\sigma_c = C\exp\left(\frac{-K_{\sigma,c}}{W_a}\right)$$

式中，σ_c 为复合材料拉伸强度；C 为常数；$K_{\sigma,c}$ 为 $\lg\sigma_c$ 与 W_a^{-1} 的斜率，与填料的体积分数及粒径有关，其值随填料含量的增加而变大，随粒径的减小而减小，且颗粒越细，$K_{\sigma,c}$ 随含量的变化越不明显；W_a 为黏结功，表征填料表面与基体之间的结合强度，与分散力、氢键、极化力有关。纳米粒子的粒径越小，比表面积越大，表面的物理化学缺陷越多，粒子与分子链结合的机会越多，产生的氢键和极化力越大，黏结功 W_a 就越大，复合材料因而表现出较高的拉伸强度。

粒子半径与复合材料拉伸强度（也称抗拉强度）的近似关系为[18]：

$$\tau_{max} = 35 \times \left(1 + \frac{2.71}{1+r^2}\right)$$

式中，r 为粒子半径，μm；τ_{max} 为纳米复合材料的拉伸强度，MPa。在相同填充量的情况下，粒径越小，复合材料的拉伸强度就越高，它对基体增强效率的贡献就越大。传统的无机填料在增强聚合物的同时，却使聚合物韧性降低。无机纳米粉体材料却对聚合物复合材料有着双重积极影响，表现在同时提高拉伸强度和冲击强度上。

不同粒径 11nm、17nm、23nm 的纳米 $CaCO_3$ 及市售 $CaCO_3$ 对聚酰胺纳米复合材料力学性能上的差别如图 1-15 所示。纳米 $CaCO_3$ 填充的拉伸强度高于市售 $CaCO_3$ 填充聚酰胺复合材料，使用 11nm $CaCO_3$ 填充后的拉伸强度、杨氏模量皆比 23nm 和 17nm $CaCO_3$ 填

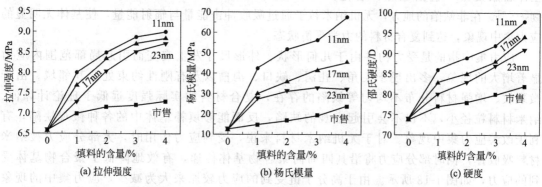

图 1-15　纳米 $CaCO_3$ 及市售 $CaCO_3$ 的填充量对聚酰胺力学性能的影响[19]

充的更大。这意味着相比于市售 $CaCO_3$，纳米 $CaCO_3$ 具有更高的抗拉强度，杨氏模量更是高出 3 倍，约为纯聚酰胺的 4~7 倍。纳米 $CaCO_3$ 填充的硬度也大于市售 $CaCO_3$ 填充的硬度。11nm $CaCO_3$ 填充的复合材料无论是拉伸强度、杨氏模量还是硬度都比 17nm 和 23nm 的 $CaCO_3$ 增强得多。这可能是由于纳米 $CaCO_3$ 的均匀分散，使复合材料表面变得坚硬[19]。

图 1-16 显示了用微米 SiO_2 和纳米 SiO_2 与混合聚合物形成的复合材料的最大磨损深度与扫描圈数的关系，其中微米 SiO_2 边缘不规则、颗粒不均匀，在 200~500nm 和 1~4μm 皆有分布。纳米 SiO_2 尺寸约为 60nm，最大表面粗糙度约为 15nm。该图说明微米复合材料和纳米复合材料的磨损深度随着扫描层的增加而增加，因此微米复合材料的磨损率比纳米复合材料更高[15]。

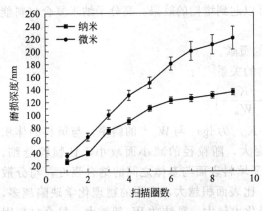

图 1-16　微米 SiO_2 和纳米 SiO_2 的最大
磨损深度与扫描圈数的关系[15]

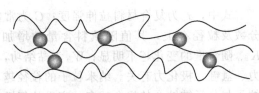

图 1-17　交联点示意图

② 高分子基体中的无机纳米粒子作为高分子链的交联点（图 1-17），增加了填料与基体间的相互作用，从而提高复合材料的强度。交联点处的相互作用可以是氢键等物理作用力，也可以是纳米粒子表面的改性剂与聚合物的化学作用，甚至是黏土的多点吸附作用。比如己二胺改性 GO/环氧树脂纳米复合材料的维氏硬度比 GO/环氧树脂纳米复合材料高 33% 左右，比纯环氧树脂高 48% 左右。一方面，GO 表面的氨基降低了石墨烯片层的强 π-π 堆积作用，从而促进了更好的分散。另一方面，氨基作为高分子链的锚固点，增加了 GO 与环氧树脂基体之间的相互作用，促进了更有效的能量从外部应力的耗散[20]。

③ 无机纳米粒子进入高分子基体缺陷内，改变了基体的应力集中现象，引发粒子周围基体屈服变形（包括脱黏、空化、银纹化、剪切带作用），吸收一定的变形功实现增韧[21,22]。在非缺陷的地方，无机纳米粒子通过吸收冲击能量与辐射能量，使基体无明显的应力集中现象，达到复合材料的力学平衡状态。

应力集中指的是受力构件由于几何形状、外形尺寸发生突变而引起局部范围内应力显著增大的现象，多出现于尖角、孔洞、缺口、沟槽以及有刚性约束处及其邻域。由于微裂纹、增强材料分布不均匀等缺陷的存在，复合材料的实际强度远低于理论计算值。纳米材料粒径小，不仅不会引起宏观的缺陷，反而能够填补基体中的各种微观缺陷，有利于改善应力集中现象。对于无机纳米材料来说，受到应力作用时，大部分应力被纳米材料吸收掉，同时部分应力将沿其四周向聚合物基体传递，有效地降低了聚合物基体受到的应力，如图 1-18 所示。由于高分子链受到的应力较原来大为减少，应力集中的现象可大幅降低。

④ 无机纳米粒子具有微裂纹阻断效应，通过能量的吸收与辐射，使基体树脂裂纹扩展受阻和钝化，最终终止裂纹，不至于发展成为破坏性开裂。

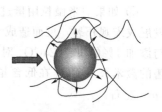

图1-18　应力辐射示意图

如图1-19所示，有课题组[23]发现石墨烯泡沫/环氧树脂纳米复合材料的断裂韧性为1.78MPa·m$^{1/2}$，比其"多孔"环氧树脂和实心环氧树脂复合材料的断裂韧性分别提高了34%和70%。另外，当石墨烯泡沫含量仅为0.2%时，复合材料的弯曲模量和弯曲强度分别提高了53%和38%。石墨烯泡沫对环氧树脂的增韧机理：a. 裂纹尖端在塌陷前被石墨烯泡沫连接墙钝化，导致裂纹尖端变形；b. 上述裂纹尖端钝化后，石墨烯泡沫/环氧树脂界面结合能力较弱，导致界面脱黏；c. 当裂纹尖端达到石墨烯泡沫的边缘时，石墨烯片的片层之间会发生滑移和分离，从而消耗更多的断裂能量。

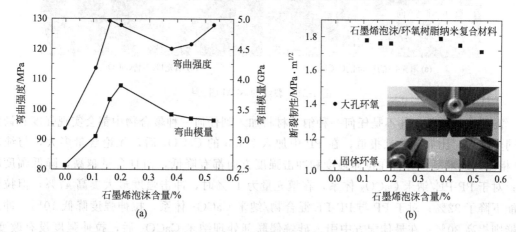

图1-19　石墨烯泡沫材料/环氧树脂纳米复合材料的弯曲强度（a）、
断裂韧性（b）与石墨烯泡沫含量关系图[23]

⑤ 随着纳米粒子粒径的减小，粒子的比表面积增大，纳米微粒与基体接触面积增大，材料受冲击时产生更多的微裂纹，从而吸收更多的冲击能。

有文献比较了石墨烯纳米带海绵/聚二甲基硅氧烷（PDMS）纳米复合材料（GNR-PDMS）与CNT海绵/PDMS纳米复合材料（CNT-PDMS）的力学性能，如图1-20所示。拉伸强度从PDMS的3.4MPa提高到质量分数为1.13% CNT-PDMS的7.1MPa和用量为0.87% GNR-PDMS的8.2MPa。与CNT-PDMS相比，GNR-PDMS不仅拉伸强度高，韧性也明显较高。力学性能上的改善主要得益于石墨烯纳米带在聚合物基体中的均匀分散和石墨烯纳米带的高比表面积促进填料与基体之间的有效应力传递[24]。

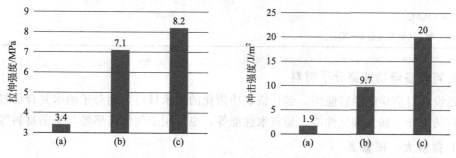

图1-20　PDMS（a）、CNT-PDMS（b）和GNR-PDMS（c）的力学性能比较[24]

⑥ 如果纳米微粒用量过多或填料粒径变大，复合材料应力集中较为明显，微裂纹就易发展成宏观开裂，反而造成复合材料性能下降。图 1-21 显示了添加 4％的 11nm 的 $CaCO_3$ 与添加 1％的市售 $CaCO_3$ 对裂纹的影响，虽然纳米 $CaCO_3$ 添加量大，但是相同条件下，市售的微米级 $CaCO_3$ 在低含量下就出现长度大于 20μm 的裂纹，纳米 $CaCO_3$ 的裂纹长度在 5μm 左右。

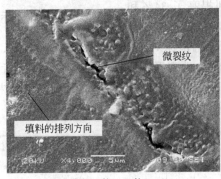

(a) 填充4%的11nm的$CaCO_3$　　　　(b) 填充1%市售$CaCO_3$

图 1-21　裂纹的 SEM 图[19]

需要注意的是，并不是任何一种纳米材料加入到任何一种聚合物中都会实现强度和韧性的同步提高，比如有文献报道，在 PP 中加入 70nm 的 $CaCO_3$ 后，无论含量多大，与纯的 PP 相比，纳米复合材料在拉伸强度和冲击强度方面都有降低，而且含量越高，降低幅度越大；对于 PP-PE/纳米 $CaCO_3$ 体系，在填充量为 10％时，冲击强度最大提高 47％，但拉伸性能下降了 22％；对于 PP 与 PP-PE 混合物/纳米 $CaCO_3$ 体系，拉伸强度降低 10％，冲击性能则提高 30％；在最佳配方中引入硅烷偶联剂处理纳米 $CaCO_3$ 后，拉伸强度没有改变，但是冲击强度提高了 16.8％[25]。但同样是 PP、纳米 $CaCO_3$（25～43nm，平均为 30nm），却能实现增强增韧，其力学性能如表 1-1 所示[26]。使用微米 $CaCO_3$ 没有改善拉伸强度，但是韧性却明显下降；使用纳米 $CaCO_3$ 后拉伸强度略有提升，冲击强度变为原来的 2.5 倍，即强度和韧性得以同步提高；比较有意思的是，当微米材料和纳米材料一起用时，拉伸强度还有所提高，而且冲击强度达到原来的近 5 倍。

表 1-1　PP 在填充各种 $CaCO_3$ 后的力学性能[26]

聚合物	冲击强度/(kJ/m²)	拉伸强度/MPa
PP	13.5	27.4
PP/15％微米 $CaCO_3$	7.2	25.6
PP/5％纳米 $CaCO_3$	34.4	29.5
PP/15％微米和 5％纳米复合 $CaCO_3$	67	31.5

(2) 可制备新功能高分子材料

虽然没有对应功能的官能团，但是依靠功能化的纳米材料，高分子纳米复合材料也能表现出对应的功能，如光催化性能、超疏水性能等，也可用于气体传感器与杀菌材料等。

(3) 强度大、模量高

普通的无机材料改性后可以得到更高的强度和模量，如表 1-2 所示。

表 1-2　一些代表性的高分子纳米复合材料的力学性能的增强、制备方法和用量[27]

高分子纳米复合材料	用量/%	加工方法	材料性能的改善
PP/SiO₂	0～2.2	挤出	拉伸强度和韧性都得到提高
PVC/OMMT	3～10	熔体插层	拉伸强度增加
PVC/EVA/OMMT	0～6	熔融混合	100 份 PVC/5 份 EVA/2 份 OMMT,冲击强度提高到 6.86kJ/m²
EVA/SiO₂	1～9	双辊混合	拉伸强度、硬度、抗磨损性能提高
PMMA/Clay	1～5	注射成型	拉伸模量比纯 PMMA 提高 35%
PS/MMT	0～7	双螺杆挤出成型	抗拉强度、抗弯强度和冲击强度分别提高 83%、55% 和 74%
壳聚糖/MgO	10	溶液浇注	拉伸强度从 30MPa 增加到 63MPa,伸长率从 7.2% 提高到 15.3%,水溶性从 78.3% 降至 29%

注:MMT 为蒙脱土,OMMT 为有机蒙脱土。

（4）阻隔性能

插层纳米复合材料的分子链段运动受到限制,进而提高了耐热性、尺寸稳定性和气密性,如表 1-3 所示。

表 1-3　几种高分子纳米复合材料的阻隔性能的增强、制备方法和用量[27]

高分子纳米复合材料	用量/%	加工方法	材料性能的改善
LDPE/Clay	1～7	熔融混合挤出	可使氧气渗透率降低 24%。横向拉伸模量增加 100%,纵向增加 17%
PI/Clay	3～9	浇注成型	透气性和透湿性降低至不到纯 PI 的一半
淀粉/SiC	0～10	溶液法	氧气渗透性降低 30%

利用纳米材料如蒙脱土对 PET 进行改性,可提高 PET 的"双阻"性能。在美国、日本、欧洲已开始使用,如近年来美国伊士曼化学公司和 Nanocor 公司联合开发了以 PET 为基材的纳米复合包装材料,大大改进了阻隔性和耐热性等性能,主要用于饮料包装。

高阻隔纳米 PET 啤酒瓶

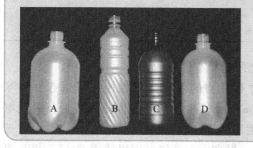

河南张弓集团正式投入生产高阻隔纳米 PET 啤酒瓶,经检验表明,高阻隔纳米 PET 啤酒瓶的透气性是玻璃瓶的 1.5%、普通 PET 的 2.3%。这说明高阻隔纳米 PET 啤酒瓶比玻璃瓶、普通 PET 瓶阻隔空气中的氧气和啤酒中的二氧化碳气体的性能要高。

（5）阻燃性

CNT、GO、层状双氢氧化物（LDH）、MMT 等无机纳米材料和合成纳米材料是具有环保性能的阻燃材料。这些纳米材料不仅具有良好的成炭能力,而且具有降低起火风险和危害的能力,还具有热稳定性,已被部分用于替代传统的阻燃材料。其优点是在低用量（5%）时也可获得足够的阻燃效果,原因是纳米粒子尺寸小,具有较高的比表面积,能在聚合物基体中均匀分散,在燃烧过程中,纳米复合材料的顶部表面形成无机-有机保护层,从而保护底层可燃材料。这一保护层还起到阻隔火焰热量向底层材料传递及阻隔挥发物进入到火焰中的作用，降低了纳米复合材料的温度。这种屏蔽作用可以限制从热源到衬底的热量传递和从衬底到热源的质量传递，从而起到对底层可燃材料的保护作用[28]。

因此，阻燃性提高的本质是纳米材料提高了表面聚合物的成炭能力及厚度，表面燃烧形成的焦烧层既降低了向底层传递的热量，又隔绝了燃烧所需要的氧气，从而抑制了燃烧的两个要素，达到阻燃的效果。

LDH/PP 高分子纳米复合材料的阻燃性能如表 1-4 所示，加入 80～100nm 尺寸的 LDH 后，峰值热释放速率（PHRR）、总热释放量（THR）和热释放能力（HRC）有着极大的降低，极限氧指数（LOI）极大提高，这些阻燃数据的改善表明聚丙烯的阻燃性能得到了极大的改善。显然用量越多，阻燃性能改善幅度越大。

表 1-4　不同含量的 LDH/PP 高分子纳米复合材料的阻燃性能[29]

高分子纳米复合材料	PHRR	THR	HRC	LOI
PP	1640	47.4	1170	17.6
PP/15%	843	38.4	830	19.7
PP/20%	758	35.0	756	—
PP/30%	736	32.8	741	—
PP/40%	686	30.0	690	22.2

不同的基体材料引入功能化 GO 后，阻燃性能也有不同程度的改善，甚至优于未功能化的 GO，如表 1-5 所示。

表 1-5　功能化石墨烯纳米复合材料对阻燃性能的改善[30]

高分子纳米复合材料	含量/%	效果
环氧树脂	10	碳收率由纯环氧的 16.7% 和 GO/环氧树脂的 21.1% 提高到 30.2%；LOI 从纯环氧的 20% 和 GO/环氧树脂的 23% 增加到 26%
交联聚乙烯	3	PHRR 降低了 29%，而 GO/交联聚乙烯只下降了 9%
聚丙烯	20	PHRR 降低了 67%，THR 降低了 24%
环氧树脂	8	PHRR 降低了 41%，THR 降低了 50%
环氧树脂	1	PHRR 降低了 45%，而 GO/环氧树脂只降了 18%

根据上述结果，提高高分子纳米复合材料性能的途径有以下四种。

① 选择具有特定功能的纳米材料。想展现对有机物的催化降解性能，可以选择纳米 TiO_2；展现析氢反应（hydrogen evolution reaction）及气体检测可以选择石墨烯；展现电化学能源转换可选择 rGO；提高杀菌性能，可以使用纳米 Ag、纳米 ZnO；提高磁性可以选用纳米 Fe_3O_4；提高生物疗效，可以选用纳米 Au；提高力学性能，可以使用 CNT；提高阻燃性，可选择 CNT、LDH、MMT 等，还可以使用多种纳米材料产生防腐蚀、疏水疏油、自清洁等功能。

② 纳米材料粒径要小（对应于纳米材料的初级结构）。纳米材料粒径越小，表面缺陷越多，活性越大，与分子链键合能力越强，从而有利于提高高分子纳米复合材料的力学强度。但是粒径、性能、成本之间存在平衡值，不宜过于追求小的粒径。对于石墨烯来说，层数则尽量少。

③ 纳米材料在聚合物基体中的分散要均匀（对应于纳米材料的次级结构）。购买的小粒

径纳米材料并不意味着基体中的纳米材料的粒径就小，必须通过工艺降低聚集程度，提高分散的均匀状态。纳米材料的团聚是自发的状态，必须加以干涉才能降低聚集。

④ 提高纳米材料与聚合物基体材料的作用力。该作用力本质上是无机纳米材料与有机基体材料的界面问题，只有对纳米材料适当改性才能更好地消除清晰的界面，从而让纳米材料与基体材料有更强的相互作用力。作用力越强，破坏这些键需要的能量越多，高分子纳米复合材料的力学强度越高。

1.7.3　高分子纳米复合材料断裂模型

由划痕、压痕、磨损和断裂引起的微米 SiO_2 填充的聚合物基复合材料和纳米 SiO_2 填充的高分子纳米复合材料的不同失效机制研究显示，当裂纹单位面积延伸的机械能超过两种材料之间的黏附功时，在聚合物-颗粒界面处发生断裂。在聚合物基复合材料中，因微米级颗粒与基体在界面处存在较弱的作用力，使其易发生脱层而被去除，而后留下的凹坑则是产生摩擦的主要地方。随后而来的经过凹坑表面的摩擦使凹坑周围的材料发生快速的磨损，从而产生了较高的磨损率。在纳米复合材料中，纳米粒子的大小和聚合物链的回旋半径的数量级相同。纳米颗粒与聚合物之间的相互作用很强，随着粒径的减小，纳米颗粒周围界面层所占的体积分数增大。在断裂和磨损过程中，球形纳米颗粒与聚合物基体之间的强黏附性使其脱黏和脱层的程度比聚合物基复合材料小[15]。

高分子纳米复合材料的断裂过程由五个阶段组成[26]。

① 应力集中：改性剂纳米粒子作为应力集中剂，具有与聚合物基体不同的弹性性能，比微米颗粒更大的比表面积和曲率，如图 1-22(a) 所示。

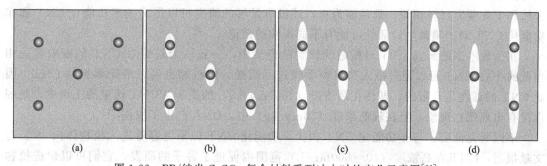

(a)　　　　　　　(b)　　　　　　　(c)　　　　　　　(d)

图 1-22　PP/纳米 $CaCO_3$ 复合材料受到冲击时的变化示意图[26]

② 微空化产生：当冲击能超过纳米粒子和聚合物之间的相互作用时，应力集中会导致粒子周围受到三维应力的作用而产生自由体积，从而导致如图 1-22(b) 所示的颗粒-聚合物界面的脱黏。这种变化是吸收冲击能量的重要过程。显然，纳米粒子与聚合物之间的界面作用力越强，微裂纹越难以产生，纳米复合材料的抗冲击能力也越强。

③ 微裂纹的产生和生长：在较高的冲击能量下，微空化形成微裂纹，微裂纹沿冲击应力方向生长，如图 1-22(c) 所示。如果微裂纹的生长不被微粒所阻断，那么它就会像图 1-22(d) 那样破坏复合材料。

④ 微裂纹的阻断：众所周知，纳米粒子的强度远高于树脂的强度，因此微裂纹破坏不了纳米粒子，并且纳米粒子的尺寸要比微裂纹大得多，因此由纳米粒子产生的微裂纹很难在微粒周围游走。当微裂纹遇到微粒时，微裂纹的生长将被纳米粒子所阻断。在此过程中，微裂纹将继续扩大，直到被阻断，如图 1-22(c) 所示。这是一个最重要的过程，因为它吸收了最多的冲击能。

⑤ 纳米复合材料的断裂：当微裂纹的尺寸大于微颗粒的尺寸时，微裂纹会在微颗粒周围行走，并继续沿着相同的方向生长，如图 1-22(d) 所示。这个过程将导致纳米复合材料的断裂。

1.8　纳米材料对生态系统的影响

纳米材料在生态学、医学、时尚、化妆品、食品包装、材料科学等领域得到越来越广泛的应用，然而，纳米材料的使用也不可避免地给生态和环境带来了一些影响。有的纳米材料会被释放到河流、湖泊和海洋中，饮用水最终也会受到这些物质的影响。因此，这些物质除了对水环境有污染，也可能对水生生物或人类有害[31]。

CNT 有着众多的工业应用，并可能被释放到环境中。根据 CNT 的长度、直径、功能化程度和环境条件的不同，在自然条件下 CNT 可能有不同的行为[32]，CNT 不容易跨越生物障碍。在体内时，只有一小部分 CNT 转移到机体内。CNT 毒性取决于暴露条件、模式生物、CNT 的类型、分散状态和浓度。在生态毒理学试验中发现，一般水生生物比陆地生物更敏感，无脊椎动物比脊椎动物更敏感，单壁碳纳米管（SWCNT）比双壁/多壁碳纳米管（MWCNT）具有更大的毒性。

从天然或工业碳质材料、MWCNT 对土壤微生物群落的影响的长期研究发现，经过一年的接触，MWCNT 降低了土壤 DNA 多样性，改变了细菌群落[33]。这些影响与观察到的天然和工业碳质材料相似。到目前为止，还没有足够的研究可以得出关于功能化 CNT 和非功能化 CNT 对土壤微生物活性可能有不同影响的结论。

在为数不多的研究 CNT 对蚯蚓的影响的论文中，一致认为蚯蚓对 CNT 的摄取量是相当低的[34]。CNT 可以通过摄入和组织吞噬进入蚯蚓，但蚯蚓也可以消除累积的 CNT。因此 CNT 的毒性是有限的，即使在高浓度（1000mg/kg）的受 MWCNT 污染的土壤中，蚯蚓也没有出现死亡现象，但在较低浓度（50mg/kg）中，DNA 产生了损伤[35]。

不同研究证实，与非功能化 CNT 相比，功能化 CNT 似乎更容易进入植物体内[34]。有文献报道，CNT 在高浓度（40～500mg/L）范围内促进了种子的萌发，它们可以促进植物生长，提高花产量，或促进根系伸长；在细胞水平上，MWCNT 在广泛的浓度范围内（0.005～0.5mg/mL）促进了烟草细胞的生长[36]。另一方面，在一些研究中发现 CNT 对植物生长有抑制作用：MWCNT 在高浓度（125～1000mg/L）时会诱导菠菜产生的活性氧增加，从而引起植物生长的减少和毒性，还可能引起叶细胞/组织的坏死和根、叶形态的改变[37]。也有文献没有观察到 CNT 对植物的影响，比如 MWCNT 功能化和非功能化对莴苣种子发芽均无影响[38]。

Ag 纳米粒子因其抗菌活性而被广泛应用于消费品领域，但有报道 Ag 纳米粒子会引起各种类型的细胞毒性，包括神经毒性。有研究观察到，暴露于 Ag 纳米粒子环境中可降低多个神经分化标记基因的表达，影响神经的分化，此外，Ag 纳米粒子可诱导线粒体断裂，降低线粒体融合蛋白的水平，诱导细胞毒性，包括神经发育毒性[39]。中科院开展了纳米 Ag 的生物毒性定量评估的研究工作，在制备的单分散纳米 Ag 颗粒基础上，系统研究了在相同质量浓度（250mg/mL）下不同粒径大小对 HLF 细胞的存活率、凋亡和坏死程度，以及对乳酸脱氢酶和活性氧的产量等的影响。实验结果表明，相同质量浓度下，纳米 Ag 的粒径越小，毒性越大。这是由于粒径越小，其比表面积越大，与细胞膜接触的概率也越大，最终致使较小的纳米 Ag 颗粒更容易被细胞内吞，导致细胞凋亡和坏死[4]。低浓度（<5mg/L）的 10～20nm Ag 纳米颗粒对正常胚胎发育影响不大，但高浓度对中胚层和外胚层组织的发育有显著影响，可能是由于延迟或抑制细胞分裂。成年斑马鱼暴露于 Ag 纳米粒子环境中，导致 Ag 纳米颗粒在鳃和肝脏处的聚集，从而导致氧化应激和免疫毒性。不同形状的 Ag 纳米颗粒均能引起氧化应激，但片状 Ag 纳米颗粒比球形和线状的 Ag 纳米颗粒毒性更大。有趣的是，这些效应与表面缺陷的存在有关，而不是 Ag 的脱落。总体来说，各种因素之间存在着复杂的相互作用，在这些因素中，一系列物理化学性质构成了生物相容性的基础[40]。

石墨烯潜在的环境风险已经引起科学家们的广泛关注，但由于石墨烯在环境复杂的样品中难以追踪和定量，导致目前研究还只是集中在石墨烯自身引起的生物效应，而对石墨烯进入生物体的内暴露剂量和存在形态相对较少。南京大学毛亮课题组与国内外相关学者合作，以 ^{14}C 标记石墨烯研究其在水稻中富集、分布、迁移和转化。研究发现，置于 $250\mu g/L$ 石墨烯悬浮液 7 天后，水稻根部摄入石墨烯的量高达 694.8mg/kg（干重），与此同时，石墨烯能够快速地从根部转移到水稻的茎叶；更重要的是，石墨烯能够穿透水稻叶片的细胞壁和细胞膜进入到叶绿体中，且在摄入石墨烯的叶片中检测出了羟基自由基的存在。实验捕获的大量 $^{14}CO_2$ 证实水稻茎叶摄入的石墨烯能够被矿化，这应是由叶片中自由基 ROS 对石墨烯的攻击作用引起的（图 1-23）。体外实验也证实羟基自由基能够氧化石墨烯生成 CO_2，导致石墨烯自身尺寸逐步减小，表面含氧功能团增多。长周期实验表明，虽然水稻能够摄入石墨烯，但停止置于石墨烯悬浮液后约 15 天，摄入茎叶中的石墨烯消失，收获的大米中也未检测到石墨烯残留[41]。

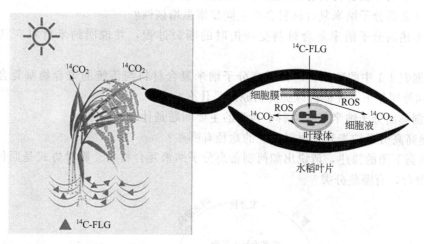

图 1-23　水稻中石墨烯的分布、迁移及其在叶片中的转化示意图[41]

对于生物体来说，纳米颗粒的毒性很大程度上取决于其物理化学特性，如大小、形状、比表面积、表面电荷、催化活性以及表面是否有壳层和活性基团。小尺寸的纳米颗粒允许它们通过上皮和内皮屏障进入淋巴和血液，由血液和淋巴流输送到不同的器官和组织，包括大脑、心脏、肝脏、肾脏、脾脏、骨髓和神经系统，或者通过胞吞机制进入细胞，或者通过细胞膜扩散到细胞中。纳米颗粒还可以通过摄入增加血液流动，一些纳米颗粒可以穿透皮肤。纳米粒子由于体积小，可以通过炎症部位、上皮（如肠道和肝脏）、肿瘤，或穿透微血管的内皮细胞外渗。模拟纳米颗粒对人体毒性作用的实验表明，纳米颗粒通过增强血小板聚集、上下呼吸道炎症、神经退行性疾病、卒中、心肌梗死和其它疾病引起血栓形成。值得注意的是纳米颗粒不仅可以进入器官、组织和细胞，还可以进入细胞器，例如线粒体和细胞核；这可能会极大地改变细胞代谢，导致DNA损伤、突变和细胞死亡。近年来的研究表明，肺组织与50nm左右的纳米颗粒接触会导致Ⅰ型肺泡细胞膜穿孔，从而导致纳米颗粒进入细胞，这反过来又会导致细胞坏死，乳酸脱氢酶的释放就证明了这一点。另一方面，膜脂过氧化所引起的活性氧的形成，可能导致膜柔韧性的丧失，以及异常高的流动性，不可避免地导致细胞死亡。纳米颗粒与细胞骨架的相互作用也可能破坏细胞骨架。例如，TiO_2纳米颗粒会引起微管蛋白构象的改变并抑制其聚合，从而影响细胞内的转运、细胞分裂和细胞迁移。在人脐静脉内皮细胞中，细胞骨架的损伤阻碍了连接细胞骨架与细胞外基质的配位黏附复合物的成熟，从而干扰了血管网络的形成[42]。

此外，*Nanotoxicology* 也专门报道纳米毒理学的相关文章。

思考题

1. 什么是复合材料、纳米材料、纳米复合材料、高分子复合材料或聚合物复合材料、高分子纳米复合材料或聚合物纳米复合材料？它们之间有什么关联？

2. 纳米的英文前缀是什么？纳米材料、纳米复合材料、高分子复合材料、高分子纳米复合材料的英文名称是什么？你还能找出更多的以纳米为前缀的英文单词吗？

3. 纳米材料有什么聚集态结构，为什么会产生聚集态结构？黏土的聚集态结构有哪些？

4. 高分子纳米复合材料有哪些制备方法？

5. 高分子纳米复合材料有什么独特的性能，它与高分子复合材料相比有哪些异同点？

6. 为什么高分子纳米复合材料会产生同步增强增韧性？

7. 请描述高分子纳米复合材料受冲击时的断裂过程，并说明纳米材料在其中发挥的作用。

8. 根据表1-1中的数据，请分析高分子纳米复合材料与传统的聚合物基复合材料有哪些不同。同等用量下，性能得以提高的原因是什么？

9. 在制备高分子纳米复合材料中遇到的主要问题是什么？

10. 提高高分子纳米复合材料性能的途径有哪些？

11. 根据下图的描述，请说出如何制备高分子纳米复合材料。哪种方式是原位聚合？什么是原位聚合，有哪些分类？

12. 基体材料中加入纳米材料能够提高阻燃性的根本原因是什么？

13. PM2.5是有害的，纳米微粒比PM2.5的粒径还要小，它到底是有害的还是有益的？

第2章

纳 米 材 料

2.1 纳米材料的新特性

美国科学家研制出世界第一辆单分子纳米汽车，这辆纳米汽车是由底盘和轮轴组成的，这两者是由设计精良的绕轴旋转和自由喷转旋转车轴制成。车轮是球形的，由包含 60 个原子的单质碳构成。整辆汽车对角线的长度仅为 3～4nm，比单股的 DNA（直径为 2nm）稍宽，如图 2-1 所示。

图 2-1　单分子纳米汽车

将 CNT 材料应用于纳米涂料中，可显著提高涂料的韧性以及导电性能，这个技术一旦产业化可以应用到飞机、直升机的喷漆上，能有效防止螺旋桨的油漆生锈、脱落。例如，为了消除飞机在高空低温环境下飞行面临易结冰的问题，将 CNT 或石墨烯涂覆于飞机机翼表面，通过它们导电后自身的发热提高机翼的温度来融化机翼表面的冰。当机翼处于运动状态时，机翼表面薄薄的一层水足以让整块冰脱离。也可以使用碳纤维导电发热除冰，但是与碳纤维增强聚合物复合材料加热器相比，CNT 加热器具有更快的加热和冷却速率。例如加热 30s 后，CNT 样品达到 95℃，而碳纤维增强聚合物复合材料仅达到 39℃，这表明 CNT 加热器可以使用更少的时间和更少的能量。CNT 堆垛的热均匀性也比碳纤维增强聚合物复合材料显著提高。这是由于碳纤维增强聚合物复合材料的厚度（碳纤维增强聚合物复合材料样品比 CNT 样品厚 10 倍）造成了大的温度梯度。CNT 加热器在 15s 内可以对测试表面进行除冰，而性能最好的碳纤维增强聚合物复合材料加热器需要 25s。CNT 加热器快速、均匀、能耗低，并且可以调节以实现快速冷冻和除冰[43]。

纳米管中有水，会发生什么变化？

(1) 绝对零度，不结冰

最近，物理学家发现了一种水的新形态，这种新形态被科学家称为纳米管水。这些水与我们平常见到的水没有什么两样，每个水分子也同样包含两个氢原子和一个氧原子，但是这种水却有一个独特的性质，即使在接近绝对零度的极低温时也不结冰。

如果把水放进一个直径小于 2nm 的 SWCNT 里，神奇的事情就发生了。在温度达到 8K 时，水依然没有结冰，而是以一种类似液态水分子的链状贯穿整个管壁的中心，形成了冰冷的水分子内壁。研究人员把这一特性的形成原因归结为水分子之间的连接松散。在液态水中，每个水分子平均有 3.8 个氢键与相邻水分子相接；在冰中，这个平均值为 4；而在纳米管水中，水分子链的氢键数目仅为 1.86，这就使得水分子之间的连接很不紧密。

因为没有其它水分子的相互牵扯，其连接非常松散，使得水非常活泼并且一直在不停地移动。它们运动的方式也很独特，是移动的链，其中不同部分的氢键不断地断裂、形成，循环往复，使得水链能够迅速移动。这一特性使得它们在如此小的空间中无法紧密结合形成冰块。在北半球严寒下，植物过冬时根须不被冻伤也可能与此有关。

(2) 100℃下居然结冰

最近 MIT 研究人员发现了水在 CNT 中的奇特相转变现象，正常条件下水在 0℃ 左右结冰，在 100℃ 时就会沸腾，但是在特定尺寸的 CNT 中，在超过 100℃ 时水居然"冰冻了"，而且 CNT 的尺寸变化对水的相变影响明显，比如实验中水在 1.05nm 和 1.06nm CNT 中的性质有着天壤之别，因此有望制成"冰导线"实现应用[44]。

2.2　纳米材料的分类

无机纳米材料的分类如图 2-2 所示。

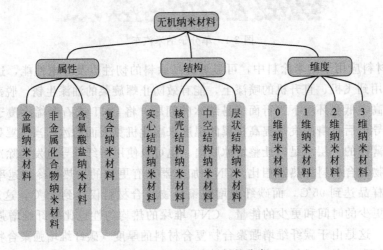

图 2-2　无机纳米材料的分类

2.2.1　按照属性分类

（1）金属纳米材料

目前已制备出很多纳米金属粉体材料，如 Au、Ag、Cu、W 等，这些金属纳米材料因比表面能大，很不稳定，易被氧化或聚集，通常将纳米材料保存在惰性环境中储存、运输和使用，或以纳米相分散于某种介质中。

如果金属纳米微粒表面被改性，也可以获得相对物理稳定和化学稳定的储存效果。

（2）非金属化合物纳米材料

该分类包含氧化物纳米材料，如 ZnO、SiO_2、MgO、Ag_2O、TiO_2；硫化物纳米材料，如 MoS、CuS、CdS、ZnS；氮（碳）化物纳米材料，如 Si_3N_4、SiC、Ti_3N_4、TiC。该类纳米材料的表面容易被改性，化学和物理性质比较稳定，方便运输、储存、加工。

（3）含氧酸盐纳米材料

硫酸盐类如 $CaSO_4$、钛酸盐类如 $BaTiO_3$、磷酸盐类如 $LiFePO_4$、碳酸盐类如 $CaCO_3$、硅酸盐类如黏土等含氧酸盐具有许多特别的性能。

最常见的是 $CaCO_3$，目前纳米 $CaCO_3$ 已有多种制造方法，常用的是使用 $Ca(OH)_2$ 和 CO_2 的沉淀法[45]。全国有数百家 $CaCO_3$ 生产厂家，约数十万吨的生产能力，其中纳米 $CaCO_3$ 粒径大约是 $30\sim50nm$，现在的市场价格为 $2000\sim3000$ 元/吨。普通 $CaCO_3$ 400 目的是 250 元/吨，1200 目的是 600 元/吨，10000 目的是 1800 元/吨。

（4）复合纳米材料

复合纳米材料是多种纳米材料复合在一起而形成的复合体系，其性质取决于各个组分的状态。复合纳米材料彼此相互作用，共同形成一个相态，则这种复合纳米材料就不是各组分性质的叠加，而是产生了新的性质。如果各组分保持自己的构成相态，则复合材料将具有独立相态的元素性质。例如 Fe-Nd-B 构成复合纳米材料，由于纳米微粒内分散有 $10\sim15nm$ 的 Fe 纳米相，使得这种复合纳米材料具有很高的矫顽力和高的剩余磁化度。将 Ti 颗粒球磨进石墨烯中，构成了 Ti/石墨烯复合纳米材料，实现了在 $300℃$、$8kPa$ 的低压下储氢质量分数为 4.3% 的高储氢能力[46]。在 Fe 基纳米颗粒上生长出 Au 的等离子体壳层，Au 壳层内外表面的局域表面等离子体模式的耦合，增强了 Fe 基纳米结构的线性和非线性光学性能[47]。通过溶胶-凝胶法将 Mn 掺杂进 $BiFeO_3$ 纳米陶瓷形成 $14\sim17nm$ 尺寸的 $BiFe_{1-x}Mn_xO_3$（$0\leqslant x\leqslant0.06$）后，观察到了光学带隙的微小变化，高 Mn 含量在低频下的介电常数有最大值，同时高 Mn 含量样品的饱和磁化强度受到抑制，因此，适当掺杂锰离子可以改善 $BiFeO_3$ 纳米陶瓷体系的介电性能和磁性能[48]。

GO 与金属氧化物的复合是提高复合材料光电性能的有效途径。有文献制备了 ZnO/GO 纳米杂化材料，在 20% 和 60% 的 ZnO 比例下，得到了效果最好的 ZnO/GO 复合纳米材料，该复合纳米材料具有高介电常数和低损耗，被认为是储能应用的一个很有前景的候选材料[49]。

2.2.2　按照结构分类

（1）实心结构纳米材料

纳米材料在制备过程中无论是均相成核还是异相成核，最终得到的都是与图 2-3 类似的

(a)   (b)

图 2-3　使用溶胶-凝胶法制备的平均粒径为 250nm 的 SiO_2 球[50]

实心结构，比如纳米 ZnO、纳米 $CaCO_3$、纳米 SiO_2。通过机械球磨的方法制备的纳米材料更是实心的。

（2）核壳结构纳米材料

核壳结构的纳米材料都以"核@壳"的形式命名，如 $SiO_2@TiO_2$ 表示以纳米 SiO_2 为核，纳米 TiO_2 为壳，通过该名字就可以直观地看出反应的先后顺序，如图 2-4 所示。此外还有 $Fe_3O_4@CuZnO@rGO$、$Fe_3O_4@SiO_2@GO$ 这种一层一层包装的多核心微球的报道[51,52]。

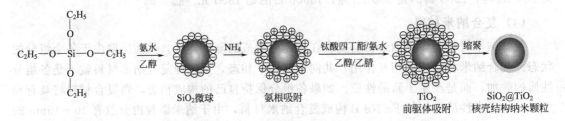

图 2-4　$SiO_2@TiO_2$ 的合成示意图[53]

实心结构的纳米材料结构单一导致功能受限，比如纳米 SiO_2 表面富含羟基，易进行表面改性，但不能对磁场做出响应。纳米 Fe_3O_4 易对磁场敏感，但是表面不易接枝，单独的应用受到很大限制。为了扩展应用领域，就产生了核壳结构的纳米材料，$Fe_3O_4@SiO_2$ 核壳结构如图 2-5 所示，借助磁场作用实现对产品性能的调控而 SiO_2 则以非晶态的形式存在，粒径约为 300nm[54]。也有在纳米 Fe_3O_4 的表面用溶胶-凝胶法涂覆了 8nm 厚的 SiO_2 形成

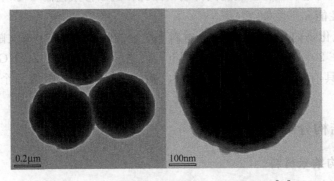

图 2-5　$Fe_3O_4@SiO_2$ 核壳结构纳米材料 TEM[54]

Fe₃O₄@SiO₂ 核壳结构的报道$^{[55]}$。以对磁场敏感的纳米 Fe₃O₄ 为核，以易于表面改性的纳米 SiO₂ 为壳，可以进行磁场作用下对产品性能的调控，比如可回收性。以磁性颗粒为核，以 Ag、Ag₂O 为壳，可以实现用量少且杀菌效果好。核壳结构材料的三维结构约束引起的表面原子活性的差异以及原子附近影响的成分之间电荷转移的变化而引起的壳与核之间的互连，影响带结构的基团效应及材料表面存在不同的原子团引起吸附差异的配体效应，使其具有独特的物理化学性质，在储能和转化中得到了广泛的应用$^{[56]}$。例如，金属基纳米复合材料（如 Co、Fe 或 Ni）表面以单原子层的形式覆盖贵金属或金属氧化物，具有优越的能量储存能力和高的转化效率。可以控制和调节核壳结构材料的形状、晶面、结构和成分，这种结构的可控性使研究人员能够为经济、可持续和绿色化学工业的应用制定新的战略，这被认为是化学领域最有前景和最具挑战性的领域之一。

对于 ZnO@Ag 核壳结构纳米材料来说，随着 Ag 壳层厚度的增加，两组共振峰（300nm 的紫外区、400~600nm 的可见光区）增强，紫外区出现轻微红移，可见光区出现蓝移。光学性能的增强主要是由于 Ag 壳层在 ZnO@Ag 界面的表面等离子体共振和两个光谱区的 ZnO 纳米颗粒能隙的强耦合。与纯 ZnO 相比，ZnO@Ag 核壳结构纳米材料具有潜在的应用，如传感器和纳米光电器件$^{[57]}$。通过溶胶-凝胶法合成的 ZnO@CuO 核壳结构纳米材料的 UV-Vis 光谱显示，与纯 ZnO 相比，ZnO@CuO 纳米复合材料的吸收峰更高，这是由于样品中存在缺陷，纳米复合材料的导电率随频率和温度的升高而增大$^{[58]}$。

(3) 中空结构纳米材料

核壳结构纳米材料虽然拓展了应用领域，但是内层还是实心的，无法实现负载的功能，比如载药，因此首先制备一种核壳结构纳米材料，再通过溶解、高温煅烧的方式将内层材料去除，从而得到中空结构的纳米材料，如图 2-6 所示。由于壳层并不是完全包覆密封核层，壳层中产生的空隙可以让药物分子扩散到核层，实现载药功能。负载药物的纳米材料到达病灶后，通过调控释放药物，实现病症的治疗。

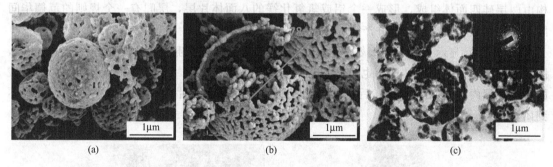

图 2-6 中空球粒径为 1.62μm 的 SEM，其上的纳米 CaCO₃ 为 76nm（a），中空球粒径为 2.93μm 的 SEM，有破损的中空纳米 CaCO₃（b），其右上角为壳层对应处的放大图，其直径为 78nm，以及（a）的 TEM（c）$^{[59]}$

★【例 2-1】 笼状纳米 CaCO₃ 空心球的制备$^{[59]}$。

以碳质微球或碳球为模板，可以制备不同空腔直径的笼状纳米 CaCO₃ 空心球，如图 2-6 所示。在 100mL 的去离子水中加入 2mmol（4.72g）Ca(NO₃)₂·4H₂O 搅拌溶解，再加入 8mmol（4.8g）尿素形成一个澄清的溶液。然后，将制备的 2g 碳球加入到上述溶液中，超声 10min。混合液在 80℃下搅拌 6h，促进 Ca²⁺ 在碳球表面的沉积。用蒸馏水洗涤几次，60℃干燥 8h，在 500℃的马弗炉中煅烧 2h，得到笼状纳米 CaCO₃ 空心球。

上述中空结构纳米材料制备的整个过程需要大量水或有机溶剂，步骤较多，耗时、成本高且具有潜在的毒性。因此，需要有一种简便、环保的空心球制备方法。有文献[60]别出心裁地使用了大豆加工过程中的废弃物——豆渣，在 N_2 中煅烧 30min 即转化为中空碳纳米球，如图 2-7 所示。图 2-7(a) 显示平均粒径为 200nm；图 2-7(b) 显示中空碳球的内径为 164nm，壳层厚度为 34nm；EDX 证明了 C、N 和 O 在中空碳球上均匀分布。其独特的中空结构赋予碳粒子优异的光热转换效率，从而产生有效的光声响应，使中空碳球成为癌症的成像引导的光热治疗剂。

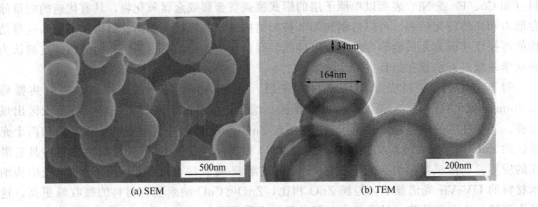

(a) SEM (b) TEM

图 2-7　中空碳纳米球的形貌表征[60]

（4）层状结构纳米材料

由于蒙脱土的厚度为纳米尺寸且具有较大的高宽比，在聚合物基体中加入 1％～5％蒙脱土能够显著地提高机械强度。聚合物与层状硅酸盐之间的纳米相分布和协同作用使其具有阻燃性、阻隔性和抗烧蚀性等附加性能，在其它组分中均未观察到。用于这一目的的层状硅酸盐有云母、萤石、赫托石、氟钾石、皂石等，但商业兴趣最大的是蒙脱土。它们的晶体结构由两层硅四面体组成，形成一个铝或氢氧化镁的八面体片层，层间有一个规则的范德华间隔。这些都是相对松散的，并产生了重要的阳离子交换性质[61]。

图 2-8(a) 显示了热塑性聚氨酯（TPU）与聚丙烯混合后插层有机蒙脱土后的 TEM 图，图中显示出了插层型的结构，也显示了蒙脱土大的团聚体；图 2-8(b) 中加入增溶剂马来酸酐功能化聚丙烯（MA-g-PP）后，蒙脱土片层被剥离开来，片层有着良好的分散，也看不到团聚体。

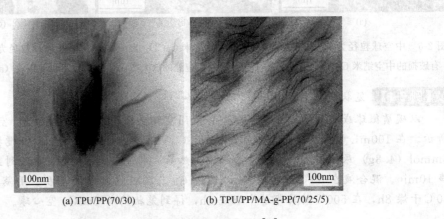

(a) TPU/PP(70/30) (b) TPU/PP/MA-g-PP(70/25/5)

图 2-8　含有 3％有机蒙脱土的 TEM[62]

2.2.3 按照维度分类

纳米材料的尺寸对它们在材料中的性能起着重要的作用，为此纳米粒子分为零维（0D）、一维（1D）、二维（2D）及三维（3D）纳米材料[63,64]。图 2-9 形象地描述了各个维度的组成。

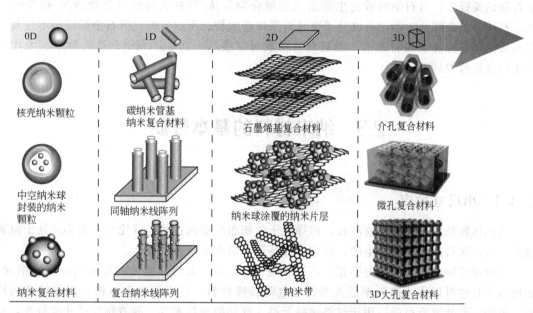

图 2-9　不同形貌的纳米结构材料[65]

① 0D 纳米粒子被定义为粒子所有的尺寸都在纳米尺度内。例如，纳米 SiO_2、TiO_2、ZnO 和 $CaCO_3$ 粒子。以不符合纳米尺度的维度进行理解，0D 说明超过纳米尺度的维度为 0。

② 1D 纳米粒子可以被描述为两个维度在纳米尺度内，而另一个维度则在纳米尺度以上。CNT 和图 2-10 所示的纳米纤维属于这一类。纳米纤维指直径为纳米尺度而长度较大的线状材料。可以理解为超过纳米尺度的维度为 1。

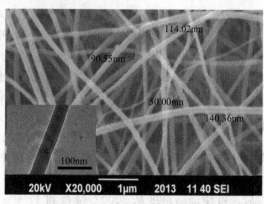

图 2-10　SiO_2 纳米纤维 SEM 图[66]

③ 2D 纳米粒子是有一个维度在纳米尺度上，通常是厚度，其它维度扩展到"纳米"之外。在纳米材料中，这种定义覆盖了相当大的区域，涉及黏土纳米片层、石墨烯及其衍生物（如 GO、rGO）。

④ 3D 纳米材料又称纳米块体，此处的划分标准与前三者不同，指的是含有纳米材料的三维材料，可以将纳米粉末高压成型或控制金属液体结晶而得到纳米晶粒材料，可以理解为使用纳米材料构筑的三维材料，比如石墨、蒙脱土。

三维石墨烯材料主要包括四大类：石墨烯水凝胶、石墨烯海绵、石墨烯气凝胶和石墨烯泡沫。通常情况下，制备方法主要可分为三种：将低黏聚合物加入到三维石墨烯框架中的三维石墨烯模板法；将石墨烯或衍生物组装到聚合物泡沫/颗粒表面的聚合物泡沫/颗粒模板法；有机分子交联法，即用有机分子交联石墨烯衍生物。所制备的三维石墨烯结构不仅具有石墨烯的固有特性和独特性能，而且具有低质量密度（0.16mg/cm³）、高孔隙率、大比表面积和良好的柔韧性[64]。

2.3 纳米材料的基本性质

2.3.1 小尺寸效应

当固体颗粒的尺寸与光波波长、传导电子的德布罗意波长相当或比它们更小（处于微观状态）时，颗粒在声、光、电磁、热力学等特征方面会出现新的变化。

金属超微颗粒对光的反射率很低，通常可低于 1%，大约几微米的厚度就能完全消光，利用这个特性可以作为高效率的光热、光电等转换材料，可以高效率地将太阳能转变为热能、电能。此外又有可能应用于红外敏感元件、红外隐身技术等。随着颗粒尺寸的量变，在一定条件下会引起颗粒性质的质变。颗粒尺寸变小所引起的宏观物理性质的变化称为小尺寸效应（small size effect）。对超微颗粒而言，尺寸变小，同时其比表面积亦显著增加，从而产生如下一系列新奇的性质。

块状 Au 的熔点在 1064℃，实验发现当颗粒尺寸降低至 2nm 后，Au 的聚集体在 196℃开始熔化，其熔点出现在 200℃[67]，降低了约 850℃。图 2-11 显示 Pb 的粒径在 50nm 以下时，熔点迅速下降[68]。粒径在 100nm 以上时则变化较小。200nm 时熔点为 559K，已接近金属 Pb 的正常熔点值 600K，5nm 时则为 34.7K，降低幅度非常大。

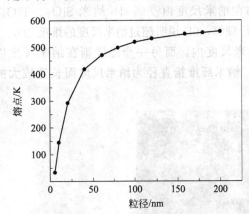

图 2-11 Pb 纳米粒子的熔点与粒径的关系[68]

纳米粒子熔点降低的现象有其实际应用的价值。如采用超细微粉有利于陶瓷、高熔点金属粉末的烧结；在微米级的粉末中，添加少量纳米级的粉末，有利于在较低烧结温度下，得到高密度的致密体。例如，在钨颗粒中添加 0.1~0.5% 的超微镍颗粒后，可使烧结温度从 3000℃降低到 1200~1300℃，甚至可以在较低的温度下烧制大功率半导体管的基片。纳米粒子的烧结温度是指把粉末先高压压制成型，然后在低于熔点的温度下使这些粉末互相结合成块，密度接近常规材料的最低加热温度。由于纳米粒子尺寸小，表面能高，在烧结过程中高的界面能成为原子运动的驱动力，有利于界面中的孔洞收缩，即纳米粒子在较低的温度下烧结就能达到致密化的目的[68]。

纳米陶瓷刀

　　纳米陶瓷刀是使用纳米氧化锆为原料高压研制而成的。作为现代高科技的产物，具有传统金属刀具所无法比拟的优点。

　　① 高硬度、高耐磨。使用航天用特种陶瓷高温制成，硬度为 9，仅略低于金刚石（10）。

　　② 抗腐蚀、永不生锈、易清洗。使用时不摔至地面、不用外力撞击、不去剁或砍，正常使用的情况下永久都不需磨刀。

　　③ 不留异味。传统金属的刀具因其表面有无数毛细孔，因此料理食材会有汤汁残留于毛细孔中，形成异味或金属味；而陶瓷刀经过 1700℃ 高温烧结，全致密、无孔隙、无磁性，所以表面无毛细孔且为陶瓷材质所制，不会有异味或金属味。

2.3.2　表面效应

　　表面效应（surface effect）是指纳米微粒的表面原子与总原子之比随着纳米微粒尺寸的减小而大幅度增加，粒子表面结合能随之增加，从而引起纳米微粒性质变化的现象。比表面积增大，处于表面的原子数增加，增加了纳米微粒的活性，引起纳米微粒表面原子输运和构型发生变化，同时引起表面电子自旋构象和电子能谱的变化。

　　超微颗粒的表面与大块物体的表面是十分不同的，若用高倍率电子显微镜观测直径为 2nm 的 Au 颗粒的形貌，随着时间的变化会自动形成各种形状，它既不同于一般固体，又不同于液体，是一种准固体。在电子显微镜的电子束照射下，表面原子仿佛进入了"沸腾"状态。尺寸大于 10nm 后才看不到这种颗粒结构的不稳定性，这时微颗粒具有稳定的结构状态。东南大学电子科学与工程学院孙立涛教授团队发展了一种原位电子显微学技术，并基于此首次观察到 10nm 以下固态金属 Ag 颗粒在室温下的类液态行为[69]。

　　纳米微粒的粒径越小，表面原子的数目越多。以金属 Mg 为例，其原子半径为 0.161nm。在直径为 10nm 的球体中有约 $3.0×10^4$ 个原子，表面原子占比为 20%；若直径为 5nm，表面原子占比达到 40%；直径为 2nm 时，表面原子占 80%；到了 1nm 后，表面原子占比增加到 99%，此时组成该纳米晶粒的所有原子，约 30 个，几乎都分布在表面。与块状表面的原子不同，纳米微粒表面的原子处于非对称的力场，存在着表面张力，处于高能状态。为了保持平衡，纳米微粒表面总是处于施加弹性应力的状态，具有比常规固体表面过剩许多的能量（表面能和表面结合能）。这些能量使纳米颗粒之间非常容易团聚。由于表面原子周围缺少相邻的原子，有许多悬空键，具有不饱和性，易与其它原子相结合而稳定下来，故表现出很高的化学活性。

原位电子显微学

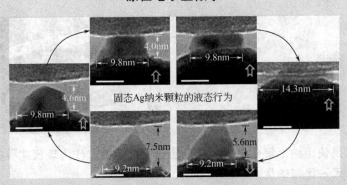

固态Ag纳米颗粒的液态行为

室温下，这种尺度为 10nm 以下的纳米晶体 Ag 颗粒在挤压、拉伸等外力作用下，会像揉面团那样柔软，甚至像液态那样任意变形；更为奇特的是，外力撤除后，纳米颗粒可以像电影"终结者3"中的液态金属人那样，自动恢复其原形！这种奇特的纳米颗粒塑性形变，超越了传统的金属物理中位错等缺陷导致的塑性形变理论，在变形的整个过程中颗粒内部始终保持着完好的晶态结构。这项工作对于如何维持下一代纳米电子器件中的互连线和电极的稳定性，以及如何实现超小尺寸的纳米加工工艺，有着重要的指导意义[69]。

对于溶胶-凝胶法制备的纳米 SiO_2，由于颗粒表面存在活性—OH 基团，它们之间易形成氢键或发生缩合反应形成 Si—O—Si 键而产生团聚。因此，当溶胶干燥过程中溶剂被除去形成粉状产品时，就会形成大的不可逆聚集体（二次粒子），它们不再分散在原溶剂中。通过减少粒子表面的—OH 基团的数量，例如，对于溶胶-凝胶法合成的纳米 SiO_2，利用3-(三甲氧基硅基）甲基丙烯酸丙酯和三甲基乙氧基硅烷分别封端甲基和丙烯酸酯基，其粒径达到 2～5nm，由 98％该纳米 SiO_2 和 2％溶剂组成的糊状材料，在较长的贮存时间（＞6 个月）中保持了稳定性和分散性[70]。图 2-12 显示了纳米 $CaCO_3$ 在聚乳酸PLA 基体中的分散情况，大多数纳米 $CaCO_3$ 都是均匀分散的，并且以质点的形式存在于 PLA 基体中。它们呈立方状，最大尺寸约为 30～40nm。当达到 7.5％的高颗粒浓度时，复合材料中也发现了更多的纳米 $CaCO_3$ 团聚体，如图 2-12(b) 所示。

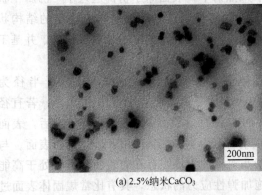
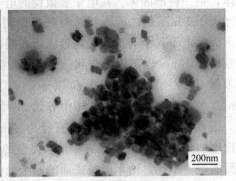

(a) 2.5%纳米$CaCO_3$ (b) 7.5%纳米$CaCO_3$

图 2-12　$CaCO_3$/PLA 纳米复合材料的 TEM 形貌[71]

从图 2-12 可以看出，当纳米材料在聚合物中用量很少时，可以借助分散设备进行有效的分散，但是当用量很大时，即便是再进行分散，也会有部分纳米材料产生团聚，并且含量越高，团聚的程度越高，团聚尺寸越大，最终与微米级填料的性能相接近。这也是纳米材料会有聚集态结构的原因。

2.3.3　量子尺寸效应

量子尺寸效应（quantum size effect）是指当粒子尺寸下降到某一数值时，费米能级附近的电子能级由准连续变为离散能级，并使能隙变宽的现象[1]。当能级的变化程度大于热能、光能、电磁能的变化时，将会导致纳米微粒磁、光、声、热、电及超导特性与常规材料有显著的不同。

导电的金属在超微颗粒时可以变成绝缘体，磁矩的大小与颗粒中电子是奇数还是偶数有关，比热容亦会发生反常变化，光谱线会产生向短波长方向的移动，这就是量子尺寸效应的宏观表现。因此对超微颗粒，在低温条件下必须考虑量子效应，原有宏观规律已不再成立。对介于原子、分子与大块固体之间的超微颗粒而言，大块材料中连续的能带将分裂为分立的能级；能级间的间距随颗粒尺寸减小而增大，吸收光谱阈值也将向短波方向移动（蓝移）。

量子尺寸效应会导致纳米粒子磁、光、声、热、电以及超导电性与宏观特性有着显著不同。量子尺寸效应带来的能级改变、能级变宽，使微粒的发射能量增加，光学吸收向短波方向移动，直观上表现为样品颜色的变化，例如 CdS 微粒由黄色变为淡黄色[16]。

2.3.4　宏观量子隧道效应

电子具有波粒二象性，具有贯穿势垒的能力，称之为隧道效应。近年来，人们发现一些宏观物理量，如微粒的磁化强度、量子相干器件的磁通量等也显示出隧道效应，称之为宏观量子隧道效应（macroscopic quantum tunnelling effect）。

类似于焊条与铁板似接触非接触时产生的电流，当微细探针与物体处于几个纳米的距离时，也会产生电流，就像由隧道提供了电流的通道一样，扫描隧道显微镜就是基于此原理产生的。

小知识

能垒在经典力学和量子力学上的区别

经典力学

量子物理

隧道效应

在经典力学中：若粒子 $E > V_0$，则全部粒子飞越势垒继续前进；若 $E < V_0$，则全部粒子被势垒挡回来，没有粒子能透过势垒。

在量子力学中：微观粒子若 $E > V_0$，除了大部分通过以外，还有少部分为势垒所反射；即使 $E < V_0$，仍有一定数量的粒子穿透势垒。这是微观粒子特有的量子效应——隧道效应。

1978 年，31 岁的德国青年格德·宾尼希以论文《超导材料 $(SN)_x$ 的隧道光谱学》在法兰克福大学取得博士学位，同年被 IBM 公司的苏黎世研究实验室的瑞士物理学家海因里希·罗雷尔聘为研究员。可是生不逢时，物理学已经过了英雄时代，所以宾尼希觉得物理学没有哲理，过于机械，缺乏刺激，对自己的事业也不见得那么热爱。倒是当年已经 45 岁的罗雷尔从年轻时起就从事前沿理论的技术转化，兢兢业业，雄心勃勃。在罗雷尔的鼓励下，宾尼希产生了制造扫描隧道显微镜（简称 STM）的想法。这项技术的理论依据就是量子力学的隧道效应。

宾尼希和罗雷尔在实验中还发现，探针偶尔可以吸附起一个原子在物体表面来回移动。1989 年，美国加利福尼亚阿尔马登 IBM 研究中心艾格勒和施外泽利用这个发现改进了 STM，用 35 个原子排出了图 1-8 所示的 IBM 三个字母。这个进步意义非凡，意味着人类控制世界的触角已经提到了米单位的小数点后十位的层面，这就是所谓"纳米技术"。重组 DNA 在理论上已不是问题，甚至说，只要愿意，人类可以造成新物种。

2.4 纳米材料的特殊性质

纳米材料的基本性质与常规材料不同。下列性质是对所有纳米材料的总结，但并不是每种纳米材料都完全具备。

2.4.1 光学性质

光学吸收性：主要表现为对光的不透明性和不反射性。在外观上，对金属而言，纳米粒度大，颜色变灰或浅黑，纳米粒度小，均趋于黑色。纳米粒度越小，黑色程度越大。如当 Au 微粒被细分到小于可见光波长时，会失去块体金的光泽而呈现黑色[16]。

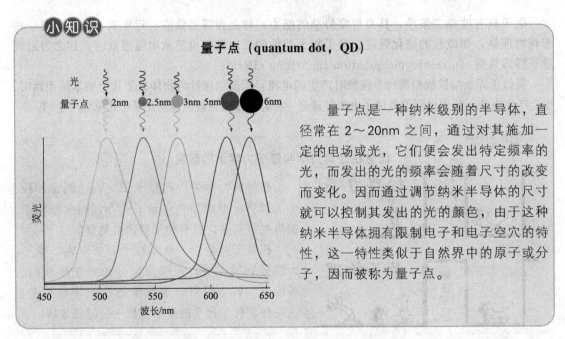

小知识

量子点（quantum dot，QD）

量子点是一种纳米级别的半导体，直径常在 2～20nm 之间，通过对其施加一定的电场或光，它们便会发出特定频率的光，而发出的光的频率会随着尺寸的改变而变化。因而通过调节纳米半导体的尺寸就可以控制其发出的光的颜色，由于这种纳米半导体拥有限制电子和电子空穴的特性，这一特性类似于自然界中的原子或分子，因而被称为量子点。

光学发光性：纳米硅薄膜受 360nm 激发光的激发可产生荧光，不同的处理方式可以得到不同频率的荧光。QD 就是纳米材料发光的典型代表。

光学催化性：纳米材料利用自然光可催化降解有机污染物，最终生成无毒无味的 CO_2、H_2O 和一些简单的无机化合物。纳米材料由于比表面积大，表面活性点多，光催化活性高，而表现出较强的光催化性质。光催化的基本原理为光能够激发 TiO_2 半导体中的电子，将电子从价带激发到导带生成光生电子，而价带中产生对应的光生空穴，电子和空穴分别扩散到半导体表面，在表面与不同的反应对象进行反应。光生电子具有还原性，光生空穴具有氧化性，分别应用在不同的领域。杀菌、降解有机物利用的是氧化性，光分解水制氢气、光合成等利用的是还原性。纳米 ZnO 和纳米 NiO 在紫外光照射下对有机污染物蒽的降解率最高分别可达 90.28% 和 87.20%[72]。TiO$_2$ 在紫外线照射下，使空气中的 O$_2$、H$_2$O 反应，产生了氧化能力较强的羟基自由基·OH，化学反应方程式如下所示[73,74]。

$$TiO_2 + h\nu \longrightarrow TiO_2(h^+ + e^-)$$
$$TiO_2(h^+) + OH^- \longrightarrow TiO_2 + \cdot OH$$
$$TiO_2(e^-) + O_2 \longrightarrow TiO_2 + \cdot O_2^-$$
$$TiO_2(e^-) + HO_2 \cdot \longrightarrow TiO_2 + HO_2^-$$
$$TiO_2(e^-) + H_2O_2 \longrightarrow TiO_2 + OH + OH^-$$
$$2HO_2 \cdot \longrightarrow O_2 + H_2O_2$$
$$R-H + h^+ \longrightarrow R^+ \cdot \longrightarrow 降解产物$$

$$TiO_2(h^+) + H_2O \longrightarrow TiO_2 + \cdot OH + H^+$$
$$TiO_2(h^+) + 2H_2O \longrightarrow TiO_2 + H_2O_2 + 2H^+$$
$$\cdot O_2^- + H^+ \longrightarrow HO_2 \cdot$$
$$TiO_2(e^-) + O_2 \cdot + 2H^+ \longrightarrow TiO_2 + H_2O_2$$
$$\cdot O_2^- + H_2O_2 \longrightarrow \cdot OH + OH^- + O_2$$
$$R-H + \cdot OH \longrightarrow R' \cdot + H_2O$$

小知识

如何做一种可以去除甲醛的涂料？

在装修的过程中，常会出现装修污染问题，主要污染源来自新家具产生的甲醛，以及装修、装饰材料方面的污染。有公司做出下列产品，并绘有示意图，它是怎么做到的呢？

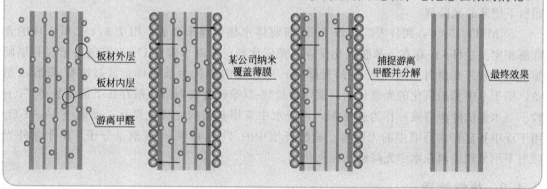

板材外层　板材内层　游离甲醛　某公司纳米覆盖薄膜　捕捉游离甲醛并分解　最终效果

TiO$_2$ 光催化剂带隙能较宽，只能吸收波长小于 387.5nm 的光，处于紫外线 10～400nm 的范围，此范围内，太阳光只有 5% 左右，因此太阳光利用率低。为了充分利用太阳能，很多研究进行了可见光下的 GO 或 rGO 材料与 TiO$_2$ 的协同催化。由于石墨烯具有很高的迁移率，TiO$_2$/石墨烯复合材料的光催化活性有了很大的提高。由于费米能级低于 TiO$_2$ 的导带最小值，复合材料中的石墨烯成为 TiO$_2$ 电子的储存地。因此，石墨烯促进了界面电荷的分离，阻碍了电子-空穴的复合。此外，在 TiO$_2$-石墨烯杂化中，由于电子从 TiO$_2$ 表面转移到石墨烯，石墨烯在扩展可见光吸收和抑制电荷载流子复合方面起着重要作用。有人研究了如图 2-13 所示的基于石墨烯微球的 TiO$_2$/石墨烯多孔复合材料，具有扩展的可见光吸收能力、高的吸附能力、快速的载流子输运和分离能力，在可见光下对亚甲基蓝的降解表现出较高的性能[75]。

通过调节纳米 ZnO 与 TiO$_2$ 前驱体的比例，使用共沉淀法制备的 20～45nm 纳米颗粒在 350～800nm 波长都有吸收，对亚甲基蓝染料实现了从 75% 到 90% 的光催化降解[76]。黏土也可以负载 TiO$_2$，实现在紫外光和可见光下的光催化性能，如下所述。

① 高岭石/TiO$_2$：钛丁氧基化合物的水解及预处理高岭石的异相凝胶，用于从水溶液中去除刚果红；以 TiCl$_4$ 为前驱体，在酸性介质中低温合成了 TiO$_2$（锐钛矿）和溴酸盐混

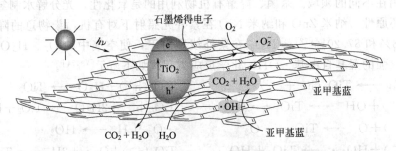

图 2-13　可见光照射下 TiO_2/石墨烯多孔复合材料光催化降解亚甲基蓝的反应机理图[75]

合相复合材料，用于酸性红 G 和 4-硝基苯酚的光降解；600℃煅烧，使高岭石向偏高岭石转变及偏高岭石/TiO_2 纳米复合材料生成，用于酸性橙 7 在水溶液中的光降解。

② 锂蒙脱石/TiO_2：以异丙醇钛为前驱体通过溶胶-凝胶法合成，用于空气污染物甲苯和 D-柠檬烯的去除。

③ 钠板石/TiO_2：以 $TiCl_4$ 为前驱体，溶胶-凝胶法不煅烧制备，用于阴离子染料酸的光分解红 G 和 4-硝基苯酚的去除。

④ 坡缕石/TiO_2：以异丙醇钛为前驱体在 180℃下水热处理，用于紫外光和人工太阳光照射下甲苯的光降解。

⑤ MMT/TiO_2：四异丙醇钛作 TiO_2 前驱体水热处理来合成，用于 1,4-二氧六环的光降解和室温、H_2O_2 存在下苯胺氧化反应的光催化剂；低温水解 TiO_2 溶胶制备蒙脱石层间膜，用于紫外光照射下酸性红 G 的光降解；以四异丙醇钛为前驱体，通过溶胶-凝胶法制备，用于水中苯酚氧化的光催化剂；聚丙烯骨架-双季铵盐表面活性剂存在下插层胶体 TiO_2 粒子（水解钛醇酸溶液）作为膨胀剂，用于水中亚甲基蓝的光催化氧化；蒙脱土/$Ag-TiO_2$ 用于亚甲基蓝在水溶液中的光降解。盐酸环境中的 TiO_2 前驱体-烷氧基分子，用于紫外光照射下刚果红染料在水中光降解的光催化剂。

2.4.2　热学性质

当块状金属材料尺寸降低到纳米级时，其热力学性质发生了明显的改变，如熔点随着粒径的减小而迅速降低，最早在 1954 年就有人发现了这种现象[77]，也有由块状金的 1064℃降低到 2nm 纳米金时的 200℃的报道[67,78]，及铅的纳米颗粒由 200nm 的 559K 降低到 5nm 的 34.7K[68]，降低幅度如此大，充分说明热力学性质在小尺寸情况下的变化。

有文献报道了锡平均熔化温度和标准熔化热对尺寸的依赖关系，如图 2-14 所示[79]。对于大块锡，熔点为 232℃。随着锡粒尺寸的减小，熔点逐渐降低，粒径为 50Å（5nm）时，熔点降低约 70℃，同时熔融焓也显著降低了 70%。根据图 2-14 推导的熔点与粒径的关系如下：

$$T_m = 232 - 782 \left[\frac{\sigma_s}{15.8(r - t_0)} - \frac{1}{r} \right]$$

式中，T_m 为熔点，℃，熔化温度为给定临界厚度 t_0（Å）的固体球芯和液体覆盖层之间的平衡温度；r 为粒径，Å；σ_s 为固体与液体的界面张力，其值文献报道为 48mN/m、54.5mN/m 或 62.2mN/m[79]。

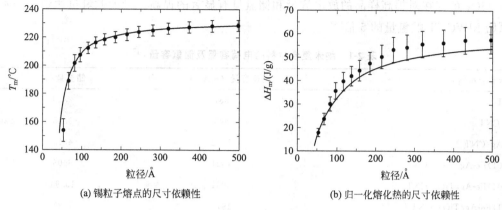

(a) 锡粒子熔点的尺寸依赖性　　　　　　　(b) 归一化熔化热的尺寸依赖性

图 2-14　锡平均熔化温度和标准熔化热对尺寸的依赖关系[79]

2.4.3　储氢性质

氢燃料电池是新能源的重要发展方向，产物无污染，但由于其储存的可行性和使用的复杂性而被限制在较低的水平。现有的技术，如以压缩形式和液化形式储存氢，不足以满足广泛的应用。氢气的质量能量密度（120MJ/kg）是汽油产品的三倍，因此固态储氢是有利的。

从狭义上讲，储氢材料是一种能与氢反应生成金属氢化物的物质，但是它与一般金属氢化物有明显的差异，即储氢材料必须具备高度的可逆性，而且，此可逆循环的次数必须足够多。理想的金属储氢材料应具备以下条件：①在不太高的温度下，储氢量大，释放氢量也大，能够实现氢气的高质量密度和体积密度；②原料来源广、储量丰富、成本低、容易制备、使用方便、安全；③经多次吸放氢，其性能不会衰减；④有较平坦和较宽的平衡压力平台区，即大部分氢均可在一定持续压力范围内放出；⑤适宜的热力学性质，包括在中等温度/压力条件和快速动力学条件和可逆的 H_2 吸收/解吸[80]。

MWCNT 是由石墨烯片层卷曲而成的无缝中空管状物质，层间距为 0.337nm，而 H_2 的动力学直径为 0.289nm，所以，H_2 能够被这种片层卷积的物质所吸附。总体而言，CNT 对 H_2 的吸附属于物理吸附，依靠分子间的范德华力来连接 H_2 分子与碳原子。分子力的作用较小，吸附热较低，CNT 对 H_2 的吸附可以产生多层吸附的特点。

无论是 SWCNT，还是 MWCNT 都能够将氢以分子形式储存在圆柱形空腔内、壳间、表面或管端。石墨烯的最大比表面积为 $2630m^2/g$，理论上上下表面都可以吸附 H_2。极少层的石墨烯可以容纳 H_2 分子在层间隔中。碳基吸附剂具有比表面积大、孔隙率高、重量轻、化学惰性好、易功能化、机械强度好等优点，很好地满足了对 H_2 储能材料的要求。

Ag 具有明显的物理和化学催化性能、较强的结构特性和较低的成本，可与 Fe 等其它金属结合形成双金属体系。Fe 有提高贮氢合金有效储氢能力的作用，特别是双金属 Fe、Ag 颗粒，比单金属 Fe、Ag 颗粒具有更高的储氢能力。储氢量的增加是由于金属与金属之间的强相互作用，这种相互作用通过 Fe 调节 Ag 的电子结构而增强了氢的溢出效应。颗粒的大小和表面位置分布对储氢材料中氢的电化学响应有重要影响。有文献根据此原理，开发了 CNT 负载 8~10nm 的 Fe、Ag、TiO_2 纳米材料的多元储氢材料，性能如表 2-1 所示。Fe-Ag/CNT 电极的放电容量高于 Ag/CNT 电极的放电容量。这可能与 Fe 和 Ag 之间的强电子相互作用有关，大大提高了 Ag 对氢的吸附性能。由于 TiO_2 纳米粒子具有优异的氧化还原能力，可作为催化剂，促进 H^+ 的还原，H 原子的氧化，因此 Fe-Ag/CNT 纳米复合材

料中 TiO_2 的存在对提高样品的放电容量和储氢量有显著的提高。最大贮氢量达到 10.94%，是原始 MWCNT 贮氢量的 5 倍[81]。

表 2-1 纳米复合材料的电荷容量及储氢容量[81]

纳米复合材料	电荷容量/(mA·h/g)	储氢量/%
CNT	587	2.19
Ag/CNT	845	3.15
Fe-Ag/CNT	1103	4.12
(0.01)Fe-Ag/TiO_2/CNT	1621	6.05
(0.04)Fe-Ag/TiO_2/CNT	2931	10.94
(0.1)Fe-Ag/TiO_2/CNT	1976	7.37

纯石墨烯的理论储氢容量为 8.3%，通过实验达到的数值比较低，即使在 77K、1MPa、石墨烯的最大表面积的极端情况下才达到近 5%[82]。当石墨烯掺杂 $5\sim45nm$ 的球型 Pd 粒子时，该储氢系统具有良好的储氢量、环境吸氢条件和放氢温度低等优点。当充氢压力为 5MPa 时，1% Pd/石墨烯纳米复合材料的储氢量可达 6.7%。当施加压力增加到 6MPa 时，1% Pd/石墨烯纳米复合材料的储氢量达到 8.67%，5% Pd/石墨烯纳米复合材料的储氢量达到 7.16%[83]。石墨烯负载 $2LiBH_4$-MgH_2 纳米粒子时具有很高的承载能力和储氢量，因此该复合材料具有分布均匀、粒径均匀、热稳定性好、结构坚固等特点，储氢性能有了明显的提高。在 350℃ 的温度下，该纳米复合材料的可逆储氢量达到 8.9%，而且 25 次完全循环后不发生降解[84]。

2.4.4 润滑性质

纳米材料具有耐磨损、减轻摩擦的性质。将纳米材料用于制备润滑剂时，不仅可以在摩擦表面形成能够降低摩擦因数的薄膜，还可以修复破损的摩擦表面。纳米燃油添加剂中纳米成分对发动机起润滑作用，可减少损伤；加入燃油后，能迅速吸附并包裹胶质物，清理发动机中生成的积炭、胶质物及炉渣等，对发动机具有防腐、防锈、润滑、保洁等功能，长期使用能延长其寿命。

当纳米粒子用作摩擦改性剂时，它们表现出四种行为：纳米球的滚动、摩擦化学反应的摩擦学成膜、最小尺寸的修补效应、抛光。此外，纳米粒子可用作柴油和生物柴油的添加剂，它们能有效地改善不同工况下的燃油效率、发动机性能、废气排放、燃烧和蒸发特性[85]。国内有人将纳米铜润滑油添加到汽车发动机油中，可明显减少发动机的启动电流，增大汽缸压力，在使用一段时间后，可在缸套和活塞环表面形成一层保护膜。

微观尺度上，使用 CNT 和富勒烯的润滑显示出自由磨损的运动，这归因于层间的弱范德华力和富勒烯分子作为弹簧和纳米轴承带来的平动/旋转运动。另一方面是石墨、石墨烯和其它层状固体，如结晶 MoS_2 和 WS_2，是公认的良好的固体润滑剂[86,87]，因此在许多实际应用中得到了广泛的应用。这些层状结构类似于叠加的非粘贴的晶格，在施加力时很容易滑移，从而产生超低摩擦系数。如果液体润滑剂与层状材料进行化学接枝，可以在滑动界面上形成剪切和高强度界面膜。使用分散在润滑油中的纳米层状材料很容易达到符合工程要求的机械强度、承载能力和滑动界面剪切稳定性。然而，由于黏聚力的差异，纳米材料在润滑油介质中的分散具有挑战性。层状材料的高比表面积提高了其在润滑油介质中的化学功能化能力并具有较好的分散性[88]。

对碳纳米颗粒（SWCNT、洋葱状碳、纳米金刚石）增强镍基复合材料，在弹性和弹塑性接触条件下不滑动的主要摩擦磨损性能的研究中发现，在复合材料中，只有 CNT 作为增强相才能提供有效的润滑。CNT 的高宽比对润滑机制是必不可少的，它允许颗粒被拖曳到直接的摩擦接触中。润滑效果随 CNT 体积含量的增加而增大，与未增强镍基材料相比，最大稳态摩擦减少 50%[89]。

有文献对比研究了 MoS_2 纳米片与二烷基二硫磷酸锌（ZDDP）在轴承钢与中碳钢表面润滑线接触方面的摩擦磨损性能。结果表明，

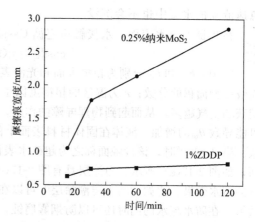

图 2-15 不同测试时间下 MoS_2 纳米片与 ZDDP 磨擦痕宽度的变化[90]

MoS_2 纳米片在低载荷下表现出与 ZDDP 相似的摩擦系数、油温和磨损疤痕宽度；在高负荷下，MoS_2 纳米片的摩擦系数和磨损痕宽度分别比 ZDDP 降低了 28.6% 和 34.3%，如图2-15所示[90]。

2.4.5 超疏水性质

荷叶的基本化学成分是叶绿素、纤维素、淀粉等多糖类的碳水化合物，有大量的—OH、—NH_2、—COOH 等极性基团，理应很容易吸附水分或污渍，但荷叶叶面却呈现具有极强的拒水性，洒在叶面上的水会自动聚集成水珠，水珠滚动的同时顺便把落在叶面上的尘土污泥带走，荷叶叶面能始终保持干净，这就是著名的"荷叶自洁效应"。通过图 2-16 可以清晰地看到，在荷叶叶面上存在着非常复杂的多重纳米和微米级的超微结构。荷叶叶面上布满了一个挨一个隆起的"小山包"（每两个"小山包"之间的距离约为 $20\sim40\mu m$），在"山包"上面长满了绒毛，在"山包"顶又长出了一个个馒头状的"碉堡"。整个表面被微小的蜡晶所覆盖（大约 $200nm\sim2\mu m$）。因此，在"山包"间的凹陷部分充满着空气，这样就在紧贴叶面处形成一层极薄、只有纳米级厚的空气层。这就使得在尺寸上远大于这种结构的灰尘、雨水等降落在叶面上后，隔着一层极薄的空气，只能同叶面上"山包"的凸顶形成几个点接触，由于空气层、"山包"状突起和蜡质层的共同托持作用，水滴不能渗透，而能自由滚动。雨点在自身的表面张力作用下形成球状，水球在滚动中吸附灰尘，并滚出叶面，这就是荷叶能自洁叶面的奥妙所在。能在水面上行动自如的水黾正是利用其腿部相似的微纳米结构，将空气有效地吸附在这些同一取向的微米刚毛和螺旋状纳米沟槽的缝隙内，在其表面形成一层稳定的气膜，阻碍了水滴的浸润，宏观上表现出超疏水的特性，使其在狂风暴雨和

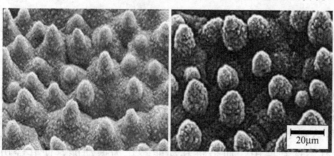

图 2-16 荷叶表面的 SEM 图

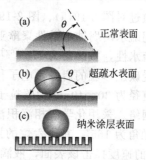

图 2-17 接触角示意图及纳米涂层表面

急速流动的水流中也不会沉没。

在粗糙的疏水表面，水接触角遵循 Cassie-Baxter 方程：

$$\cos\theta_w = f(r\cos\theta_0 + 1) - 1$$

式中，θ_w 和 θ_0 分别为粗糙表面和光滑表面的水接触角，如图 2-17 所示的接触角 θ；f 为固液接触面积的分数；r 为湿区的粗糙度因子。随着表面粗糙度的增加，孔洞越深越大，可以捕获的空气越多，从而起到物理屏障的作用，减少水与表面的接触。固液接触面积分数的减小可能导致 θ_w 的增加。液体在固体材料表面上的 θ 是衡量该液体对材料表面润湿性能的重要参数。当 $\theta > 150°$ 时，该接触面称之为超疏水表面，如图 2-17(b) 所示；当 $\theta < 10°$ 时为超亲水表面，如图 2-17(a) 所示。当涂层具有图 2-17(c) 所示的类似于荷叶的表面结构时，可以起到很好的疏水效果。比如"纳米防潮涂层"可以在印刷电路板表面形成网状结膜，具有与荷叶类似效果，在防水疏水的同时还可以防烟雾腐蚀，能够防止酸碱盐对线路板及电子元器件的侵蚀。

将纳米 SiO_2 和氟化的 MWCNT 混合溶液喷涂在 PET 表面形成纳米复合涂层，纳米复合涂层的表面形貌、疏水性、透明度和导电性均与 CNT 的浓度密切相关，如图 2-18 所示。随着 MWCNT 浓度的增加，疏水性先增大后减小，透光率和片材电阻减小。疏水性的增强与涂层表面的微观结构及化学成分有关。疏水性下降的主要原因是水滴与纳米复合涂层之间截留的空气减少。由于层状多孔的三维微观结构和适当的氟化 CNT 含量，0.2% MWCNT 纳米复合涂层具有最佳的疏水性，接触角为 156.7°，透明度好，透射率为 95.7%，电导率相对较高，片材电阻为 $3.2 \times 10^4 \, \Omega/\mathrm{sq}$[91]。

图 2-18 不同质量浓度 CNT 制备的纳米复合涂层的扫描电镜图像[91]

通过对图 2-19(a)、图 2-19(b) 所示的千年芋叶的表面仿生，开发出了如图 2-19(c) 所示的超疏水耐腐蚀电活性聚酰亚胺涂层。图中可以看到无数的微乳突被装饰了纳米线，导致了超疏水性，接触角为 155°[92]。

受碳烟形貌的启发，电子科技大学的邓旭教授课题组发现图 2-20(a) 所烧出的烟尘由典型的直径为 30～40nm 的碳粒子组成，形成如图 2-20(b)、图 2-20(c) 所示的松散的不规则形状网络。采用化学气相沉积法制备了如图 2-20(d) 所示的半氟硅烷壳层，最终得出对水的接触角为 165°，对十六烷的接触角达到 156°。该课题组将半径为 1mm 的十六烷液滴，以 1m/s 的速度撞击该表面，液滴并没有渗透到层中，而是将其动能转化为振动能，使其经历多次阻尼振荡后，最终停留在表面，过程如图 2-20(e) 所示[93]。

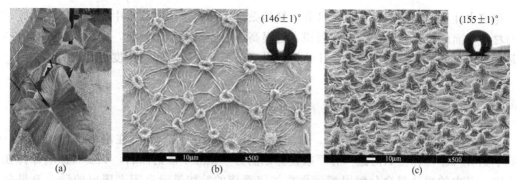

图 2-19 千年芋图像（a）、天然叶子的 SEM 图像（b）以及超疏水聚合物表面的 SEM 图像（c）[92]

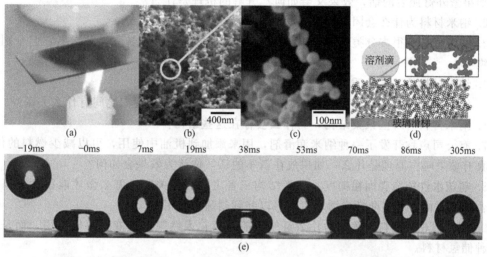

图 2-20 烟尘的获得（a），烟尘的 SEM 形貌（b），（b）的放大图（c），
制备示意图（d）以及十六烷液滴在涂层表面的震荡（e）[93]

小知识

自然界中的超疏水现象[94]

自然界中超疏水材料的照片：（a）荷叶表现出超疏水和自清洁的特性，这是由树枝状纳米结构覆盖的不规则分布的微乳突所致；（b）水黾站在水面上，由于针状微刚毛与螺旋纳米颗粒的定向排列，使其具有坚固和持久的超疏水性；（c）蚊子的复眼由于微网膜被纳米乳突覆盖而具有超疏水功能；（d）由于微乳突的准一维排列，水滴只沿与水稻叶缘平行的方向滚动，而不是垂直于它；（e）蝴蝶的翅膀具有多尺度结构，具有定向附着力和超轻性；（f）壁虎脚是超疏水性的，因为它们的定向微刚毛可以分裂成数百个纳米斑。

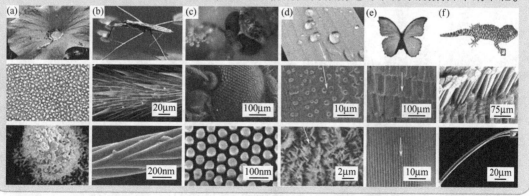

超疏水性质的本质是材料表面具有精细的微纳米结构，这些结构中存储的空气阻碍了液体与材料表面的接触，降低了接触面积，也提高了表面粗糙度。因此，实现超疏水性质的方法是让材料表面形成微纳米结构，让结构变得更精细、层级更多、密度更高。

思 考 题

1. 甲醛是癌症的主要诱导因素，你知道它是什么味道吗？如果在刚装修完的房屋，你闻到了这种气味，你会如何做？有厂家宣称他们有一款除甲醛的涂料，只要将涂料涂抹在家具表面，其中的组分就会分解甲醛，你是如何看待的？如果没有阳光照射的话，效果会如何？如果紫外灯照射的话，效果又会如何？分解的机理是什么？

2. 纳米材料为什么会团聚？

3. 纳米材料有很多分类，请说出 10 个常用纳米材料的具体名称，并指出它们分别属于哪个维度。

4. 纳米材料的基本性质有哪些？

5. 纳米材料的特殊性质有哪些？与其基本性质如何区别，它们之间有什么关联？

6. 纳米材料有哪些聚集结构，为什么会存在这些结构？

7. 有公司声称开发了一种纳米润滑剂，用来添加到机油中使用，可以减少燃料的使用。请问真有效果吗？原理是什么？如果放在新车的话，你认为效果会如何？

8. 超疏水性能与表面粗糙度、纳米结构三者之间有何关联？怎么做才能得到更高的接触角？如果表面打磨得非常光滑，可不可以起到超疏水作用？

9. 请查阅相关资料，解释为什么氢气不能像液化天然气那样液化存储使用，而是要开发各种储氢材料。

第3章

无机纳米材料的制备及应用

3.1 无机纳米材料的制备方法

无机纳米材料的制备方法多种多样，而且随着技术的发展，也不断涌现出新的制备方法，本章只讲解较为通用的制备方法，专用的制备方法如石墨氧化制 GO、再还原制备石墨烯等将在第四章中专门介绍。

3.1.1 水热合成法

水热法（hydrothermal method）是将水溶液密封于如图 3-1 所示的反应釜中加热（100～1000℃）至气态，在自生压力下进行化学反应的合成方法。由于其工艺温度低，颗粒尺寸易于控制，具有设备简单、无催化剂生长、纯度高、成本低、生产均匀、生态化、比其它生长工艺危险性小等优点，可以通过调节反应温度、反应时间和前驱体浓度，以及水热过程控制颗粒的形貌和粒径。水热技术不仅有助于处理单分散和高度均匀的纳米颗粒，而且是处理纳米杂化和纳米复合材料最有吸引力的技术之一。

图 3-1 水热法所用的反应釜

为了合成纳米 ZnO，先配制 0.1mol/L 的 $Zn(CH_3COO)_2$ 溶液，然后在甲醇中加入 25mL NaOH 溶液保证 pH 值在 8～11 范围内。然后，这些溶液被转移到特氟龙内衬的密封不锈钢高压釜中，并在 100～200℃ 的温度范围内保持 6～12h 的自生压力，得到的白色固体产品再用甲醇清洗、过滤、干燥[95]。

ZnO 纳米花的合成[96,97]

ZnO 纳米花是在 130℃、8h 条件下用水热沉淀法合成的。将固相反应物 Zn（NO₃）₂·6H₂O 和六亚甲基四胺溶于去离子水中，室温搅拌 10min，使其完全溶解，再转移到高压釜中。过滤所得沉淀物用去离子水多次洗涤去除硝酸根。过滤后的白色固体沉淀物烘干即为产物。

使用改进的水热合成反应[98]可以通过控制晶体的生长来控制纳米材料的形貌和尺寸，比如控制单分散粒径小于 50nm 的上转换纳米粒子的生长，可以制备如图 3-2 所示的三维纳米材料。

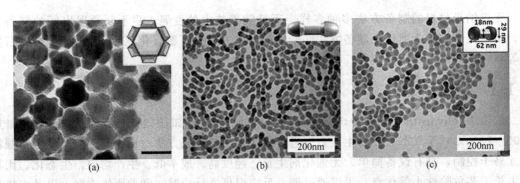

(a)　　　　　　　　　　(b)　　　　　　　　　　(c)

图 3-2　三维纳米结构的 TEM 图像，包括花、圆头哑铃、纳米哑铃纳米棒形状[99]

3.1.2　溶胶-凝胶法

溶胶-凝胶法（sol-gel method）就是以无机物或金属醇盐作为前驱体，经过水解、缩合反应，在溶液中形成稳定的透明溶胶体系，经溶胶陈化，胶粒间缓慢聚合，形成三维空间网络结构的凝胶，凝胶网络间充满了失去流动性的溶剂，形成凝胶。凝胶经过干燥、烧结固化制备出分子乃至纳米亚结构的材料。

ZnO 可以通过溶胶-凝胶法合成[100]，方程式如下：

$$Zn(CH_3COO)_2 \cdot 2H_2O + 2NaOH \longrightarrow Zn(OH)_2 + 2CH_3COONa + 2H_2O$$

$$Zn(OH)_2 + 2H_2O \longrightarrow Zn(OH)_4^{2-} + 2H^+$$

$$Zn(OH)_4^{2-} \Longleftrightarrow ZnO + H_2O + 2OH^-$$

通过此方法，合成出粒径为 25nm 的 ZnO 纳米颗粒，并用于光催化氧化苯酚[101]。溶胶-凝胶法可以使溶胶沉积在纳米小球上形成凝胶，最终变成核壳结构纳米材料。

★【例 3-1】　SiO₂ 包覆 CoFe₂O₄ 纳米粒子的合成[102]。

将 CoFe₂O₄ 纳米粒子加入到有 10mL 乙醇、0.75mL 氨水和 3mL 水的混合物中搅拌 30min。然后加入 1.2mL 正硅酸乙酯（TEOS），进一步搅拌 180min，沉淀用乙醇离心洗涤多次，真空干燥后得到粉末产物。CoFe₂O₄ 的用量为纳米 SiO₂ 的 1.5%（质量比）。合成过程及结果如图 3-3 所示。

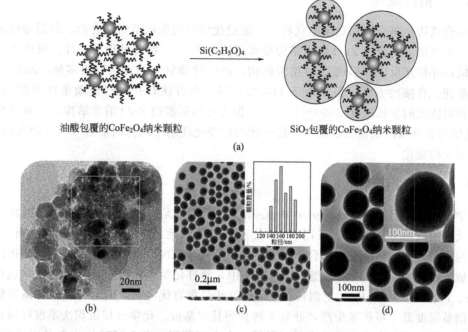

图 3-3　SiO₂ 包覆 CoFe₂O₄ 纳米粒子的合成与形貌

（a）SiO₂ 包覆 CoFe₂O₄ 纳米粒子的合成示意图；（b）CoFe₂O₄ 纳米粒子的 TEM 图像；（c）和（d）是
SiO₂ 包覆的 CoFe₂O₄ 纳米粒子的 TEM 图像，（c）的嵌入图显示了 SiO₂ 包覆 CoFe₂O₄ 纳米粒子的
粒径分布，（d）的嵌入图显示了 SiO₂ 包覆的 CoFe₂O₄ 纳米粒子的放大图像[103]

小知识

多层结构纳米粒子的合成[104]

以 40mL 无水乙醇分散 3.5g CPS 模板，快速加入 TEOS 和氨水，在 50℃、350r/min 的条件下搅拌，在烯丙基三甲氧基硅烷（ATS）单体存在下反应 6h 左右，得到 CPS@ SiO₂ 复合材料。采用浸渍法在 CPS@ SiO₂ 复合材料表面沉积 Ag⁺。2g CPS@ SiO₂ 微球分散在含有 5mg/mL AgNO₃ 水溶液的 20mL 乙醇中，然后在 50℃ 条件下强烈搅拌 8h，蒸发干燥过夜，得到 CPS@ SiO₂-Ag⁺ 微球。再以 1g CPS@ SiO₂-Ag⁺ 为模板，在 3mL 氨水中用 2g TiCl₄（TBT）进一步包覆生成 TiO₂ 层。然后在 450℃ 条件下热解 CPS 得到 SiO₂-Ag@ TiO₂，再用 NaBH₄ 还原 Ag⁺。

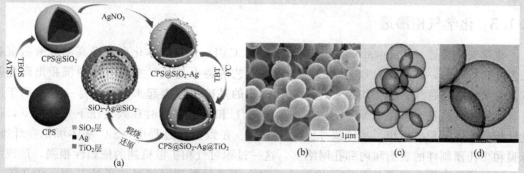

多层结构 SiO₂-Ag@ TiO₂ 的合成示意图（a），SEM 图（b），TEM 图（c）以及（c）的局部放大图（d）

CPS 为苯乙烯与 2-甲基丙烯酰氧基乙基三甲基氯化铵共聚得到的微球。

3.1.3 气相合成法

气相合成法是将金属加热至蒸气状态，通过化学反应生成所需化合物，最后冷凝来制备纳米颗粒的方法，是合成 ZnO 纳米结构最常用的方法[95]。在此过程中，锌、氧或氧混合物蒸气被输送并相互反应，形成 ZnO 纳米结构。产生锌和氧气的方法有很多种，ZnO 的分解是一种简便、直接的方法，但仅限于 1400℃，另一种方法是在氧气流动条件下加热锌粉。它涉及相对较低的生长温度（500～700℃），但要获得所需的 ZnO 纳米结构，必须仔细控制 Zn 蒸气压与氧分压的比值。据观察，这一比例的变化使纳米结构的形貌（尺寸和几何形状）发生了很大的变化。

3.1.4 化学气相沉积

化学气相沉积（chemical vapour deposition，CVD）是气相化合物或单质在衬底表面进行化学反应生成薄膜的方法。采用 CVD 技术可以精确地控制 CNT 的取向、排列、长度、直径、纯度和密度[105]。其它较不常见的技术也可用于 CNT 的合成，如液体热解和自下而上的合成方法[106]。在不同的石墨烯制备方法中，通过化学气相沉积在过渡金属（包括 Cu、Co、Ni、Pt、Pd、Au、Ru）上制备石墨烯的方法是很有优势的，因为可以制备高质量石墨烯，且制备温度低、可扩展生产，并易于转移到其它基板。化学气相沉积法不仅可以合成单层石墨烯，而且可以合成少量的多层石墨烯。由金属薄膜、单金属晶体或多晶组成的基体，放置于前驱气体中，如甲烷或乙烷，通过基体的高温退火，在其表面生产，最后得到石墨烯。基体材料会对产生的石墨烯大小有影响，比如用 CuO 可以得到大片的石墨烯，而用 Cu 则可以得到小片的石墨烯[107]。CVD 可分为热 CVD 和等离子体增强 CVD。以樟脑作为碳源，加热到 180℃，用氩气将降解的樟脑带到镍板的 CVD 炉上。当 CVD 炉冷却到室温时，镍板上形成了几层石墨烯。对于等离子体增强的 CVD，不需要特殊的表面处理或金属催化剂，使用这种简单的方法，研究人员可以获得更纯净的石墨烯[108]。

还有一种被称为激光化学气相沉积的方法（LCVD），即用连续激光束对镍箔片进行加热，以 CH$_4$ 和 H$_2$ 为石墨烯前驱体，石墨烯在镍上的生长机理包括三个步骤：①碳原子向本体扩散；②从本体向表面扩散；③在表面扩散、成核和生长。与传统的热 CVD 相比，LCVD 能在几分钟内将衬底加热到目标温度。石墨烯的迅速增长主要归因于激光能使衬底迅速升温和迅速降温。改良后的 LCVD 可合成出高品质、层数少的石墨烯，并且可以通过控制激光能量、生长速度和冷却速度来控制石墨烯的质量和层数[109]。

3.1.5 化学气相渗透

化学气相渗透（chemical vapour infiltration，CVI）是将气体化合物经高温分解后沉积在多孔介质内部，来使材料致密化的方法。该工艺的特点是从气态前驱体中沉积出陶瓷基体，故又称气相路线。CVI 法是在化学气相沉积的基础上发展起来的，这是一种应用于陶瓷薄涂层的成熟技术，在中等温度（900～1100℃）和减压（有时在大气压下）条件下，通过气相前驱体沉积中间相、基体或外涂层形成的。在致密化过程中，SiC 基体沉积在纤维、薄膜和多孔预制件的表面和内部孔网络上，这一过程对气相扩散机制的依赖性很强，形成的复合材料通常表现出较低的致密化均匀性，完全入渗的处理时间可能长达几周。CVI 工艺的主要优点是工艺温度相对较低，对纤维的机械损伤最小，以及可以制得高纯细晶 SiC 基体，使最终 SiC 基复合材料具有优异的力学性能，特别是在较高的工作温度下。Si—C—H

或 Si—C—H—Cl 等气相前驱体可以获得 SiC。甲基三氯硅烷（MTS，CH_3SiCl_3）通常用于单源沉积前驱体，不仅因为其硅碳比为 1：1，而且可用于形成良好的 SiC 基体。MTS 在 H_2 中的分解是根据以下方程式进行的：

$$CH_3SiCl_3(g) \xrightarrow{H_2} CSi(s)+3HCl(g)$$

高分辨率显微镜照片如图 3-4 所示，可以清楚地看到 CNT 桥接和具有厚 SiC 壳和 CNT 芯的核/壳微观结构。该 CNT/SiC 复合纳米纤维拉伸试验结果表明，随着 CNT/SiC 纳米纤维直径从 100nm 增加到 400nm，弹性模量从 (198.5±36.4)GPa 下降到 (127.1±35.4)GPa，断裂强度从 (4.6±0.5)GPa 下降到 (3.8±0.6)GPa。

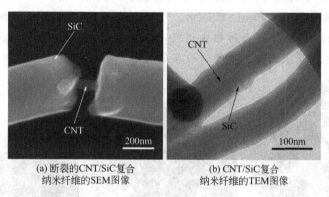

(a) 断裂的CNT/SiC复合
纳米纤维的SEM图像

(b) CNT/SiC复合
纳米纤维的TEM图像

图 3-4　CNT/SiC 复合纳米纤维的 SEM 和 TEM 图像[110]

3.1.6　模板法

模板法就是将纳米结构、形状容易控制的材料作为模板，通过物理的方法沉积其上，再通过化学反应接枝到其表面，得到核壳结构纳米材料的过程。这种方法得到的纳米材料可以再次对模板进行处理，如溶剂溶解、煅烧，进而得到中空纳米微球。从图 3-5 的 TEM 中可以观察到纳米 Fe_3O_4 的表面有一层厚度约为 8nm 的 SiO_2 涂层，文献以酚醛聚合物包覆聚苯乙烯球为模板，采用简单模板定向法制备了石墨烯包覆空心介孔碳球，如图 3-5(a) 所示。得到的石墨烯基复合材料是具有分层多孔的纳米结构，中空介孔碳球均匀地嵌入石墨烯薄膜中，如图 3-5(b)～(d) 所示。石墨烯包覆空心介孔碳球电极的分层多孔结构可以保证盐离子的快速迁移，增加的比表面积为形成双电层提供了更多的吸附点。此外，以石墨烯的片层

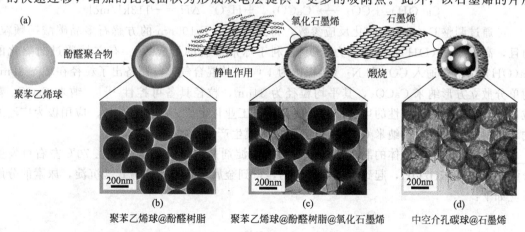

(b) 聚苯乙烯球@酚醛树脂　　(c) 聚苯乙烯球@酚醛树脂@氧化石墨烯　　(d) 中空介孔碳球@石墨烯

图 3-5　石墨烯包覆空心介孔碳球的制备示意图及各个阶段的 TEM 图像[112]

作为互连的导电网络导致了电荷的快速转移。这种方法提出的碳复合材料结构有望为能量和电化学中高性能电极的设计和制造奠定基础[111]。

★【例 3-2】 Fe_3O_4/SiO_2 核壳结构纳米材料的合成[55]。

采用多元醇法合成了 Fe_3O_4 纳米粒子。首先，将 0.01mol $FeCl_3 \cdot 6H_2O$ 和 0.05mol 乙酸钠分别溶于 0.3mL 蒸馏水和 0.7mol 乙二醇中。将制备的 Fe 前驱体溶液加入到乙酸钠的乙二醇溶液中。经过剧烈的机械搅拌，这种混合物变成了黄棕色混浊的溶液。随着时间的推移，反应溶液变成红褐色，慢慢地变成黑色。自然冷却到室温后，用磁铁从溶剂中分离产物，用乙醇和蒸馏水多次洗涤，以消除其中的有机和无机副产物。

将 3mL TEOS 溶解在 100mL 乙醇中，以 0.08mL/min 的速度滴加到已表面处理的 Fe_3O_4 纳米粒子悬浮液中。最后用磁铁进行分离，用乙醇和蒸馏水多次洗涤和收集。如图 3-6所示，在纳米粒子表面可以观察到一层厚度约为 8nm 的 SiO_2 涂层。

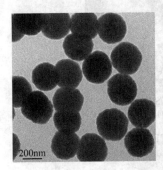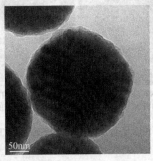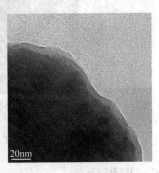

图 3-6　纳米 $Fe_3O_4@SiO_2$ 的 TEM 图像[55]

3.1.7　沉淀法

沉淀法（precipitation method）主要分为均匀沉淀法和共沉淀法。

(1) 均匀沉淀法

均匀沉淀法是通过化学反应控制产生沉淀的平衡状态，能以较为均匀的速度从溶液中析出。为了保持平衡状态，沉淀剂要通过化学反应缓慢生成。

纳米 $CaCO_3$ 可由 $Ca(OH)_2$ 来合成，如下述方程式：

$$Ca(OH)_2 + CO_2 \longrightarrow CaCO_3 \downarrow + H_2O \quad \Delta H = -113kJ/mol$$

可通过调整 $Ca(OH)_2$ 碳化反应参数，得到粒径小于 100nm 的方解石多晶碳酸钙颗粒，而且，高浓度 $Ca(OH)_2$ 和低压力 CO_2 有利于球形形貌的形成[45]。有文献通过向熟化的 $Ca(OH)_2$ 溶液中通入 CO_2 和 N_2（体积比为 1:3）的混合气体，制备出了粒径在 29~38nm 的单分散立方形纳米 $CaCO_3$，其平均粒径为 34nm，粒径具备可控性[113]。纳米 $CaCO_3$ 颗粒尺寸、形貌、表面极性的可调节性，使其易于工业化生成，成为价格低、应用极为广泛的纳米材料之一。因此，纳米 $CaCO_3$ 可满足大规模生产聚合物膜的需求。

对于氧化物纳米粉体的制备来说，常用的沉淀剂是尿素，其水溶液在 70℃ 左右可发生分解反应生成 NH_4OH，起到沉淀剂的作用，得到金属氢氧化物或碱式盐沉淀，尿素的分解反应如下：

$$H_2N\overset{\displaystyle O}{\overset{\|}{-}C}-NH_2 + 3H_2O \xrightarrow{70℃} 2NH_4^+ + 2OH^- + CO_2$$

通过强迫水解方法也可以进行均相沉淀。该法得到的产品颗粒均匀、致密，便于过滤洗涤，是目前工业化很看好的一种方法。

★【例 3-3】 纳米 ZnO 颗粒的合成[95]。

4.735mg Zn(NO₃)₂·6H₂O 溶于 50mL 蒸馏水中，搅拌 30min 使其完全溶解。3.002mg 尿素溶于 50mL 蒸馏水中，搅拌 30min，作为沉淀剂。将该尿素溶液滴加到 Zn(NO₃)₂ 溶液中，在 70℃ 下剧烈搅拌 2h，使纳米粒子完全形成，最后形成白色混浊溶液，离心，洗涤。用马弗炉在 500℃ 的空气气氛中煅烧 3h。在 ZnSO₄ 与 NaOH 的摩尔比为 1:2 的条件下，采用沉淀法合成了 64nm 的 ZnO 纳米粒子，产物非常纯净。

(2) 共沉淀法

沉淀产物为混合物时，称为混合物共沉淀。为了获得均匀的沉淀，通常是将含多种阳离子的盐溶液慢慢加到过量的沉淀剂中并进行搅拌，使所有沉淀离子的浓度大大超过沉淀的平衡浓度。该方法要尽量使各组分按比例同时沉淀出来，从而得到较均匀的沉淀物。但由于组分之间产生沉淀时的浓度及沉淀速度存在差异，溶液的原始原子水平的均匀性可能会降低，沉淀通常是氢氧化物或水合氧化物，但也可以是草酸盐、碳酸盐等。此法的关键是如何使组成材料的多种离子同时沉淀。一般可通过高速搅拌、加入过量沉淀剂以及调节 pH 值来得到较均匀的沉淀物。

共沉淀法具有产率高、成本低、合成工艺更加环保、方便等优点，在工业上具有广阔的应用前景。共沉淀法的实验过程有以下几个步骤：①在高沸点的油酸、油胺以及十八烯溶剂中混合沉淀剂和阳离子 Ln³⁺ 盐，如 Ln(NO₃)₃ 和 LnCl₃；②成核和生长；③沉淀；④过滤；⑤煅烧。到目前为止，已用这种方法直接合成了多种稀有金属的纳米粒子[99]。然而，与其它方法相比，共沉淀法制备的纳米粒子一般表现出不规则的形貌和较低的发光强度。尽管最近在提高其荧光强度方面取得了进展，但是量子产率低仍然是限制其普及的主要原因。

★【例 3-4】 纳米 Fe₃O₄ 的共沉淀法制备[114]。

首先用去离子水分别配制 1.0mol/L 的 FeCl₂ 溶液和 1.75mol/L 的 FeCl₃ 溶液各 50mL。将这两种溶液在室温下转移到 250mL 三口瓶中，并进行剧烈搅拌。然后将 5mol/L 的 KOH 溶液滴入混合溶液中，直至溶液变成褐色且 pH=7。以 0.5mol/L 的 KOH 溶液滴加至 pH=11，连续搅拌 30min。在此基础上，在反应液中加入 10mL 无水乙醇，停留 10min，在剧烈搅拌下加热至 80℃，搅拌 30min。然后用磁铁收集沉淀物，用去离子水和无水乙醇反复清洗，直到中性。产品在 70℃ 条件下真空干燥 5h。制备的 Fe₃O₄ 颗粒主要呈球形，平均直径约 10nm，粒径分布窄，由于缺乏表面活性剂的保护，在 3～25nm 范围内具有明显的聚集性，如图 3-7 所示。

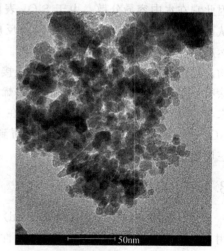

上述发生的化学反应方程式为：

$$FeCl_2 + 2FeCl_3 + 8KOH \longrightarrow Fe_3O_4 + 8KCl + 4H_2O$$

另外，也有文献用氨水反应，Fe³⁺ 和 Fe²⁺ 的摩尔比为 1.8:1，通过共沉淀法得到粒径为 12nm 的

图 3-7　共沉淀法制备的纳米
Fe₃O₄ 的 TEM[114]

纳米 Fe_3O_4[115]。用 NaOH 参与反应也可以依据反应条件不同得到 8.91～13.8nm 的 Fe_3O_4 纳米颗粒[116]。

一般来说，化学共沉淀是两个步骤的结合：磁性介质与含碳原料的碱性沉淀和特定温度下的活化。将碳源浸入含有磁性成分的溶液中，在连续搅拌和特定温度下进行一定时间的浸泡。在此过程中，可使用碱性化合物（如 KOH、NaOH 或 NH_4OH）调节 pH 值。这样，磁性离子就能通过阻挡、包裹或表面吸附沉淀，并与溶液结合，形成不同形状、大小和性质的纳米颗粒。采用共沉淀法，以葡萄糖为有机前驱体，以 $FeCl_3 \cdot 4H_2O$ 和 $FeCl_2 \cdot 6H_2O$ 为磁性介质，也可以制备碳包磁性纳米颗粒[117]。该产品具有大的比表面积和优异的磁特性，最大饱和磁化值为 123emu/g。这种技术也被用于增强功能性纳米材料的性能，比如通过 $FeCl_3$、CNT 和 MnO_2 共沉淀合成了磁性 MWCNT[118]。新型磁性纳米复合材料具有独特的结构和性能，在去除 Cr^{6+} 方面表现出良好的性能。表 3-1 提供了使用共沉淀技术生产磁性碳纳米材料的情况。

表 3-1　使用共沉淀法制备的磁性碳纳米材料[119]

前驱体	磁性介质	碱性	产品
PVA＋苯氧树脂	$FeCl_3＋FeCl_2$	NaOH	磁性碳纳米复合颗粒
甲苯＋双硫腙	Fe_3O_4	—	磁性纳米复合材料
果胶	$FeCl_3＋FeCl_2$	NH_4OH	磁性纳米复合材料
甘蔗渣	$FeCl_3＋FeSO_4$	NaOH	磁性纳米复合材料
GO	$(NH_4)_2Fe(SO_4)_2＋NH_4Fe(SO_4)_2$	NH_4OH	石墨烯磁性纳米复合材料
聚吡咯	$FeCl_3$	—	磁性纳米复合材料
MWCNT	$FeCl_3＋MnO_2$	NH_4OH	磁性 MWCNT

3.1.8　溶液合成法

在水溶液中合成三明治结构的 $GO\text{-}SiO_2$ 纳米材料的详细途径如图 3-8 所示，这种覆盖层有利于强的表面相互作用。GO 含有大量的含氧官能团，如环氧、—COOH、—OH 等，因此它在水中容易分散，由于 SiO_2 表面存在大量—OH，GO 与 SiO_2 有很强的相互作用，从而形成了 $GO\text{-}SiO_2$ 杂化物。随着反应的进行，GO 片的边缘开始在高表面张力下卷曲，然后 GO 片与 SiO_2 的背面相互作用。最后，SiO_2 被紧紧地包裹在 GO 片中，形成夹层结构。这种结构可以避免 GO 片失去连接，并确保整个电导率。在力学方面，夹层结构类似于涂有一层混凝土的砖墙，保持了石墨烯良好的柔韧性，并可作为承受外部压力的骨架。其它未与 GO 相互作用的 SiO_2 将分散在三明治结构周围。图 3-8 的 TEM 显示了从 GO 到 $GO\text{-}SiO_2$ 的形态变化，可以清楚地看到 SiO_2 纳米粒子排列在一起，包裹在 GO 片中，形成三明治结构[120]。

3.1.9　自组装法

自组装法（self-assembly method）是指在无人为干涉的条件下，组分通过物理化学作用自发形成热力学稳定、结构清晰、性能独特的聚集体的方法。该方法是一种典型的合成有序结构或非共价相互作用纳米复合材料的方法，具有低温节能的优点。根据这一概念，已经出版了许多关于 MoS_2 基纳米复合自组装的著作。例如，MoS_2 溶液与 Au 纳米颗粒悬浮液混合 3h，自组装形成 MoS₂-Au 纳米复合物[121]。为了电催化分解水更加高效，将 Au 纳米棒组装到 MoS₂ 纳米片上，超过了其它报道的 MoS₂ 催化剂的活性，合成过程如图 3-9 所示。

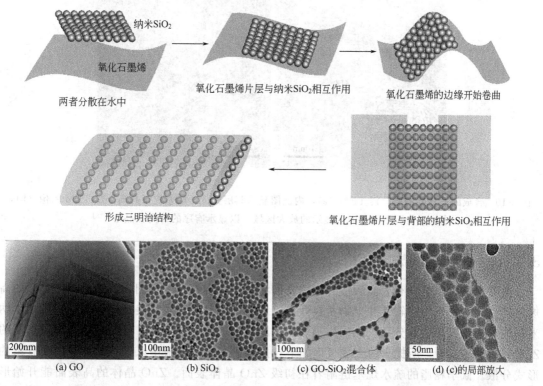

图 3-8　GO-SiO₂ 三明治结构的合成示意图及 TEM 图像[120]

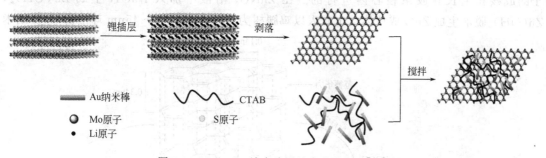

图 3-9　MoS₂-Au 纳米片层的合成示意图[122]

3.1.10　燃烧合成法

燃烧合成（combustion synthesis）又称自蔓延高温合成（self-propagating high-temperature synthesis），用于制备陶瓷、耐火材料、金属间化合物等。因其反应是一个强烈的放热反应，反应一旦开始就不需要额外的能量，自己可以维持反应。由于放热温度高、反应时间特别短（通常是在秒的时间尺度上）、反应产物具有较高的纯度和较好的结晶度。因此，这种方法有利于无机材料的工业化生产。有文献利用 Mg 在 CO₂ 中的燃烧反应来制备石墨烯[123,124]，化学反应如下：

$$2Mg + CO_2 \longrightarrow 2MgO + C(石墨烯)$$

产物用稀 HCl 洗去 MgO 后，就得到如图 3-10 所示的石墨烯。制得的石墨烯的比表面积理论可达 709m²/g，和 rGO 的 350m²/g 相比超出不少；孔径为 4nm，孔体积为 1.52m³/g[123]。

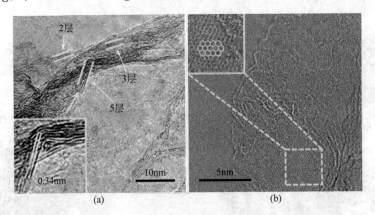

图 3-10　合成的石墨烯的高分辨 TEM（a），内嵌图显示其层数少；球差校正的高分辨 TEM 图像（b），
内嵌图为石墨烯平面上显示的放大区域，以显示有序的蜂窝状晶格[123]

3.1.11　生物合成法

由微生物产生的具有表面活性的生物表面活性剂与合成聚合物相比具有多种优势，如高规格的特异性、生物降解性和生物相容性等。鼠李糖脂是一种生物表面活性剂，也可用于纳米颗粒的捕获、稳定和分散。比如用铜绿假单胞菌合成在 35～80nm 范围内鼠李糖脂稳定的 ZnO 纳米颗粒[100]。所提出的合成机理如下：鼠李糖脂在水溶液中以典型的球形核壳胶束的形式分散。鼠李糖脂的疏水烷基链附着在初级 ZnO 晶体表面。ZnO 晶体的高表面能开始形成 RL 稳定的 ZnO（鼠李糖脂@ZnO）纳米颗粒。ZnO 纳米粒子的合成是通过 ZnO 纳米粒子的成核和生长在胶束核心内进行的。在 ZnNO₃ 溶液中加入 NaOH 生成 Zn(OH)₂，Zn(OH)₂ 脱水生成 ZnO 成核体。也有人以鸡腿树为原料合成了 40～45nm 球形的 ZnO 纳米

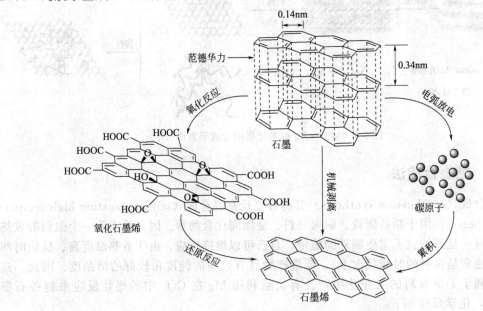

图 3-11　石墨烯自上而下合成法[108]

粒子[125]。同样，也有人从芦荟叶提取物中制备了 25nm、40nm 的 ZnO 纳米颗粒，生物合成的纳米颗粒比化学合成的 ZnO 纳米颗粒具有更高的抗菌活性[126]。

3.1.12 自上而下合成法

对于石墨烯有自上而下（top-down）合成法，分为机械剥离法、氧化还原法和电弧放电法（图 3-11）。机械剥离法是最早报道的合成石墨烯的方法，2004 年首次通过剥落高取向热解石墨制备并观察到单层石墨烯。氧化还原法是制备石墨烯和 GO 的最常用的方法之一。该方法利用强酸及氧化剂与石墨反应，破坏石墨的晶体结构，引入含氧官能团形成 GO，最后将 GO 还原成石墨烯。最流行的制作石墨烯和 GO 的方法是 Hummers 法。该方法是在浓硫酸中加入石墨和 $NaNO_3$，用 $KMnO_4$ 作为氧化剂，然后加入 30% 的 H_2O_2，以减少残留氧化剂，得到 GO。电弧放电法是大规模制备石墨烯的另一种方法。在这种方法中，两个石墨电极在一定的缓冲气体压力下，被施加一定量的电流，当电弧放电时，消耗阳极，在阴极上得到石墨烯。该方法制备的石墨烯结晶程度高，缺陷少，电导率高，热稳定性好，可大规模制备[108]。

★【例 3-5】 GO 的制备[52]。

GO 是用改进的 Hummers 方法制备的。在 500mL 三口瓶中加入 180mL H_2SO_4，再加入 1.0g 石墨粉。然后加入 6.0g $KMnO_4$，整个体系搅拌 2h，稀释后的悬浮液在 90℃ 下搅拌 12h，然后滴加 30% 的 H_2O_2，直至无气泡产生。反应完毕，依次用 0.2mol/L 的 HCl 和超纯水对混合物进行过滤和洗涤，直至 pH＝7.0，所得产品经干燥后使用。

3.1.13 自下而上合成法

自下而上（bottom up）合成法是从分子层次上制取特定粒度的方法。对于石墨烯来说，自下而上的方法是从一个小的芳香分子开始，通过几种有机合成方法产生一种稠环芳烃，也称为纳米石墨烯。迄今为止，自下而上的方法仍然是制备高性能和高收率石墨烯的关键。如图 3-12 所示为环脱氢反应合成多环芳烃[127]。此外，3.1.4 节的 CVD 法制备石墨烯也是自下而上合成法的一种，比如以 CH_4 为碳源，CuO 为催化剂时可以得到 $3\mu m$ 左右的大片的石墨烯[128]，而以 Cu 为催化剂时，可以得到小片的石墨烯[107]。

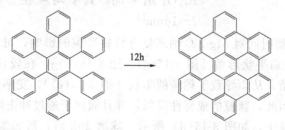

图 3-12　聚苯树枝状大分子的环脱氢反应制纳米石墨烯[127]

3.1.14 球磨法

机械球磨是克服铸造复合材料中典型的偏析和团聚现象的一种很有前景的方法，在球磨过程中，钢球的碰撞会导致待磨材料的塑性变形、脆性粉末颗粒的破碎、小颗粒间的反复黏结及再破碎。球磨法可以让一种材料分散到另外一种基体材料中，构成纳米复合材料，比如通过球磨法将 Ti 粉末嵌进石墨的晶格中，构成 Ti/石墨烯纳米复合材料[46]；将 Mg 和 SiC 进行球磨，得到以 SiC 为增强材料，以 Mg 为基体的纳米复合材料颗粒[129]；由于球磨法提供了能量，所以可以在球磨的同时促进反应的发生。rGO 也可以用球磨的方法来获得，通过 XRD、TEM、SEM 等表征手段发现，球磨后 GO 发生了还原并剥落为石墨烯，该石墨烯的电化学性能也得到了明显的提高，球磨 10h 的电容最高，可以在 0.2A/g、1mol/L 条件下达到 212F/g。此外球磨后具有丰富的边缘功能，可以用于超级电容器[130]。

球磨法还可以将两种或多种片层材料进行球磨并混合，比如片层的 MoS₂ 球磨成单层，GO 球磨成片层的 rGO，并且通过球磨作用将分散的片层进行混合，最终形成 MoS₂/石墨烯纳米复合材料[131]，其示意图如图 3-13 所示。

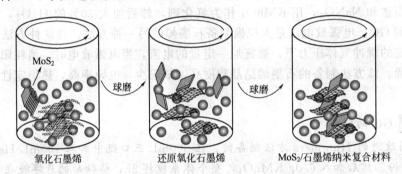

氧化石墨烯　　　　　　还原氧化石墨烯　　　　MoS₂/石墨烯纳米复合材料

图 3-13　球磨法制备 MoS₂/rGO 纳米复合材料示意图[131]

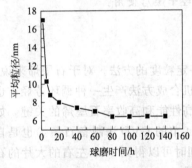

图 3-14　球磨时间对粒径的影响[132]

为了制备韧性良好的 Al_2O_3 纳米晶陶瓷用的窄粒度、高纯度的等轴 α-Al_2O_3 纳米粒子，有文献采用微米级 α-Al_2O_3 颗粒直接球磨，制备了高纯度分散等轴 α-Al_2O_3 纳米粒子，球磨时间对粒径的影响如图 3-14 所示，最终制得的纳米粒子平均粒径为 8nm，纯度为 99.96%（质量分数），而且产率较高。通过分馏、凝聚、分离，得到了粒径分布较窄的 α-Al_2O_3 纳米颗粒。用无压两步烧结法，从分散的等轴 α-Al_2O_3 纳米颗粒中烧结出相对密度为 99.8%、平均晶粒尺寸为 34nm 的 Al_2O_3 纳米晶，其平均粒径为 4.8nm，粒度分布为 2～10nm[132]。

图 3-15 显示了球磨时间对 Mg-SiC 纳米复合材料形貌的影响，可以看出，在球磨初期，Mg 颗粒发生变形，呈扁平状形貌 [图 3-15(a)、图 3-15(b)]。在较长的球磨时间内主要观察到颗粒之间的冷黏结，从而导致了颗粒的生长 [图 3-15(c)]。变形随球磨的进行而增加，使颗粒的硬度增加。因此，颗粒的成型性降低，并且倾向于通过冲击断裂，而不是变形或冷黏结，形成了较小的粒子，如图 3-15(d) 所示。球磨 20h 后，形貌发生了明显的变化，颗粒获得了更规整的形状和更细的尺寸，如图 3-15(e)、图 3-15(f) 所示。经过球磨 25h 后，系统达到了黏结与断裂的平衡状态，后一种效应导致了等轴晶的形成和更均匀的尺寸分布[129]。

由上可知，机械球磨技术可以有效地合成纳米复合材料：①它能使纳米粒子分散均匀；②它允许均匀地引入高体积分数的增强组分；③将大的晶粒尺寸减小到纳米尺度；④反应可以在室温下进行[129]。

|(a) 1h|(b) 3h|(c) 5h|
|(d) 15h|(e) 20h|(f) 25h|

图 3-15　球磨时间对 Mg-SiC 纳米复合材料形貌的影响[129]

3.1.15　其它方法

辐射技术已被证明是制备尺寸可控金属纳米粒子的一种简便方法。在海藻酸钠稳定剂的存在下，用 γ 射线辐照制备了粒径在 $6\sim30nm$ 的高稳定性的 Ag 纳米粒子，该纳米粒子分散体可以在室温下稳定 6 个月以上[133]。

3.2　无机纳米材料的应用

3.2.1　催化剂

TiO_2 是一种重要的功能材料，虽有多种结构但均具有化学稳定性好、环境相容性好、无毒、反应活性高、价格低廉等优点，可广泛应用于光电化学活性、太阳能转换、光催化、紫外探测器、超声波传感器等。TiO_2 粉末具有良好的催化活性，发生反应时的比表面积很大，很适合作为光催化剂应用，被认为是最适合在水和空气中降解石油泄漏、分解多种有机物和空气污染物、做自清洁玻璃等环境应用的半导体材料[134]。图 3-16 展示了太阳光催化分解有机物的示意图。

埃洛石是一种管状硅酸盐，常用来负载纳米粒子实现光催化降解有机物，如 TiO_2 以溶胶-凝胶法分散于埃洛石表面，制备如图 3-17 所示的埃洛石-TiO_2 纳米复合材料，在可见光（$\lambda>510nm$）和紫外光（$290nm<\lambda<380nm$）照射下降解甲苯气体的光催化活性比工业 TiO_2 高 6.7 倍。

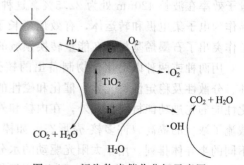

图 3-16　污染物光催化分解示意图

图 3-17　埃洛石纳米管及埃洛石纳米管-TiO$_2$纳米复合材料 TEM 图像[135]

埃洛石负载的纳米复合材料可以用于有机化合物的降解[135]。

① CdS/埃洛石光催化剂：使用水热法使 CdS 纳米粒子直接生长在埃洛石上，用来降解四环素。

② TiO$_2$/埃洛石光催化剂：TiO$_2$溶胶分散在埃洛石上，在 180℃条件下水热处理 5h，用来降解替硝唑杀菌剂、甲苯。

③ 聚 N-异丙基丙烯酰胺改性 CdS/埃洛石光催化剂：表面分子印迹技术，用来降解水生环境中的四环素。

④ TiO$_2$/埃洛石光催化剂：在 160℃溶剂中热处理 24h，用来降解甲醇和乙酸。

⑤ 纳米 Ag/埃洛石光催化剂：在埃洛石上引入氨基，形成 N-埃洛石，将 Ag 纳米粒子"锚定"在埃洛石表面，用来降解亚甲基蓝。

⑥ ZnS/埃洛石光催化剂：在埃洛石表面组装了纳米 ZnS，制备了 ZnS/埃洛石纳米复合镀层，用来降解曙红 B。

⑦ 埃洛石/TiO$_2$/聚偏氟乙烯膜：利用氨基丙基三甲氧基硅烷将 TiO$_2$化学固定在埃洛石表面，然后用湿相转化法制备纳米复合材料，用来降解船底的污水。

CNT 也可用来负载 TiO$_2$，能实现半小时内对水溶液中的甲基橙有 100%去除率[136]。rGO 负载纳米 TiO$_2$光降解甲基橙的速率是纯 TiO$_2$纳米粒子的 4.5 倍，原因是石墨烯的存在提高了 TiO$_2$的比表面积和吸附容量，改善了复合材料的效率[137]。如果再加入 Cu(Ⅱ)，高效的电荷转移可以使苯酚在紫外光照射下的光降解率提高约 3 倍[138]。

由于全球能源危机的日益严重，利用光催化剂进行水清洁生产 H$_2$的方法受到广泛关注。有文献展示利用 CdS 团簇修饰的石墨烯纳米片可以作为可见光驱动的光催化剂，实现了高效率的光催化 H$_2$的制备。在可见光照射下，GO 质量含量为 1.0%、Pt 质量分数为 0.5%时，该纳米复合材料的 H$_2$产率为 1.12mmol/h，比纯 CdS 纳米粒子高 4.87 倍，表观量子效率在波长 420nm 处为 22.5%。这种高的光催化活性主要归功于石墨烯的存在，石墨烯作为电子集电极和转运体，有效地延长了 CdS 纳米粒子的光生电荷载流子的寿命。这一工作突出了石墨烯基材料在能量转换领域的潜在应用[139]。

用两种或两种以上化合物制备出的核壳结构材料，由于其尺寸均匀性、核壳成分操纵性、分散性及稳定性、光学、催化和磁性的可调性等方面的协同特性，已被证明是提高光催化性能的先进功能材料。此外，在内核和外壳界面处形成的 p-n 异质连接可以促进表面电荷载流子浓度的提高。许多核-壳形态，如棒、球、空心球、纺锤体等，在核壳和核壳中都有不同的半导体排列，用于太阳光驱动的水分解。石墨烯包覆纳米结构半导体粒子由于电荷在石墨烯片上的分散性，为水的分解反应提供了可能性。层数少的的石墨烯包裹的粒子比块状纳米复合材料更有效率，这是因为层数少的石墨烯片可以向半导体组件传输光电荷，并且在石墨烯薄膜的表面传输更好。为了把核-壳结构的优点和高载流子迁移率用于可见光介导的CO_2还原，图 3-18 所示的Fe_3O_4@CuZnO@rGO 微球被制备了出来[51]。Fe_3O_4核心吸收可见光后，在 ZnO 的导带和价带中传递光生电荷，而 Cu 作为电子捕捉剂在 rGO 片上进行有效转移。该纳米复合材料的能带结构也适用于水的分解，产生 $45.5\mu mol$ H_2/（g 催化剂）。

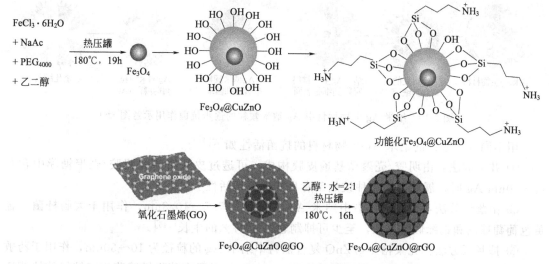

图 3-18　Fe_3O_4@CuZnO@rGO 微球的制备示意图[51]

随着经济的发展，先进的电催化剂用于可再生能源转换的需求越来越大，rGO 作为一种很有前景的先进电催化剂平台，在各种电化学能量转换反应中得到了广泛的研究[140]。rGO 的多用途主要是由于其独特的物理化学性质，如高比表面积、可调谐电子结构以及结构修饰和功能化的可行性，rGO 基电催化剂广泛应用于各种电化学能量转换反应的材料制备，如水裂解、CO_2还原反应、N_2还原反应和O_2还原反应等。rGO 基电催化剂的催化活性提高的根源是电活性材料的良好分散性和 rGO 的助导电性。

3.2.2　医用材料

在医学上，纳米材料可以作为荧光标记物来检测生物分子和病原体，并作为核磁共振和其它研究中的造影剂。此外，纳米材料还可用于靶向提供药物，包括蛋白质和多核苷酸物质；用于光动力治疗和肿瘤热破坏以及假体修复。某些类型的纳米材料已经在临床上成功地应用于药物输送和肿瘤细胞成像[42]。

ZnO 是一种传统的宽禁带半导体，其独特的特性使其适合于各种生物医学应用，包括抗癌、抗糖尿病、抗菌和抗真菌以及药物传递等方面。纳米 ZnO 的抗癌性表现在两个方面：ZnO 纳米颗粒通过诱导活性氧基因、损伤 DNA 和释放凋亡因子来促使细胞凋亡，显示其抗癌活性；ZnO 纳米粒子的另一个有用的抗肿瘤活性的特性是它们的静电特性。ZnO 纳米粒子由于部分键合氧原子而在其表面产生负电荷。在较低的 pH 值下，来自环境的质子被转移到粒子表面，形成带正电荷的表面（$ZnOH_2^+$）。这些阳性颗粒与细胞外膜上的负磷脂相互作用，从而使其被细胞吸收。ZnO 纳米颗粒溶解在酸性溶酶体中，释放 Zn，抑制呼吸酶的作用，导致细胞死亡[100]。

因 CNT 是电流的良好导体，所以可以通过 CNT 包裹药物。当某种电压或电流通过皮肤时，它会导致电子在某一特定方向流动，从而使负离子药物从碳纳米药物系统中排斥出来，最终迫使药物分子进入皮肤，从而穿透皮肤，实现药物的供给[141]。

图 3-19 给出了 Ag 纳米颗粒抗菌活性的几个步骤。最初，生物材料的黏附性有助于其附着在伤口表面，在致病性伤口处附着上含有 Ag 纳米颗粒的生物材料后，Ag 纳米颗粒开始穿透细菌细胞，溶解并释放 Ag^+。释放的 Ag^+ 会破坏细菌膜和 DNA，导致微生物的死亡[142]。

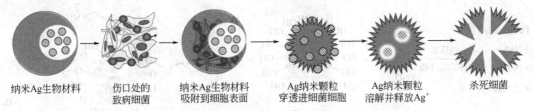

| 纳米Ag生物材料 | 伤口处的致病细菌 | 纳米Ag生物材料吸附到细胞表面 | Ag纳米颗粒穿透进细菌细胞 | Ag纳米颗粒溶解并释放Ag^+ | 杀死细菌 |

图 3-19　纳米 Ag 生物材料中 Ag 纳米颗粒的逐步抗菌作用示意图[143]

用不同方法表征的纳米 Ag 生物材料的抗菌活性如下[143]。

① 井扩散法：由明胶/壳聚糖基透皮膜构成，可透过皮肤给药的明胶/壳聚糖膜中含有 10～50nm Ag 时，展示出对多种致病菌有良好的抗菌活性[144]。

② 菌落计数法：明胶凝胶垫中纳米 Ag 的粒径为 7.7～10.8nm，作用于大肠杆菌、金黄色葡萄球菌和铜绿假单胞菌，至少可抑制它们 99.7% 的生长[145]。

③ 抑制区方法：壳聚糖-Ag/ZnO 复合敷料中纳米 Ag 的粒径为 10～30nm，作用于药敏大肠杆菌、金黄色葡萄球菌和铜绿假单胞菌，Ag/ZnO 对所有药物敏感菌均有较好的抗菌活性，但壳聚糖改性的 Ag/ZnO 复合材料对大肠杆菌和金黄色葡萄球菌均有毒性，对铜绿假单胞菌无明显毒性[146]。

④ 摇瓶试验法：Ag/生物纤维素复合材料中纳米 Ag 的粒径为 10～30nm，作用于大肠杆菌、金黄色葡萄球菌和铜绿假单胞菌，培养 24h 后，细菌总数减少 98.8%～100%，复合材料具有良好的抗菌活性[147]。

最近，Au 纳米颗粒出现频率越来越高，如图 3-20 所示的各种形状的 Au 纳米颗粒被制备出来，还有很多独特的性能也被开发出来。早些时候 Au 纳米颗粒被用于无毒的药物和基

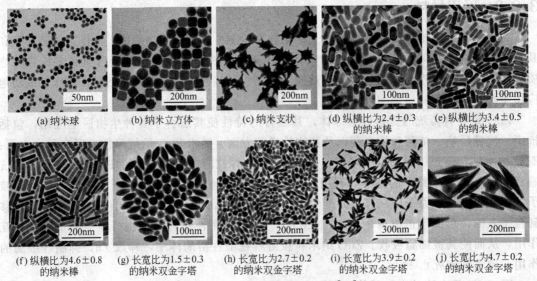

(a) 纳米球　(b) 纳米立方体　(c) 纳米支状　(d) 纵横比为2.4±0.3的纳米棒　(e) 纵横比为3.4±0.5的纳米棒

(f) 纵横比为4.6±0.8的纳米棒　(g) 长宽比为1.5±0.3的纳米双金字塔　(h) 长宽比为2.7±0.2的纳米双金字塔　(i) 长宽比为3.9±0.2的纳米双金字塔　(j) 长宽比为4.7±0.2的纳米双金字塔

图 3-20　Au 纳米结构的多样性[159]

因传递的载体[148]、增强放射疗法的有效辐射增敏剂（因其较高的原子序数而具有大的X射线吸收截面）[149]、肿瘤的热消融（其光热转换能力可产生局部热量）[150]。现在人们关注更多的是癌症的辅助治疗，比如应用Au纳米颗粒的射频电场吸收电位及其声致敏特性，提高射频和超声诱导的癌症治疗中高热的治疗效率[151]；通过热疗源在外部刺激下以高分辨率触发药物有效载荷释放[152,153]；Au纳米颗粒能够在光和超声照射下产生细胞毒性活性氧的特点，分别用于促进光动力疗法和声动力疗法[154,155]；Au纳米颗粒结合DNA后形成的荧光寡核苷酸探针被用于对癌症的载药治疗，也是当前生物医学研究的热点[156]。随着上述诸多特性集成到Au纳米颗粒中，它已成为一种完全独特的纳米结构，能够结合多种治疗以获得增强的治疗效果。与其它纳米结构相比，Au纳米颗粒对癌症治疗的适用性更为多样化[157]。因此，Au纳米颗粒可以提供一个多样性的平台，利用其本身的特点，结合不同的治疗方式，从而突出联合化疗的优势，最终不仅可以提高每个单独治疗的效率，而且由于不同治疗方式之间的协同作用会产生更强大的治疗结果。这种多模式协同治疗也有助于避免高剂量相关的副作用，因为它可以减少每个单独治疗的给药剂量[158]。

由于流体力学尺寸、表面电荷和反应活性的变化，Au纳米颗粒的表面修饰可以极大地影响其循环半衰期，其中聚乙二醇（PEG）功能化是一种常见且有用的表面修饰方法，纳米颗粒通过附着在PEG的表面而达到空间稳定性，有助于提高Au纳米颗粒的循环半衰期[160]。据报道，PEG链越长，循环系统的半衰期就越长[161]。Au纳米颗粒的大小是决定肿瘤内积累的一个关键因素，需要在体内应用前进行优化。根据研究，尺寸大于肾清除阈值的Au纳米颗粒将被清除，而较小的颗粒可以逃过，因此较小的颗粒显示出较长的循环半衰期[162]。例如，15nm的Au纳米颗粒的循环半衰期比100nm的长4.4倍[157]。另一方面，粒径对EPR效应（某些尺寸的分子或颗粒更趋向于聚集在肿瘤组织的性质）有很大的影响，EPR效应是纳米结构被动肿瘤靶向的基础。据证明，30～200nm的纳米颗粒比那些更容易在外渗后回流到血流中的更小的颗粒更容易被肿瘤组织截留[163]。总之，Au纳米颗粒的物理尺寸可以影响肝脏清除和EPR效应，这就决定了它们在肿瘤内的积聚。根据报告，与其它粒径（20nm、40nm、80nm和100nm）相比，直径为60nm的Au纳米颗粒在肿瘤内的累积量最大，因此可以作为设计Au基纳米结构的最佳尺寸[161]。

纳米药物的疗效可以通过构建肿瘤微环境的特性，如低pH（固体瘤的低于正常组织）、部分氧压力或活性基质金属蛋白酶等，或通过外力对肿瘤的靶向性来实现，如电脉冲、磁场、超声波、热等，此外介孔纳米SiO_2颗粒也可以作为抗癌药物可控释放的载体[163]。

3.2.3　磁性纳米材料

近年来，磁性纳米颗粒（magnetic nanoparticle）由于其特殊的超近磁特性、高的吸附容量和比表面积，引起了人们的广泛关注。特别是具有尖晶石结构的过渡金属氧化物，通常被称为铁氧体，是最重要的磁性纳米颗粒之一，有MFe_2O_4（M＝Mn、Fe、Co、Ni、Zn）等。这主要是因为它们具有优异的磁性能、简单的化学成分，因此广泛应用在水和废水处理、生物医学、过氧化氢和电子设备等领域。

（1）磁性纳米材料在水处理方面的应用

由于磁性纳米颗粒可以在吸附或降解过程中去除水中污染物，所以在水处理工业中变得极为重要。例如，磁性纳米颗粒已被用于处理废水的染料、酚和有毒痕量金属。可以通过外部磁场回收的易用性和多次重复使用性也是磁性纳米颗粒的一个优点。图3-21展示了磁性纳米材料在污水处理中的应用的示意图，表 3-2 展示了具体性能。

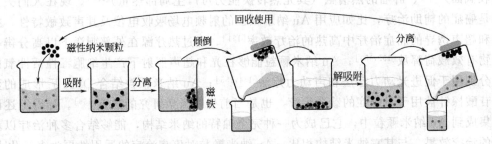

图 3-21　磁性纳米材料在污水处理中的应用及重复使用示意图[164]

表 3-2　磁性纳米材料在污水处理中的应用及相应的吸附剂回收量[164]

吸附剂	移除的金属	沉淀剂	循环次数	回收的吸附剂/%
Fe_3O_4@壳聚糖	茜素红	0.1mol/L NaOH	7	93.5
$MnFe_2O_4$	As(Ⅲ)	0.1mol/L NaOH	8	>82
Fe_3O_4	Ni(Ⅱ)	0.1mol/L HCl	5	92.8
γ-Fe_2O_3	Cr(Ⅵ)	0.01mol/L NaOH	5	>90
Fe_3O_4@壳聚糖	Cu(Ⅱ)	0.1mol/L EDTA	4	96
Fe_3O_4-NH_2	Cu(Ⅱ)	0.1mol/L HCl	15	100
Fe_3O_4@SiO_2-NH_2	Pb(Ⅱ)	0.1mol/L HNO_3	4	>90

(2) 磁性纳米颗粒对纤维素酶的固定

纤维素酶在食品、化学品、洗涤剂、化妆品、纸浆、造纸和制药工业中有许多应用，然而，对于它的稳定性和可重用性仍然存在很大的担忧，这限制了它在上述行业中的应用。利用磁场分离磁性纳米颗粒，使其成为如图 3-22 所示的酶固定物的有前途的载体[165]。

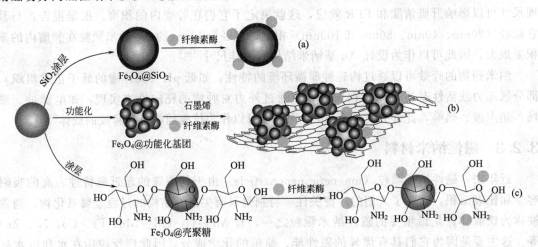

图 3-22　SiO_2 包覆 Fe_3O_4 的固定化纤维素酶原理图（a），固定化纤维素酶在石墨烯表面功能化 Fe_3O_4 上的原理图（b）以及壳聚糖包覆 Fe_3O_4 固定化纤维素酶的原理图（c）[165]

(3) 磁性材料在生物方面的应用

磁性纳米颗粒铁氧体的以下特性使其适合于生物医学应用：①高化学稳定性；②粒度分布窄；③高胶体稳定性；④根据纳米粒子的大小可调节磁矩；⑤保持超顺磁性；⑥表面功能

化容易且简单。

除氧化铁外，还有金属掺杂的 MFe_2O_4，其中 M 是＋2 价阳离子。由于锰、镍和锌具有较高的磁化强度，在较大粒径下能保持超顺磁性行为，现已被用于生物研究。表 3-3 概述了氧化铁基纳米复合材料在生物医学领域的应用。

表 3-3 磁性纳米材料在生物医学领域的应用[166]

磁性核心	壳层材料	应用
Fe_3O_4	SiO_2	乙型肝炎病毒和 EB 病毒的检测
Fe_3O_4	SiO_2-NH_2	DNA 分离与药物传递
铁氧化物	PEG-b-聚(4-乙烯基苄基膦酸酯)	磁性靶向抗癌药物的纳米载体
铁氧化物	淀粉、PEG	增强磁脑肿瘤靶向
Fe_3O_4	SiO_2、脂质、PEG、甲氨蝶呤	多模式成像与多阶段靶向化学光动力治疗
$MnFe_2O_4$	SiO_2	阿霉素载药与释药研究
$NiFe_2O_4$	PVA、PEO、PMMA	阿霉素载体
$CaFe_2O_4$	壳聚糖	氨苄西林释放
镍铁氧体	油酸	粒径和表面包覆对铁氧体镍细胞毒性的影响
Fe_3O_4	叶酸-PEG	阿霉素释放
Fe_3O_4	PEI、叶酸、SiO_2	细胞毒性最小、基因载体和 MRI 对比剂
Fe_3O_4	叶酸、壳聚糖	疏水药物的磁响应能力、选择性和控释能力
铁氧化物	PEG、PEI、油酸	给药与抗肿瘤治疗

★【例 3-6】 Fe_3O_4@Ag_2O 磁性杀菌纳米复合材料的合成及杀菌作用[114]。

Fe_3O_4@Ag_2O 纳米复合材料的合成：首先，将 0.25g 已经制备好的 Fe_3O_4 纳米粒子悬浮在 100mL 0.01mol/L 的 $AgNO_3$ 溶液中，搅拌 30min。然后，将 60mL 60℃的 $K_2S_2O_8$ 溶液（$K_2S_2O_8$：$AgNO_3$＝3，摩尔比）加入悬浮液中，当温度高于 60℃时，在剧烈搅拌下加入 $K_2S_2O_8$ 溶液。将 40mL KOH 溶液（KOH：$AgNO_3$＝7，摩尔比）滴入反应液中，继续反应 20min。然后用磁铁分离沉淀，用去离子水反复清洗，在 70℃下进一步干燥 5h。

表 3-4 25min 时不同纳米粒子对金黄色葡萄球菌和大肠杆菌的杀菌作用的比较[114]

杀菌率	Fe_3O_4/Ag_2O		Ag_2O		Fe_3O_4	
	20mg/L	5000mg/L	20mg/L	5000mg/L	20mg/L	5000mg/L
金黄色葡萄球菌	99.35%	100%	99.84%	100%	1.47%	1.56%
大肠杆菌	98.57%	100%	98.77	100%	2.86%	2.90%

表 3-4 结果表明，Fe_3O_4 纳米粒子对两种细菌的杀菌活性很低，因此 Fe_3O_4 的作用是向纳米复合材料提供磁性。Fe_3O_4@Ag_2O 纳米复合材料对这两种细菌的杀菌率显著提高。用 20mg/L 的 Fe_3O_4@Ag_2O 纳米复合物处理 25min 后，两种细菌的杀菌率分别为 99.35％和 98.57％，略低于相同条件下用 Ag_2O 纳米粒子处理后的杀菌率。当纳米复合材料浓度增加到 5000mg/L 时，两种细菌均被杀死。实验结果证明，制备的 Fe_3O_4@Ag_2O 纳米复合材料具有较强的杀菌活性。因此，所制备的纳米复合材料可以作为一种更有效和可循环的杀菌剂，用于清除饮用水中的致病菌。为了研究 Fe_3O_4@Ag_2O 纳米复合材料在重复使用过程中

的杀菌稳定性，对浓度为 500mg/L 的纳米复合材料进行了如图 3-23 所示的循环杀菌实验。历经 5 次循环后，对金黄色葡萄球菌的杀菌率保持在初始杀菌实验的 99.9981% 左右，表明 $Fe_3O_4@Ag_2O$ 纳米复合材料具有良好的稳定性。

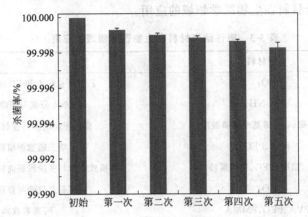

图 3-23　金黄色葡萄球菌在 $Fe_3O_4@Ag_2O$ 纳米复合材料上循环失活

　　纳米复合材料主要有 2 种杀菌作用方式。首先，纳米复合材料与细胞膜直接相互作用，通过表面氧化释放更多的 Ag^+。释放出的 Ag^+ 通过静电作用吸附在带负电荷的细菌细胞壁上。这种相互作用可能破坏细胞膜蛋白和脂质双分子层，导致膜透性增强。因此，它为纳米复合材料释放 Ag^+ 进入细菌细胞铺平了道路。其次，细胞内释放的 Ag^+ 可能与磷酸糖基（sugar phosphate group）基团或核糖体亚基相互作用，抑制 DNA 复制，影响必需的蛋白表达。因此，它可以影响细菌的生命活动，并加剧膜损伤[114]。

3.2.4　光电性能

　　三维石墨烯为开发包括阴极和阳极在内的高能量密度电极提供了很好的途径，因为它具有提供导电三维网络、改善锂离子和电子转移以及在循环过程中调节结构和体积变化的潜力[167]。

　　受树叶启发，有人提出了一种适用于超薄柔性石墨烯硅肖特基结太阳电池的仿生全向光子管理方式。一种由无损球形 SiO_2 和 TiO_2 纳米粒子双层组成的全介电方法，用于模拟两种基本的光俘获机制：①叶聚焦和波导；②散射。这两个光学调谐层的纳米粒径比在限制以回音壁方式进去的入射光和泄漏进基片的散射光方面起着至关重要的作用。与石墨烯/硅太阳电池相比，该方法对光只有 10.3% 的超低反射率，捕获效率却提高了 30%。对于 $20\mu m$ 厚的硅吸收层和掺杂双层石墨烯的太阳电池捕获效率达到 9%，硅的利用率达到 1.89W/g，是所有石墨烯/硅太阳电池中利用率最高的。这种构造的太阳能电池在弯曲半径小于 3mm 的超过 10^3 次弯曲循环中保持了其特性，显示了其灵活性、耐久性和可靠性[168]。

　　透明导电薄膜是触控屏、平板显示器、光伏电池、有机发光二极管等电子和光电子器件的重要组成部件。氧化铟锡（ITO）是当前应用最为广泛的透明导电薄膜材料，但 ITO 不具有柔性且铟资源稀缺，难以满足柔性电子器件等发展需求。中科院研究人员采用浮动催化剂化学气相沉积法制备出具有"碳焊"结构单根分散的如图 3-24 所示的 SWCNT 薄膜。通过控制 SWCNT 的形核数量，所得薄膜中约 85% 的 CNT 是以单根形式存在的，剩余的 15% 则处于两束或三束的形态；通过调控反应区内碳源浓度，在 SWCNT 网络交叉节点处形成"碳焊"结构。研究表明该"碳焊"结构使金属性-半导体性 SWCNT 间的肖特基接触

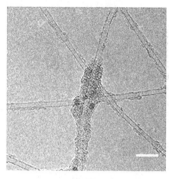

(a) 典型的TEM图像，标尺为10nm

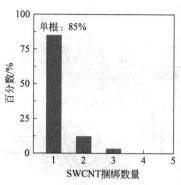

(b) 网络中孤立和捆绑的
SWCNT数量的统计数据

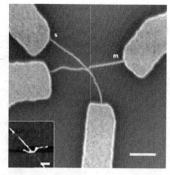

(c) 碳焊接接头SWCNT的FET图像，标尺为1μm。嵌入的AFM图像显示了在SWCNT上沉积的碳(白色部分)，标尺为200nm

图 3-24　单根分散的 SWCNT 薄膜的表征图[169]

转变为欧姆接触，从而显著降低管间接触电阻。因此，所得 SWCNT 薄膜在 90% 的透光率下方块电阻仅为 41Ω/sq；经硝酸掺杂处理后，其电阻进一步降低至 25Ω/sq，已优于柔性基底上的 ITO，因而显示出可在各种柔性电子产品中用作透明电极的巨大潜力[169]。

目前，石墨烯是研究最多的电荷储存材料，许多实验室的研究结果均证实了石墨烯具有改变当今能源储存格局的潜力。具体而言，石墨烯可以为储能装置提供一些新的特性，如更小的电容器、完全灵活甚至可滚动的储能装置、透明电池、高容量和快速充电装置，其超高的表面积也有利于其用于超级电容器的开发[170]。

3.2.5　传感器

近年来，基于 MoS_2 的纳米复合电极被广泛用于敏感的电化学检测与生物分子、食品、药物、环境污染物、气体分子和无机离子有关的氧化还原物。这些电化学研究表明，纳米结构的 MoS_2 电催化活性高，除了用在催化析氢反应和氧化还原反应以外，还广泛用于电化学分析。这对于设计和开发先进的功能电化学检测平台，以及食品安全、环境监测、药物和生化分析等方面具有重要的应用价值。纳米 MoS_2 作为一种电极材料，能够对电导率、催化活性和生物相容性产生协同响应，通过选择性信号标记的生物识别过程加速信号转导，通过结合靶组分（适配体、蛋白质序列、酶-底物络合）并以电化学反应的形式表达，产生了高度敏感和特异的生物传感性。MoS_2 和生物识别元素的协同作用提高了电化学分析和生物分析的选择性，而当接触到非特异性目标组分时，它们仍然没有反应[171]。

石墨烯也被用于气体的检测，比如有文献报道其合成的石墨烯纳米带等离子体可检测气体分子如 SO_2、NO_2、N_2O 和 NO，响应时间快（<1min），可用于对气体的实时监测[172]。

★【例 3-7】　基于 $Fe_3O_4@SiO_2@GO$ 与 DNA 吸附识别功能的生物传感器[52]。

（1）$Fe_3O_4@SiO_2@GO$ 的制备

向 5mL KH550 和 20mL 无水甲苯溶液中加入 0.5g $Fe_3O_4@SiO_2$，在 50℃ 下通 N_2 反应 12h，磁力收集产物，用水冲洗至中性。最后真空干燥，制备了 $Fe_3O_4@SiO_2-NH_2$。将 0.2g GO 分散在 100mL 水中，然后加入 3mg EDC 和 28mg NHS。将 200mg $Fe_3O_4@SiO_2-NH_2$ 加入到上述溶液中，搅拌 30min，然后混合物在 80℃ 下反应 2h。最终产物被分离、洗涤和干燥，如图 3-25 所示。

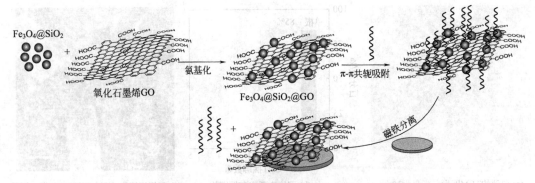

图 3-25　$Fe_3O_4@SiO_2@GO$ 的制备过程及生物传感器原理图[52]

（2）$Fe_3O_4@SiO_2@GO$ 对 DNA 的吸附及检测

对不同浓度 DNA 的吸附容量如图 3-26（a）所示，$Fe_3O_4@SiO_2@GO$ 对 DNA 的吸附容量随着 DNA 浓度的增大而增加，直到达到最大吸附量 3.24×10^{-9} mol/mg，高于 $Fe_3O_4@SiO_2$ 的吸附容量（1.78×10^{-9} mol/mg）。图 3-26（b）显示了 $Fe_3O_4@SiO_2@GO$ 对 DNA 的吸附动力学。与 $Fe_3O_4@SiO_2$ 颗粒 30min 达到饱和吸附量相比，$Fe_3O_4@SiO_2@GO$ 颗粒只用 15min 就能达到，这主要归因于 GO 与 DNA 的强共轭和快速传质。因此，该生物传感器可以检测生物样品中的 DNA 含量。

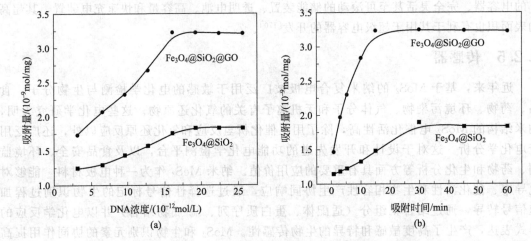

图 3-26　$Fe_3O_4@SiO_2@GO$ 的吸附等温线（a）和吸附动力学曲线（b）[52]

3.2.6　水处理

3.2.3 节显示了磁性纳米材料通过吸附污水中的重金属离子，实现对污水的处理。图 3-27 展示了以 SiO_2 球为硬模板，以三嵌段聚醚 F127 为软模板，采用双模板法通过 F127、酚醛树脂前驱体和 TEOS 溶胶-凝胶形成的小 SiO_2 自组装在加入的 SiO_2 球壳层，通过高温将聚合物转变成碳，同时 GO 也转变成石墨烯，最后通过 HCl 腐蚀所有 SiO_2，从而制备了三维石墨烯和层状多孔炭复合材料。复合材料同时具有大孔结构（来源于加入的 SiO_2 球）和介孔结构（来源于 TEOS 溶胶-凝胶形成的小 SiO_2），这表明具有巨大介孔道的多孔炭已成功地插入到三维石墨烯的大孔骨架中，并呈现出分层的孔结构。复合电极和原始三维石墨烯电极的电吸附容量分别为 6.18mg/g 和 4.41mg/g，复合电极的脱盐率可达 88.96%，与

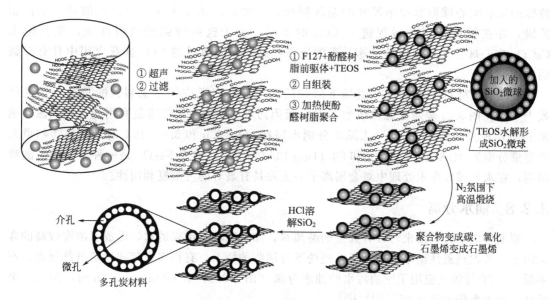

图 3-27 软硬双模板法合成三维石墨烯和层状多孔炭复合材料路线的示意图[173]

纯 3D 石墨烯电极的 63.52％ 相比提高了 40％[173]。

理想的水处理膜应具有以下几个关键特征：①最小的薄度，以最大限度地增加渗透性；②足够的机械强度，以避免破裂，引起溶质泄漏；③均匀和窄的孔径分布，以有效分离。为此，纳米多孔二维材料具有良好的机械强度，可以提供超快的水渗透和选择性分离，在海水淡化方面具有优异性能。纳米多孔二维材料对离子和分子纳米过滤具有吸引力，但由于大面积的机械强度不足而受到限制。有文献报道了一种大面积的石墨烯纳米网/SWCNT 杂化膜[174]，如图 3-28 所示，它具有优异的机械强度，同时充分体现了原子化薄膜的优点。单层石墨烯纳米网具有高密度、亚纳米孔的特点，可有效输送水分子，同时阻断溶质离子或分子，实现尺寸选择性分离。SWCNT 网络将石墨烯纳米网物理上分离为微型岛屿，并充当支持石墨烯纳米网的微观框架，从而确保原子厚度的石墨烯纳米网的结构完整性。得到的孔径在 0.63nm 的石墨烯纳米网/SWCNT 膜对盐离子或有机分子具有很高的透水性和截留率，在管式组件中保持稳定的分离性能。

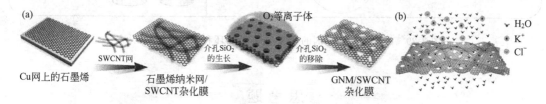

图 3-28 石墨烯纳米网/SWCNT 杂化膜的制备示意图 (a) 及其过滤示意图 (b)[174]

3.2.7 吸附材料

第 2 章图 2-6 制备的笼状纳米 $CaCO_3$ 空心球均比商用纳米 $CaCO_3$ 吸附剂具有更好的碳化活性，特别是图 2-6 (a) 样品在 600℃ 下 11min 内的吸附容量达到 1g CaO 中吸附 0.786g CO_2，比商用纳米 $CaCO_3$ 吸附剂高出 45％。此外，笼状纳米 $CaCO_3$ 空心球在相对较低的温度范围（550～650℃）也表现出显著的吸附速率。吸附性能的提高应归功于特殊的笼状空心球形态和小尺寸的晶体颗粒，这使得碳化发生在一个较长的动力学控制阶段，并在扩散控制阶段促进了 CO_2 的扩散。由于这些增强的吸附性能，笼状纳米 $CaCO_3$ 空心球在工业规模的快速的吸附速率和高的吸附容量的 CO_2 捕获应用中具有广阔的应用前景[59]。

磁性纳米材料由于其可在磁场下回收的特点，被广泛应用于染料、酚及重金属的回收[164,175]，图 3-21 显示了磁性纳米 Fe_3O_4 吸附污水中的重金属及重复利用的过程。磁性纳米 Fe_3O_4 最大的 Cr^{6+} 和 Pb^{2+} 去除率分别出现在 pH＝2.0 和 5.0，45℃时，朗格缪尔最大吸附量分别为 34.87mg Cr^{6+}/g 和 53.11mg Pb^{2+}/g[175]。纳米 Fe_3O_4 是一种很有潜力的吸附剂，在水处理和废水处理中对金属离子的去除具有显著的可重复利用性。

3.2.8 油水分离

原油从地下开采出来时含有大量的游离水，加上破乳脱出来的水，形成了浓度较高的含油污水，考虑到磁性纳米颗粒具备在磁场下可回收的特点，有很多文献通过负载纤维素、石墨烯、CNT 等将其应用于原油污水的油水分离（图 3-29）。在 600mg/L，2h 时，历经 5 个循环，脱水率仍可达到 95%[176~178]。

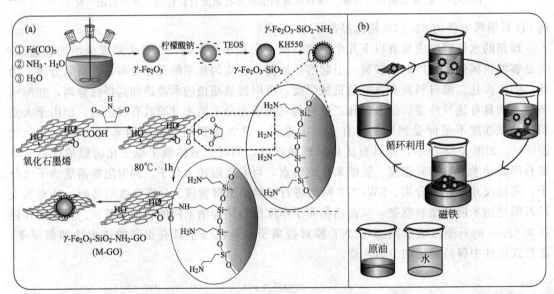

图 3-29　磁性纳米破乳剂的合成（a）及循环利用示意图（b）[178]

思 考 题

1. 常用的纳米材料有哪些？列举出 10 个。

2. 课本没有提到纳米材料的制备方法还有哪些？

3. 水热合成法对温度有什么要求？

4. 查查文献及视频，如何在铜网上通过 CVD 制备石墨烯？得到的产品耐不耐酸？原因是什么？

5. 纳米材料有哪些用处？

6. 有哪些方法可以制备石墨烯？哪些方法可以制备纳米 SiO_2、纳米 $CaCO_3$？

7. 如何制备核壳结构、空心结构微球？画出示意图。

8. 自上而下、自下而上的制备方法有什么区别？有哪些方法可以归类到它们？

9. 对石墨烯的研究越来越多，请查阅文献，谈谈石墨烯都用来做什么，当前取得了什么成果，未来有什么发展趋势。

第4章

常用无机纳米材料

图 4-1 列举了从 2010 年到 2019 年发布的纳米 SiO_2、黏土、CNT、石墨烯的论文数量，可以看出，黏土的论文数一直比较稳定，略微上升，最终稳定在 12000 篇左右。SiO_2 的论文数一直高于黏土的论文数，但也是略微上升，维持在 20000 篇左右。这两种比较稳定是因为它们的纳米复合材料开发较早，研究较为全面，所以论文数量越来越稳定。SiO_2 因常被用来做核壳材料，用途较黏土更为广泛，文献数量也相对黏土多一些。CNT、石墨烯上升比较快，石墨烯作为后起之秀，最初论文很少，2010 年只有 4187 篇，到 2019 年迅速上升到 40547 篇。

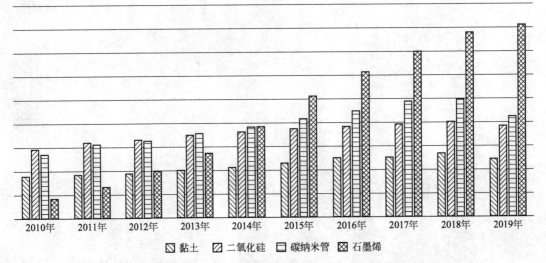

图 4-1　从 Web of Science 中查询到的 4 种纳米材料在 2010～2019 年的 SCI 论文数

根据全球纳米复合材料市场分析，含有黏土的聚合物纳米复合材料仍然是最主要的产品，2014 年占全球市场总量的 50% 以上。CNT 预计将有显著的增长，到 2022 年，平均年增长率将超过 19%，在美国市场收入超过 4 亿美元[179]。

图 4-2 显示了纳米碳家族的组成及发展历程，随着越来越多新颖的性能被发现，尤其是石墨烯偏转 1.1°实现了超导性能[10,11]，更多的研究将会被带动。2004 年著名的单层碳片层分离的报道，宣告了石墨烯时代的到来和二维材料的兴起。在不长的时间里，石墨烯的独一无二的机械和电子特性被无数的实验证实，就像安德烈·盖姆和克斯特亚·诺沃塞洛夫（2010 年诺贝尔物理学奖获得者）所说的，石墨烯成了材料科学和凝聚态物理地平线上的一颗新星[180]。

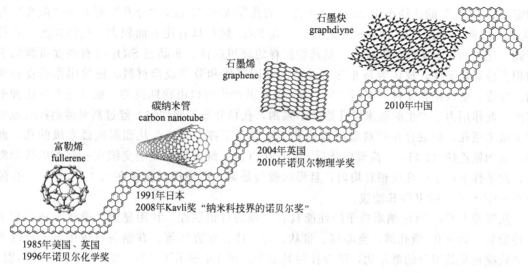

图 4-2　纳米碳材料的组成及发展历程

4.1　纳米 SiO_2

SiO_2 以硅酸聚合物的形式存在，具有相互连接的硅氧四面体，具有多种性质，如易于合成、表面可修饰、化学惰性、优异的光学力学性能、生物相容性、无毒性，在催化剂载体、聚合物复合材料、电子封装材料、光纤、喷墨印刷纸等领域得到了广泛的应用。在生物医学研究中，特别是在靶向药物的给药方面有着广泛的应用，尤其是介孔纳米粒子。天然的 SiO_2 和合成的 SiO_2 分别以石英、方石英及三闪石的晶态和非晶态形式存在，这两种形式有相同的分子式，但它们的结构是不同的。这些陶瓷材料具有新的性能，如耐磨、光学超透性过滤、发光和生物相容性。研究表明，晶态 SiO_2 暴露在职业工人中会导致硅肺（一种纤维性肺病），这种接触会引起其它肺部疾病，例如肺癌、肺气肿和肺结核。相比于晶态 SiO_2，无定形 SiO_2 被认为是生物安全的材料，用于食品和医药工业，没有任何明显的健康问题。它们具有低折射率、优异的热稳定性和机械稳定性。然而，最近的研究表明，非晶态 Si 纳米颗粒具有与晶态粒子相似的潜在毒性。在体外和体内研究中，除结晶度外，SiO_2 的理化性质也会产生不同的毒性效应[181]。SiO_2 纳米粒子表面含有较多羟基，分为邻羟基、连生羟基和孤立的羟基，如图4-3所示。SiO_2 表面的羟基使 SiO_2 具有亲水性。相邻羟基之间氢键的形成，导致聚集体的产生，干扰了 SiO_2 在聚合物基体中的分散，这是这些纳米粒子的缺点之一。

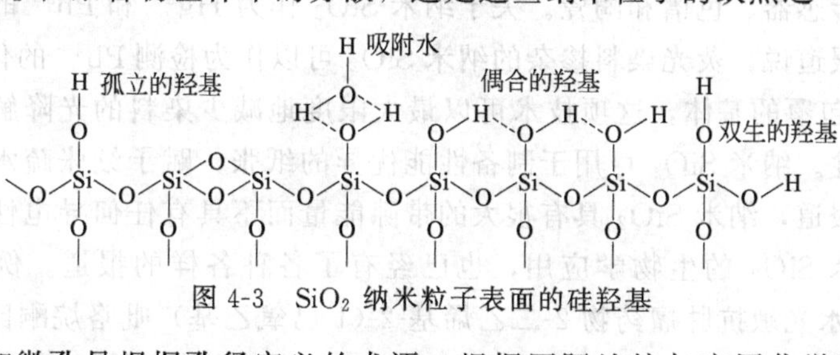

图 4-3　SiO_2 纳米粒子表面的硅羟基

大孔、介孔和微孔是根据孔径定义的术语。根据国际纯粹与应用化学联合会（IUPAC）

的定义，"微孔"的孔径小于 2nm，"大孔"的孔径大于 50nm，"介孔"则介于"微孔"与"大孔"之间，即孔径在 2~50nm 之间。介孔 SiO_2 颗粒具有比表面积大、孔体积大、孔径可调、化学和热稳定性好等特点，是药物控释的理想选择。非晶态 SiO_2 具有高度可调的生物相容性和稳定性，被认为是非常有希望的基因载体和分子成像材料，还被用作膳食补充剂、导管、植入物和牙科填充剂[181]。微米级孔的产生可以由物理拉伸，如设备双向拉伸来实现，此作用力下产生的微米级孔形状不规则，孔径分布不够均匀。经过高温溶剂挥发也可产生微米级孔，如混合在原料里的煤油分子在高温下挥发干净，从而形成微米级的孔。此外，聚四氟乙烯（PTFE）高温熟化后，会产生纤维，纤维错综复杂交织在一起形成微米级孔，此条件下产生的孔径相对均匀，且形状较为规则，最终得到孔径在 $0.2~0.5\mu m$、孔隙率在 80%~97% 的 PTFE 滤膜。

从形貌上看，SiO_2 纳米粒子的性能具有很强的可识别性。利用显微成像技术观察到了各种形貌，如介孔/微孔球、空心球、带状、管、棒、立方体等。在制备过程中，通过改变有机软模板及其组分的摩尔比，可以控制其形貌。图 4-4 显示了 SiO_2 纳米粒子的一些形貌。

图 4-4　SiO_2 空心球的 SEM（a）和 TEM 图像（b）；SiO_2 纳米带的 SEM（c）和 TEM 图像（d）；
SiO_2 纳米管的 SEM（e）和 TEM 图像（f）[182]

纳米 SiO_2 具有较高的比表面积和增强的表面反应活性，因此广泛应用于不同的领域，如催化剂、化学传感器、色谱和陶瓷。关于纳米 SiO_2 作为 Hg^{2+} 和 Pb^{2+} 的化学传感器的报道有很多。还有报道说，荧光染料掺杂的纳米 SiO_2 可以作为检测 Pb^{2+} 的化学传感器。纳米 SiO_2 可用作染料包覆的基体，这项技术可以最大限度地减少染料的光降解，并提高其在体内和体外的稳定性。纳米 SiO_2 可用于制备性能优异的纸张，赋予纸张疏水性，这对印刷是有益的。还有人报道，纳米 SiO_2 具有很大的带隙能量而不具有任何导电性，因而可以作为绝缘体。关于纳米 SiO_2 的生物学应用，也已经有了各种各样的报道。例如，嵌入在纳米 SiO_2 基质中的疏水光敏抗肿瘤药物 2-二乙烯基-2-(1-己氧乙基) 吡咯烷酮比游离形式具有更高的杀灭癌细胞的效果，这是因为在 SiO_2 的存在下，荧光性质更强。在医学成像领域，可用 SiO$_2$ 纳米粒子作为载体包覆造影剂。由于它们的无毒性，它们在生物系统中有着不同的应用。例如，纳米 SiO$_2$ 可用作阿司匹林片的稳定剂。研究表明，纳米 SiO$_2$ 最佳负载量为 3％时，阿司匹林的稳定性为 120 天。然而，色散状态对其稳定性的影响还没有得到研究。纳米 SiO$_2$ 吸附银、锌等不同类型的离子后，会转变为抗菌材料。在其商业应用中有化妆品和牙科填充物，其中 SiO$_2$ 在其制造中作为填料成分。这些纳米 SiO$_2$ 是建筑部分的替代材料，给水泥提供更多的强度和耐久性。这些纳米材料为聚合物贡献了非凡的特性，使其具有广阔的应用前景。例如，它们被用来提供高刚性，提高纳米材料填充聚合物的屈服强度和断裂伸长率[182]。

4.2　纳米 CaCO$_3$

CaCO$_3$ 是一种非常重要的材料，无论是在基础研究领域还是在工业领域都是如此。它已被用作油漆、颜料、涂料、纸张和塑料的填充材料，可以塑造成复杂而美丽的形状，如骨头、牙齿和贝壳。CaCO$_3$ 主要以方解石、球墨石、文石和无定形碳酸钙四种晶型存在，其中方解石热力学最稳定。无定形相不稳定，寿命相对较短，是其它多晶生长的晶种。方解石、球墨石和文石具有典型的菱形、球状和棒状的形貌[183]。图 4-5 显示了 CaCO$_3$ 的典型形貌。

(a) 菱形方解石　　　(b) 球状球墨石　　　(c) 棒状文石　　　(d) 无定形碳酸钙种子

图 4-5　CaCO$_3$ 的典型形貌[184]

CaCO$_3$ 的可用性、对人体的相容性和无毒性使人们对这种材料进行了无数的研究，也报道了不同大小的、不同晶型的 CaCO$_3$，有多种形状如球状、金字塔状、立方状、多层结构、花生状及不规则的形状等，如图 4-6 所示。有两种主要的合成方法：仿生法和 CO$_2$ 鼓泡法。前者通过模拟生物的生理参数以自然的方式合成各种形状和大小的 CaCO$_3$。而后者则是目前工业合成 CaCO$_3$ 的主要方法，如 3.1.7 节所讲。以这种方式合成的 CaCO$_3$ 粒子具有各种有益的性质，因此与其目前作为填料材料的用途相比，还可以有许多其它用途，例如催化、药物运载工具、其它功能材料的模板和生物传感器。这些特点使其在生物医学、环境和工业领域很受欢迎。

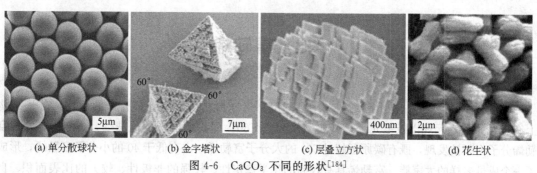

(a) 单分散球状　　　(b) 金字塔状　　　(c) 层叠立方状　　　(d) 花生状

图 4-6　CaCO$_3$ 不同的形状[184]

此外，纳米 $CaCO_3$ 由于具有离子键和能与水分子作用的氢键，因此亲水性好。无机矿物涂层受自然界生物矿化过程和矿物内在亲水性的启发，是一种在不牺牲其它功能性质的情况下向支撑层传递亲水性的替代方法。通过某些有机离子与无机离子的相互作用，形成稳定的有机-无机杂化结构。将纳米 $CaCO_3$ 混入聚砜基质中，用盐酸溶解，增加了支撑层的孔隙率。制备的渗透膜孔隙率越高，结构参数越小，内浓度极化越低，越有利于提高透水性，降低传质阻力。由于纳米 $CaCO_3$ 涂层本身的亲水性，连续均匀地涂覆纳米 $CaCO_3$，聚醚砜支撑层的亲水性显著提高，膜的结构参数降低到与纤维素基膜相似的水平，而机械强度保持不变[185]。

纳米 $CaCO_3$ 还可以用磷酸湿法生产过程中产生的一种富钙废弃物——磷石膏来制备。它由近 90% 的 $CaSO_4 \cdot 2H_2O$ 和 8% 以上的 SiO_2 组成，含有少量的其它杂质，如 P_2O_5、氟化物和游离酸。浙江大学申请的一项美国专利就利用了磷石膏通过一步工艺，在连续 CO_2 注入下，通过水相反应与氨水反应制备纳米 $CaCO_3$[186]。主要原因为 $CaSO_4$ 微溶于水，而 $CaCO_3$ 极难溶于水，溶解度为 0.00015mol/L，其方程式如下：

$$CaSO_4 \cdot 2H_2O + 2NH_4OH + CO_2 \longrightarrow CaCO_3 + (NH_4)_2SO_4 + 3H_2O$$

★【例 4-1】 利用磷石膏等废弃物生产纳米 $CaCO_3$[187]。

合成示意图及机理如图 4-7 所示，它主要涉及以下过程：①CO_2 从气相扩散到水相并生成碳酸氢根；②氨水电离；③碳酸氢根与氢氧根反应生成碳酸根；④磷石膏中 $CaSO_4$ 的溶解；⑤碳酸根与 SO_4^{2-} 的快速反应及 $CaCO_3$ 的结晶。在这些子过程中，由成核和随后的晶体生长组成的 $CaCO_3$ 结晶是最关键的一步，它直接决定最终产物的晶粒尺寸、分布和产率，而最终产物的大小、分布和产率受温度、过饱和度和反应时间的影响。在反应温度控制在 30~40℃、CO_2 流量约为 138~251mL/min 的条件下，制备了平均粒径为 86~104nm 的纳米 $CaCO_3$。反应时间短，磷石膏中的可溶性杂质少，有利于制备纳米 $CaCO_3$。

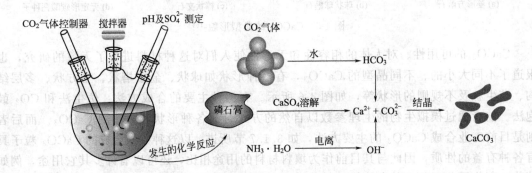

图 4-7　由磷石膏合成 $CaCO_3$ 的实验装置及反应机理[187]

4.3　富勒烯

富勒烯（fullerene）是由碳组成的中空球形、椭球形、柱形或管状分子的总称，分子结构上有五元环、六元环以及七元环，其典型代表是 C_{60}，即我们俗知的足球烯。近年来，众多富勒烯分子不断被发现，既有碳原子超过 500 的大分子富勒烯，也有低于 40 的小分子富勒烯，形成了一个成员多样的大家族。富勒烯具有较高的化学稳定性、较强的非极性、较大的比表面积、良好的导电性和独特的球形三维结构，使其有望用于药物传递的纳米颗粒及光催化剂等领域。

　　富勒烯的发现是一个曲折且偶然的过程。1970 年，日本科学家大泽映二在与儿子踢足球时受到启发，首先在论文中提出了 C60 分子的设想。但遗憾的是，由于文字障碍，他的两篇用日文发表的文章并没有引起人们的普遍重视，而大泽映二本人也没有继续对这种分子进行研究。1983 年，美国天体物理学家唐纳德·哈夫曼和德国物理学家沃尔夫冈·克拉奇默合作，在对不同形式的碳烟进行光谱分析时发现了 C60 和 C70 的特征峰，但他们却没有意识到这两种物质的存在。1984 年，罗尔芬等为了解释星际尘埃的组成，在实验中再次发现了 C60 和 C70 的线索，由于对实验结果缺乏理论分析和创新意识，他们也与富勒烯家族的发现失之交臂。同年，美国化学家斯莫利发明了一台用于半导体和金属原子簇研究的仪器。长期从事星际尘埃研究的英国物理学家哈里·克鲁托经克尔介绍，参观了斯莫利的实验室并受到启发，建议使用这台新仪器研究富碳星际尘埃。研究过程中，C60 和 C70 的特征峰再次出现并终于引起了研究者的关注。

　　C60 和 C70 是由固定碳原子数构成的尺寸有限的分子，与金刚石和石墨具有的三维巨型分子结构完全不同，弄清这种新的稳定碳结构，在当时是一个巨大的挑战。经过反复思考，克鲁托等从美国著名建筑师富勒设计的加拿大蒙特利尔万国博览会美国馆中获得了灵感，如图 4-8 所示后者是一个球形多面体结构的大型建筑物。

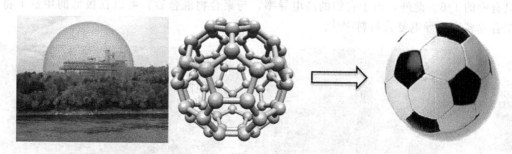

图 4-8　加拿大蒙特利尔万国博览会美国馆和富勒烯与足球

　　克鲁托与克尔、斯莫利一起，很快用硬纸板拼出了 C60 立体模型。它是由 60 个顶角、12 个五边形和 20 个六边形组成的中空 32 面体，与现代足球的拼皮花样非常相似。于是克鲁托等将 C60 称为"足球烯"，俗称"巴基球"。又由于 C60 分子的稳定性正好可用富勒发明的短程线圆顶结构加以解释，故又命名为"富勒烯"。富勒烯的发现，宣告了除金刚石和石墨以外，第三种碳的同素异形体的存在，震撼了整个科学界，克鲁托、克尔与斯莫利三人也因此获得了 1996 年度诺贝尔化学奖。

　　后来的研究表明，富勒烯其实是一个大家族，它是完全由碳组成的中空的球形、椭球形、柱形或管状分子的总称。这个家族的成员不仅包括单层、多层结构富勒烯，还包括 CNT 以及各种球形和管状的变异与嵌套等，如图 4-9 所示。

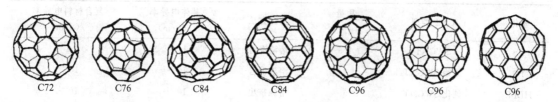

图 4-9　富勒烯家族

4.4 碳纳米管

CNT 质量轻，力学性能优良，弹性模量高，为普通钢材的 3~5 倍，接近金刚石，因此可以作为结构复合材料的增强剂，还可以作为功能增强剂填充到聚合物中；CNT 的化学性能稳定，可以用于分散和稳定纳米级的金属小颗粒，还可以作为催化剂载体，其独特的管腔结构是择形催化的好场所。此外，一直以来，在微电子领域，CNT 都被认为是最有可能取代硅的材料之一，这源于它有很多优于硅的天然属性。比如电子可以比硅晶体管更轻松地移动，更快速地实现数据传输；具备很好的强度和柔性，可以用来制造柔性显示器和电子设备，经得起拉伸和弯曲等特性。

CNT 可分为两大类：SWCNT 和 MWCNT，如图 4-10 所示。SWCNT 是由一片石墨烯无缝滚动而成的，直径约为 1~2nm，长度可达厘米级。MWCNT 由一组同心圆柱体组成，间距为 0.35nm，类似于石墨中的基面分离，直径为 2~100nm，长度可达数十微米。CNT 具有极高的杨氏模量，约为 1TPa，与金刚石的 1.2TPa 相当，强度是钢的 10~100 倍，密度只有钢的 1/6。此外，由于它们的高电导率，与聚合物混合后，可以在极低的用量下将绝缘聚合物转变为导电复合材料[188]。

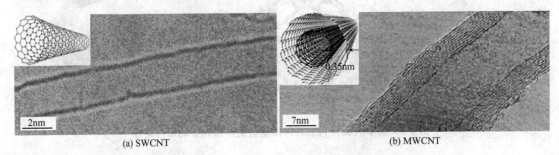

(a) SWCNT　　　　　　　　　　　　　　　　　(b) MWCNT

图 4-10　SWCNT 和 MWCNT 的 TEM 图和示意图[188]

CNT 的市场规模在 2017 年超过 20 亿美元，到 2024 年预计年增长率超过 22%，与聚合物混合形成复合材料是其最常见的应用，2017 年约占 CNT 应用的 60%。近年来，CNT/聚合物纳米复合材料在传感器中的应用越来越广泛，CNT/环氧树脂纳米复合材料在汽车、航空航天、燃料电池、涡轮叶片、电磁干扰屏蔽元件和吸波材料等领域有着重要的应用。由于其极高的导电性，CNT 的加入有望带动新型导电聚合物的发展，从而促进 CNT 在聚合物纳米复合材料中的应用[179]。表 4-1 列举了聚合物加入 CNT 后电导率的改变。

表 4-1　聚合物加入 CNT 后电导率的改变[189]

基体	CNT 类型	用量 /%	加工方法	基体电导率 /(S/m)	复合材料电导率 /(S/m)
PS	SWCNT	1.5	溶液混合	10^{-10}	1
PS	原始 SWCNT	2	溶液混合	10^{-17}	10^{-1}
HDPE	纯化 SWCNT	5	熔融挤出	10^{-11}	10^{-1}
PP	纯化 SWCNT	5	熔融挤出	10^{-7}	0.5

基体	CNT 类型	用量/%	加工方法	基体电导率/(S/m)	复合材料电导率/(S/m)
PMMA	MWCNT	0.4	溶液混合	10^{-7}	3×10^3
PMMA	MWCNT	2	静电纺丝	10^{-12}	5.3×10^{-2}
PC	MWCNT	5	熔融混合	10^{-14}	1
PC	MWCNT	15	熔融混合	2×10^{-13}	10^3
PI	纯化 SWCNT	5	原位聚合	6.3×10^{-15}	10^{-3}
环氧树脂	MWCNT	0.18	溶液混合	4×10^{-9}	4×10^{-1}
环氧树脂	有序 MWCNT	2	剪切混合	10^{-9}	2

CNT 可以通过超声或机械搅拌在大多数溶剂中分散，除机械方法外，常用的化学方法有表面功能化和表面活性剂稳定化等，强酸处理使 CNT 表面功能化，使 CNT 侧壁产生缺陷，但对其结构和电性能造成潜在的损害。表面活性剂的稳定化保持了 CNT 的原始状态，但却在一定程度上降低了 CNT 的综合性能。无论是化学改性还是物理改性，通常都是为了提高 CNT 与聚合物的表面亲和力，来实现高分子纳米复合材料性能的提升[190]。一维结构的碳纳米管具有低密度、高长径比和优异的力学性能，使其作为高分子纳米复合材料的增强相具有特殊的吸引力，诸多文献对增强后的性能进行了研究，表 4-2 列举了加入 CNT 后高分子纳米复合材料性能的变化。

表 4-2　聚合物加入 CNT 后高分子纳米复合材料性能的改变[189]

基体	CNT 类型	用量/%	加工方法	拉伸强度的提高/%	杨氏模量的提高/%
PS	纯化 MWCNT	5	溶液浇铸	50	120
HDPE	PEG/SiO$_2$ 改性 MWCNT	1	熔融挤出	20	50
PP	原始 SWCNT	1	溶液纺丝	150	200
PP	原始 MWCNT	1	熔融纺丝	400	270
PVA	纯化 MWCNT	1	热浇铸	330	270
PAN	原始 MWCNT	5	溶液湿法纺丝	75	40
SBR	原始 MWCNT	10	溶液混合	400	500
尼龙 6	纯化 MWCNT	1	熔融混合	120	110
尼龙 6	原始 MWCNT	1	熔融挤出	164	220
聚氨酯	NH$_2$ 改性 MWCNT	4	溶液混合	270	70
聚氨酯	硅氧烷改性 MWCNT	0.5	溶液混合	60	260
PET	氨改性 MWCNT	0.5	原位缩聚	250	100

CNT 是目前已知强度最高的材料之一，然而当组装成纤维时，它们的强度会受到缺陷、杂质、随机取向和不连续长度的影响。由清华大学魏飞、张如范和李喜德教授课题组制作的长度为厘米、大量平行排列、无缺陷结构、均匀的、超长无缺陷 CNT 束（CNTB），计算的拉伸强度为 80GPa，工程拉伸强度达到 43GPa，远远高于如图 4-11 所示的其它纤维的拉伸强度[191]。

使用化学气相渗透法使 SiC 沉积在 CNT 之上，得到了以 SiC 为基体、CNT 为增强相的

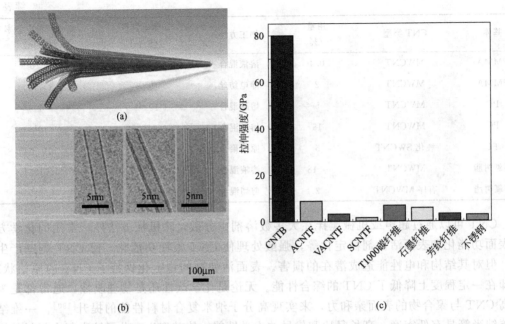

图 4-11 超长 CNT 管束的示意图（a），水平排列超长 CNT 阵列的扫描电镜图像（b）

以及超长 CNT 管束与其它材料拉伸强度对比图（c）[191]

[（b）中插入的小图：具有单壁、双壁和三壁的超长 CNT 的高分辨率透射电镜图像]

纳米复合材料，如图 3-4 所示。CNT 的加入使 CNT/SiC 纳米纤维的弹性模量达到 $(198.5 \pm 36.4)GPa$，断裂强度达到 $(4.6 \pm 0.5)GPa$，比单独 SiC 的 150GPa、3.74GPa 高很多。此外，复合纳米纤维的直径对力学性能有反作用，结果表明随着 CNT/SiC 纳米纤维直径从 100nm 增加到 400nm，弹性模量从 $(198.5 \pm 36.4)GPa$ 下降到 $(127.1 \pm 35.4)GPa$，断裂强度从 $(4.6 \pm 0.5)GPa$ 下降到 $(3.8 \pm 0.6)GPa$[110]。

CNT 的主要合成方法及产率有[141]以下几种。

① 激光烧蚀法：用强激光脉冲喷射石墨形成纳米管，在不同的条件下继续进行，直到获得所需量的 SWCNT，产率为 70%。此方法可以控制好直径，缺陷少，反应产物纯净，但工艺昂贵，功耗高。

② 电弧放电法：将两根石墨棒连接到电源上，隔开几毫米，然后通电 100A，碳蒸发并形成热等离子体，产率为 30%～90%。此方法是一种简单的合成 SWCNT 和 MWCNT 的方法；结构缺陷较少，价格较低，可露天合成，体积小，形状随机。

③ 等离子体焰炬：二茂铁、乙烯和氩的气体组合，通过等离子体在大气压下雾化形成火焰，在火焰形成的烟雾中就含有 SWCNT，产率为 30%～90%。该工艺是连续的，成本效益高，与石墨气化相比，能耗也低了 10 倍。

④ 热化学汽化技术：基材放置在 600℃ 的烘箱中，然后缓慢地添加含碳气体（如甲烷）。当这种气体分解时，它形成碳原子，碳原子以纳米管的形式重新组装，产率为 20%～100%。此方法是最简单的放大方法，也可以合成一定长度的 CNT。过程简单，直径可控，产物多为 MWCNT，但常伴有缺陷。

⑤ 等离子体增强化学气相沉积（PECVD）：与普通的 CVD 相比，等离子体处理会导致解离形成高能电子，从而使基片温度比普通 CVD 工艺大幅度降低，其产率可达 95%～100%。此方法是最新的 CNT 合成技术，在发射器和平板显示器领域非常有用，是一种控

制垂直定向 CNT 的方法。还可以采用不同的方法合成 CNT，如电感耦合、微波和辉光放电等方式的 PECVD。

⑥ 凝聚相合成：对浸泡在 600℃ LiCl 中处于惰性气氛中的石墨通电，就会得到各种碳材料的混合物，其中 CNT 的产率为 20%～30%。降 LiCl 外，KCl、NaCl 和 LiBr 等多种盐也被安全地用作合成 CNT 的电解质。

⑦ 碳氢化合物催化裂解法：纳米催化剂胶体溶液被碳源气体带入 CVD 室，金属有机化合物受热升华，从而形成催化剂纳米粒子，然后被热腐蚀，碳源气体溶解扩散进入催化剂表面，成长为 CNT，产率为 95% 左右。此方法常用于大规模 CNT 的合成。此外，有序排列的 CNT 束可在一步内合成，不需要任何预加工，成本低。

4.5　石墨烯及氧化石墨烯

我国石墨烯产业联盟发布的标准《含有石墨烯材料的产品命名指南》中对石墨烯（graphene）的定义为：每一个碳原子以 sp^2 杂化与三个相邻原子键合形成的蜂窝状结构的碳原子单层。显然只有单层才能称为石墨烯，2～10 层后称为石墨烯材料，即由不超过 10 层的石墨烯单独或紧密堆垛构成的二维材料及其改性产物。当超过 10 层后，就称之为石墨了。国际标准组织 ISO 也划分了相关标准[192]，①石墨烯，单层碳原子；②双层石墨烯，两层堆垛的石墨烯；③少量层数石墨烯，由 3～10 层石墨烯堆垛而成；④石墨烯片层，厚度在 1～3nm 间，横向尺寸从 100nm～100μm。根据诸多文献总结，石墨烯分为单层石墨烯、双层石墨烯、三层石墨烯和少层石墨烯。单层石墨烯具有高的迁移率和光学透明性，以及灵活性、坚固性和环境稳定性。这些有趣的特性也扩展到多层石墨烯上。双层石墨烯是一种可调谐带隙的半导体，三层石墨烯具有独特的电子结构，可近似看作由单层石墨烯和双层石墨烯组成。不超过 10 层的石墨烯都显示出独特的能带结构。因此，无论是否有贝纳尔叠加，人们都对石墨烯的物理性能及其在器件方面的应用越来越感兴趣。例如，石墨烯的吸光率仅为 2.3%，透光率达 97%，超过了氧化铟的透射率（约为 90%）。这些层可以像石墨那样堆叠，也可以有任何方向，这就产生了大量的电子特性，例如，即使在石墨烯中也会出现狄拉克光谱[193]。

石墨具有晶体层状结构，被认为是通过石墨烯层层堆叠组装的 π-π 堆积实体，层间距为 0.34nm，如图 3-11 所示。它是石墨插层化合物（又称膨胀石墨）、石墨纳米片、石墨烯、石墨烯片、GO 和 rGO 的母体材料。rGO 定义为氧含量被降低后的 GO[194]。石墨层间的范德华力与 $1/r^6$ 成正比，其中 r 是分子间的距离，因此通过增加石墨层间距离可以使作用力最小化，这是石墨分层制备单个石墨烯单层的理论背景[190]。

石墨烯的命名来自英文的 graphite（石墨）+-ene（烯类），最初来源也很简单，就是用胶带从石墨上剥离下来的。石墨烯就是单层的石墨片，其六元环中 C—C 键长为 0.142nm，仅有一个原子层厚度，碳原子的范德华半径为 0.17nm，碳原子厚度即直径则为 0.34nm，与石墨层间距相当。石墨经过处理变成 GO 后，层间距根据含水的不同可扩大到 0.65～0.75nm，层与层之间的范德华作用力得到减弱，最终可以剥离出厚度约为 0.78nm 的单层 GO[195]。石墨烯是 CNT、富勒烯的基本构件，它是一层 sp^2 杂化键合碳原子，是最薄、最强、最硬的材料，同时也是热和电的优良导体。这种 2D 材料比其它同质化合物——1D 纳米管和 0D 富勒烯更有前途，当下被誉为"新材料之王"。

与石墨（$10m^2/g$）或 CNT（$100\sim1000m^2/g$）相比，石墨烯的比表面积（$2630m^2/g$）更大，还具有优异的物理和化学性质，包括 $2.5\times10^5\,cm^2/(V\cdot s)$ 的良好的室温载流子迁移率、$3000W/(m\cdot K)$ 的很高的热导率、97.7%的高透光率和优异的本征力学性能（杨氏模量为 1TPa，强度为 130GPa），可使其成为未来炙手可热的纳米化产物（包括一维石墨烯纤维、二维石墨烯膜和三维石墨烯单体）[64,196]。这可能就是它作为一种新型的聚合物复合材料填料被广泛研究的原因。表 4-3 列举了石墨烯、CNT、纳米尺寸钢及聚合物的性能。

表 4-3　石墨烯、CNT、纳米尺寸钢及聚合物的性能[197]

材料	拉伸强度	室温热导率/(W/m·K)	电导率/(S/m)
石墨烯	(130 ± 10)GPa	$4.84\times10^3\sim5.30\times10^3$	7200
CNT	$60\sim150$GPa	3500	$3000\sim4000$
纳米尺寸钢	1769MPa	$5\sim6$	1.35×10^6
高密度聚乙烯	$18\sim20$MPa	$0.46\sim0.52$	绝缘
天然橡胶	$20\sim30$MPa	$0.13\sim0.142$	绝缘
Kevlar 纤维	3620MPa	0.04	绝缘

作为一种较新的材料，石墨烯基材料，即石墨烯、GO 和 rGO，虽然市场收入低于 CNT，但预计到 2022 年将达到近 7500 万美元的收入和 500 吨以上[179]的销量。中国或印度等新兴经济体预计在未来 5 年内将推动其研发增长，并有望在电子和航空航天等多个行业得到应用。从 2010 年至 2019 年年底，关于石墨烯的 SCI 论文共收录 224445 篇，其论文收录量如图 4-12 所示。由此看来，石墨烯无愧为当下研究热度最高的碳纳米材料。

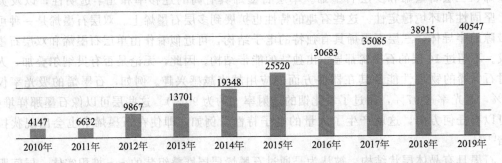

图 4-12　以 Graphene 为关键词检索 Web of Science 得到的石墨烯 SCI 论文收录量

石墨烯是所有其它维度碳材料的基本构成元素（图 4-13），它可以被包裹成 0D 富勒烯、卷成 1D 纳米管或堆叠成 3D 石墨[198]。

石墨烯片可通过化学气相沉积、微机械剥落和外延生长制得。这些方法虽然能产生高质量的无缺陷石墨烯，但在成本和收率方面都对聚合物复合材料的发展不利。可伸缩、低成本的石墨烯生产是合成凝胶复合材料的关键。因此，各种化学衍生石墨烯片都是通过溶液处理开发出来的。GO 是聚合物复合材料研究的热点之一。GO 可由 Brodie 法、Staudenmaier 法或 Hummers 法制备[199,200]。这些方法包括对石墨进行氧化处理，制得 C∶O 比约为 2∶1 的 GO。GO 除了位于边缘的羰基和羧基外，主要以环氧基和羟基为主。这些极性官能团改变了石墨氧化物片间的范德华力的相互作用，使它们具有亲水性和电负性；这些基团在中性或碱性溶液中使石墨烯片水化和剥落[196]。因此，GO 很容易在水中形成稳定的胶体分散体。

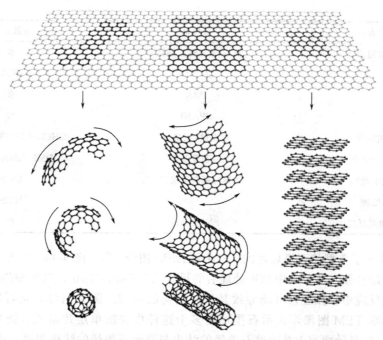

图 4-13　石墨烯构成 0D 富勒烯、卷成 1D 纳米管或堆叠成 3D 石墨的示意图[198]

与 CNT 相似，石墨烯在溶液中的分散性能对应用至关重要。由于其疏水性，未改性石墨烯片在水中的分散通常被认为是无法实现的。因此，使用高分子或表面活性剂稳定剂是制备稳定的石墨烯胶体必不可少的条件。石墨烯也可以通过化学方法容易地分散在水中。应该指出的是，碳纳米材料在溶剂中的均匀分散并不能保证在所得到的聚合物复合材料中具有类似的分散状态。通过各种共价和非共价相互作用，石墨烯可以实现功能化，与有机材料更加兼容[201]。

对 GO 进行功能化改性的方法有以下两种。

① 大分子/小芳烃分子通过堆积的非共价附着。

② 有机分子与 GO 官能团之间的化学反应。

虽然第一种方法具有较高的结构完整性，但物理相互作用的力量可能是微弱的，微弱的作用力也对应于复合荷载传递的低效率。由于成本效益，第二种方法更常用，但是它可能会降低 GO 的结构完整性。表 4-4 列举了 GO 的一些改性方法。

表 4-4　GO 的改性及所用溶剂[197]

改性方法	改性剂	分散介质
在稳定介质中还原	KOH	水
	十八伯胺	THF/CCl$_4$/1,2-二氯乙烷
	烷基锂	THF
共价键修饰	异氰酸酯	DMF/NMP/DMSO/HMPA
	二异氰酸酯	DMF
	PVA	水/DMSO
	卟啉	DMF
	聚赖氨酸	水

改性方法	改性剂	分散介质
非共价键修饰	聚(4-苯乙烯磺酸钠)	水
	TCNQ	水/DMF/DMSO
	PBA	水
	SPANI	水
亲核取代	烷基胺/氨基酸	$CHCl_3$/THF/甲苯/DCM
重氮盐偶合	芳基重氮盐	DMF/DMAc/NMP
电化学改性	咪唑基离子液体	DMF
热处理	—	NMP
π-π 相互反应	PNIPAAm	水

图 4-14 显示了典型的石墨烯片的 TEM 和 AFM 图像[202]。图 4-14(a) 显示的是相对较小的原始石墨烯片簇，其在水中超声处理后的尺寸约为 $5\mu m \times 7\mu m$，呈现凹凸纹理。石墨烯厚度极小，氧反应中心孤立，可能导致其拓扑结构的褶皱。图 4-14(b) 是石墨烯片的边缘部分的高分辨率 TEM 图像，表示石墨烯由多个这样堆叠的单层片组成（图中黑色箭头所示）。图 4-14(c) 显示曲通 100 改性石墨烯的结构与原始石墨烯的结构相似，然而图 4-14(d) 的高分辨率的 TEM 图像表明，大多数曲通 100 改性石墨烯片的边缘呈现单层结构。AFM 图像测量了热还原石墨烯和曲通 100 改性石墨烯的平均厚度，如图 4-14(e) 所示，原始石墨烯的平均厚度为 (1.21 ± 0.32)nm，该结果与其它文献报道一致。相比之下，图 4-14(f) 显示，获得了平均厚度为 (2.36 ± 0.45)nm 的曲通 100 改性石墨烯片，由于片材表面吸附了非共价官能化的聚乙二醇链，因此曲通 100 改性石墨烯片有望变得更厚。通过对剥离良好的功能化石墨烯薄膜的厚度的 AFM 的测量，也得到了类似的结果。

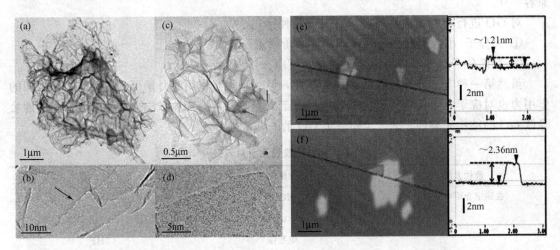

图 4-14　原始石墨烯的 TEM 图像 (a) 和 (b)，曲通 100 改性石墨烯的 TEM 图像 (c) 和 (d)，原始石墨烯 (e) 和曲通 100 改性石墨烯从水分散体沉积到云母衬底上的 AFM 图像 (f)[202]

理想的单层石墨烯具有超大的比表面积，是目前世界上最薄但也最坚韧的纳米导电材料，其每个碳原子均为 sp^2 杂化，并贡献剩余一个 p 轨道上的电子形成大 π 键，π 电子可以自由移动，这赋予石墨烯良好的导电性。在室温下石墨烯传递电子的速率比普通的导电材料快得多，这为其在储能领域的应用奠定了基础。近年来人们对它在多个化学储能领域中的应用进行了研究，如储氢、超级电容器、锂离子电池、锂硫电池和锂-空气电池等[64]。

石墨烯的出现，引发了其与 CNT 前景及未来的争论。不过，以碳纳米管为代表的一维材料在同二维材料的较量中往往处于劣势。以 CNT 为例，单根 CNT 可被视作一根具有高长径比的单晶，但通过目前的合成和组装技术还无法获得具有宏观尺寸的 CNT 晶体，从而限制了 CNT 的应用。石墨烯的优势在于本身即为二维晶体结构，具有优异性能（强度、导电性、导热性），可实现大面积连续生长。因此，石墨烯在构建器件时不必经历复杂的分离过程，比 CNT 的实用性更强。

虽然石墨烯的学术研究蓬勃发展，并且随着大量科学证据的不断积累，其在基础物理方面的重要性毋庸置疑，同时在商业领域也产生了前所未有的高期望，但是不得不承认，要想使这种神奇材料实现它的许多应用，还为时过早[180]。石墨烯材料从实验室规模的实验性制备过渡到了目前多家企业能够每年生产吨级石墨烯材料，有文献列举了石墨烯的进展，如图4-15 所示。

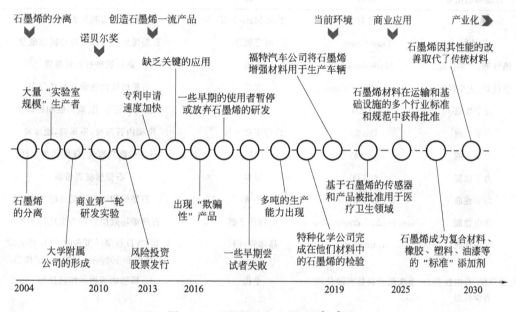

图 4-15　石墨烯的商业化进展[203]

2019 年 3 月，福特汽车公司将石墨烯增强的聚氨酯零件放入其两款销量最高的量产车中，经过三年的研究和测试，其最初的目标是改善发动机舱中的热量，通过添加少量的石墨烯，增强型聚氨酯部件的传热性能提高 30%。出乎意料的是，这种新材料还使其强度提高了 20%，振动和噪音降低了 17%，促使福特考虑在其它地方使用石墨烯增强材料来改善车辆的性能和舒适性[203]。

石墨烯的商业产品主要集中在中国、欧盟和美国，其生产能力如图 4-16 所示。

雅迪于 2019 年 6 月 25 日在其官网上发布了采用了石墨烯超级导电浆料的石墨烯电池，其通过对石墨烯的改性，增强了分散性。该电池可支持 20A 的大电流充放电，最快 1h 可充电 80%，循环寿命 1000 次以上，电池寿命得以延长，并且续航里程也有所增加。市场上的石墨烯产品如表 4-5 所示。

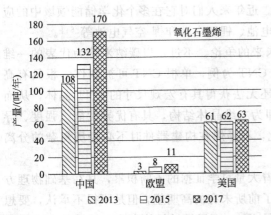
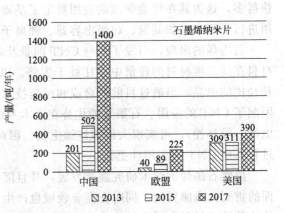

图 4-16　商业化石墨烯的主要国家的产量[204]

表 4-5　市场上的石墨烯产品[205]

石墨烯的用处	公司	产品	特征
热性能	华为	手机 Mate 20X	石墨烯薄膜作为散热片
热性能	TeamGroup	固态硬盘	石墨烯散热片有效冷却固态硬盘
热性能、力学性能	Momodesign	头盔	高效散热石墨烯薄膜
热性能、力学性能	Directa Plus/Colmar	衣服	石墨烯辅助热管理与热分布
力学性能	HEAD	网球拍	石墨烯的轻量化、柔韧性和稳健性
力学性能	Dassi	自行车拦截器	框架内石墨烯,质量轻,刚度高
力学性能	inov-8	鞋	石墨烯提高弹性、强度和耐久性
力学性能	ZOLO	耳机	石墨烯提高音质
力学性能	Richard Mille	手表	石墨烯用于超轻型计时手表
导电性能	Nanomedical diagnostics	生物传感器	石墨烯场效应管作为生化传感器
导电性能	Graphenea	晶体管阵列	具有 CVD 石墨烯覆盖的 SiO_2 场效应晶体管和 $1000cm^2/(V \cdot s)$ 迁移率
光学性能、导电性能、力学性能	重庆墨希科技有限公司	手机	移动电话用柔性触摸屏
光学性能	Emberion	光电探测器	基于石墨烯的宽带光电探测器原型
光学性能、导电性能	Graphene Flagship	通信链路(调制器和检测器)	25Gb/s 的全石墨烯光通信链路
光学性能、导电性能	Galapad	手机	基于石墨烯的触摸屏能够更好地透光
化学性能	Applied Graphene Materials	涂料添加剂	石墨烯用于防腐和阻止水分渗透
化学性能	CalBattery	锂电池电极	硅-石墨烯复合阳极

★【例 4-2】 GO 的合成[199]。

采用改性 Hummer 法对天然石墨粉通过氧化法制备 GO。在室温搅拌下,将 3.0g 石墨加入 70mL 浓硫酸中,再加入 1.5g NaNO₃,将混合物冷却至 0℃,然后缓慢加入 9.0g KMnO₄,将悬浮液温度控制在 20℃以下。反应体系在 35~40℃水浴中反应 0.5h 左右,形成厚浆状。再加入 140mL 水,搅拌 15min。加入 500mL 水,然后缓慢加入 20mL 30% H_2O_2,使溶液的颜色由棕色变为黄色。混合液用 250mL 1:10 HCl 水溶液过滤洗涤,去除金属离子，再用水反复洗涤，离心去除酸。经超声处理 1h，使固体分散在水中，制得质量分数为 0.5% 的水分散体。在此过程中，H_2SO_4、$NaNO_3$、$KMnO_4$ 为强氧化剂。

★【例 4-3】 rGO 的合成[206]。

将 1.6mL 30% 的氨水加入到盛有 100mL 2.0mg/mL GO 的水分散液中，调节溶液的 pH 值到 12 左右。在连续搅拌的条件下，将 2.9g L-赖氨酸（20mmol）和 2.2g 胆酸钠（5.0mmol）加入到溶液中。在 N_2 气氛中，95℃ 下保温 48h。过滤，水洗、干燥合成了 rGO。

也有使用水合肼（6mL），通过使 GO（1g）的水分散液回流来进行化学还原的。在此过程中，GO 的棕色分散液逐渐变为黑色，并产生分离[207]。TEM 显示了 GO 和 rGO 的微观结构特征，GO 经化学还原作用生成 rGO，产生了弹性波纹，结果，rGO 也呈现出许多褶皱和褶皱纹理的飘逸特征 [图 4-17(c)]。

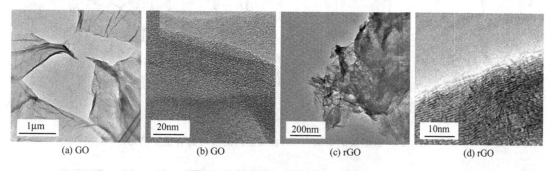

(a) GO   (b) GO   (c) rGO   (d) rGO

图 4-17　低分辨和高分辨 TEM[207]

4.6　石墨炔

石墨炔（graphdiyne）是继富勒烯、CNT、石墨烯之后，一种新的全碳纳米结构材料，它的结构式见图 4-18。它是由 sp 和 sp^2 杂化形成的一种新型碳的同素异形体，是由 1,3-二炔键将苯环共轭连接形成的具有二维平面网络结构的全碳材料，具有丰富的碳化学键、大的共轭体系、宽面间距、优良的化学稳定性，被誉为最稳定的一种人工合成的二炔碳的同素异形体。

1968 年著名理论家 Baughman 通过计算认为石墨炔结构可稳定存在，国际上的著名功能分子和高分子研究组都开始了相关的研究，但是并没有获得成功。直至 2010 年，李玉良课题组在石墨炔的制备方面取得了重要突破，成功地在铜片表面上通过化学方法合成了大面积（$3.61cm^2$）具有二维结构的高分子石墨炔薄膜，并且第一次被李玉良等研究人员用汉语命名为"石墨炔"。

著名杂志《纳米技术》在 2012 年发布年度报告时回顾了发现的几类重要材料，指出石墨炔的发现提升了科学家对碳材料研究的强烈兴趣，并指出欧盟已将石墨炔的研究列入下一个框架计划，美、英等国也将其列入政府计划，并将石墨炔列入未来最具潜力和商业价值的材料。世界两大著名的商业信息公司 Research and Markets 公司和日商环球信息有限公司评述了 2019 年之前全球纳米技术和材料，将石墨炔列入最具潜力的纳米材料之一。该研究成果还被科技部作为 2010 年重大基础研究进展列入 2010 年中国科学技术发展报告中。2015 年被评为中科院发布的"十二五" 25 项重大科技成果之一，跟石墨炔相关的论文也在快速增长中，如图 4-19 所示。

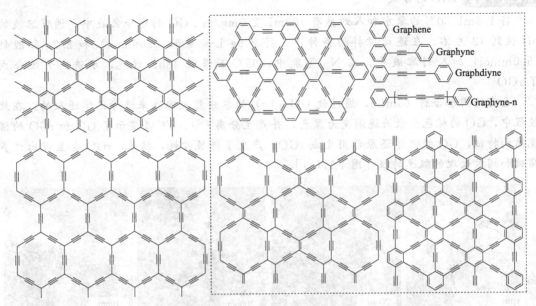

图 4-18 石墨炔的结构[208]（虚线框内的叁键具有重复单元）

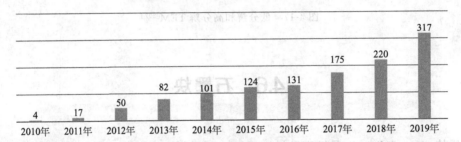

图 4-19 以 Graphyne 和 Graphdiyne 为关键词检索 Web of Science 得到 SCI 论文收录量

石墨炔修饰的 TiO_2 是一种很有前途的光催化剂。光催化降解亚甲基蓝时其降解速率常数是纯 TiO_2 的 1.63 倍，是石墨烯修饰的 TiO_2 的 1.27 倍[209]。由于石墨炔的电荷向 TiO_2 转移，在石墨炔/TiO_2 界面上存在着很强的内建电场，有利于光激电子-空穴对的分离，降低了载流子复合，提高了光催化活性[210]。

金属修饰的石墨炔具有良好的 H_2 存储潜力。经过理论计算，Ca 修饰的石墨炔的最大储氢容量为 9.6%，Ca 与石墨炔有很强的结合作用，结合能大到足以阻止 Ca 的聚集，相当于每个 Ca 能与 6 个 H_2 分子结合[211]。而报道的 Ca 修饰石墨烯的储氢容量为 8.4%[210]，TiO_2 修饰的石墨烯为 7.3%[212]，因此，石墨炔的储氢性能优于石墨烯。据计算用 Li 修饰的石墨炔的最大的储氢容量已经提高到 18.6%[213]。

因此，总体来说，石墨炔既具备类似于石墨烯的单层平面二维材料的特点，同时又具有三维多孔材料的特征。这种刚性平面结构、均匀亚纳米级孔结构等独特性质，使其适用于分子和离子的存储等，有望可以广泛应用于电子、半导体、新能源领域、水中除盐、气体分离等领域[208,210,214]。

思 考 题

1. 富勒烯、碳纳米管、石墨烯、石墨炔，它们之间有何差别与联系？

2. 石墨、石墨烯、氧化石墨烯、还原石墨烯的英文名称、英文简称分别是什么？它们之间有什么联系？

3. 碳纳米管、单壁碳纳米管、多壁碳纳米管的英语名称及英文简称分别是什么？

4. 石墨烯有哪些特点？应用于哪些方面？取得了什么成果？

5. 石墨炔有哪些特点？与石墨烯相比，哪个材料将是未来主导性的材料？

6. 相比于 rGO，GO 为什么更容易分散？

7. 微孔、纳米孔、介孔三者之间有什么联系与区别？

第**5**章

纳米材料的分散

　　纳米材料在聚合物基体中的分散情况是高分子纳米复合材料性能的重要影响因素。在DLVO 理论中，粒子分散的聚集性和稳定性是由粒子之间的引力和排斥力之和决定的。粒子之间的吸引力是由范德华力引起的，粒子周围的静电排斥力是由双电层相互作用产生的。双电层的两个重要性质是 Zeta 电位和双电层厚度。Zeta 电位是指带电粒子的滑移面与相隔一定距离的某点的电位，其绝对值用来评价带电粒子间的静电引力与斥力。两个性质中任何一个的增加都将导致静电排斥作用的增加。表面电荷受表面电离、离子吸附和晶格离子溶解等多种机制的控制，而双电层厚度随溶液离子强度的增加而减小[215]。

　　此外，当粒子被聚合物或表面活性剂等改性剂包覆时，产生了立体保护作用，也能够有效地防止团聚。在分散过程中，用量、溶剂、表面活性剂、分散工艺、分散温度、纳米材料粒径等都对分散稳定性有重大影响，因此不同的纳米材料有不同的参数，但归根结底，还是通过上述原理来进行分散的。

5.1　含量的影响

　　由于纳米材料在聚合物基体中的含量不能太高，所以想通过一次性加入大量纳米材料到聚合物制成高含量母料的传统制备方法是行不通的，这只会加快纳米材料的团聚，而一旦产生团聚，将导致力学性能下降，严重的会使材料直接报废。

　　纳米 $CaCO_3$ 在聚合物中的分布是决定纳米复合材料发泡性能的重要因素之一，尤其是比表面积大、表面能高的纳米 $CaCO_3$。纳米 $CaCO_3$ 的分布越均匀，其发泡性能就越好。图 5-1 显示了纳米 $CaCO_3$ 在 5％纳米 $CaCO_3$/PP 和 10％纳米 $CaCO_3$/PP 纳米复合材料中的分

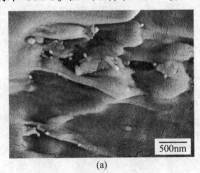
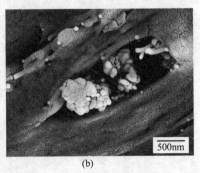

(a) 　　　　　　　　　　　　　　　　(b)

图 5-1　5％纳米 $CaCO_3$/PP （a）和 10％纳米 $CaCO_3$/PP 的 SEM 图 （b）[216]

布。在图 5-1(a) 中纳米 $CaCO_3$ 倾向于在基体中进行单分散，然而在图 5-1(b) 中，由 $5\sim7$ 个纳米大小的 $CaCO_3$ 形成了 $500\sim700nm$ 的大团聚体，因此低含量的纳米 $CaCO_3$ 在纳米复合材料中的分布更加均匀[216]。

5.2 粒径的影响

根据斯托克斯定律：

$$v = \frac{2(\rho - \rho_0)gr^2}{9\eta}$$

式中，v 为沉降速率；η 为液体黏度；ρ 为小球的密度；ρ_0 为液体密度；r 为小球半径。显然纳米颗粒的直径越小，其沉降速率越小，则分散稳定性越好。图 5-2 显示了不同用量的纳米 SiO_2 粒子在环氧树脂/SiO_2 纳米复合材料中的分布。当纳米 SiO_2 含量较低时，观察到随机分散的纳米 SiO_2 颗粒，没有团聚现象，如图 5-2(a)、图 5-2(b) 所示。在纳米粒子含量较高时，可以观察到少量的粒子团簇[217]，如图 5-2(c)、图 5-2(d)。对比图 5-2(a) 和图 5-2(b) 可以看出，前者的分散性明显差于后者，即粒径小的分散性要好，图 5-2(c) 和图 5-2(d) 也反映了同样的情况。这是因为颗粒粒径越小，布朗运动越显著，越有利于在基体中的分散。

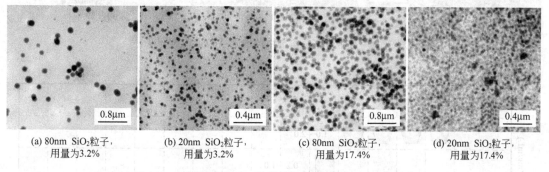

(a) 80nm SiO_2 粒子，用量为3.2%   (b) 20nm SiO_2 粒子，用量为3.2%   (c) 80nm SiO_2 粒子，用量为17.4%   (d) 20nm SiO_2 粒子，用量为17.4%

图 5-2　环氧树脂/SiO_2 纳米复合材料的 TEM 显微照片

5.3 溶剂的影响

有机溶剂的性质对纳米粒子的分散程度有明显的影响。比如，图 5-3(a) 中纳米 Ag 在氯仿中具有良好的分散性，可以得到单个纳米银粒子；若采用甲苯作为溶剂，部分粒子产生如图 5-3(b) 所示团聚；而在甲醇中难以分散，产生明显的团聚，如图 5-3(c) 所示。

石墨烯量子点 GQD 是石墨烯的准 0D 纳米材料，虽保持了石墨烯的单原子层厚度，但在横向尺寸上小于 100nm，通常以氧化态形式存在于 17 种有机溶剂中，其分散情况见图 5-4。首先，0.1mg/mL GQD 在乙醇至正己烷这 9 种溶剂中的分散性很差，均有 GQD 沉淀产生。而剩余 8 种溶剂中只有丙三醇溶剂对 0.2mg/mL GQD 出现轻微沉淀。GQD 浓度升高到 1.0mg/mL 后，甲醛溶剂中出现轻微沉淀。浓度高至 2.0mg/mL 后，仅二甲基亚砜（DMSO）和乙二醇溶剂中未出现沉淀，而且静置 1 个月后未观察到沉淀物。这 17 种溶剂类型可以分为非/弱极性溶剂（如正己烷、甲苯、邻二甲苯、邻二氯苯和二氯甲烷）和极性溶剂（如醇、醛和胺等）。GQD 尺寸比 GO 小 2～3 个数量级，官能团含量更高，故分子极性更强，这就要求溶剂的极性更高，如 GO 可较好分散于四氢呋喃（THF）中，而 GQD 则很难。随着溶剂极性的进一步提高，如从 N,N-二乙基甲酰胺（DMF，3.24D）到 DMSO（4.09D），GQD 的分散性能变好。因此，GQD 的化学结构存在超强极性的特点，使其呈现出明显不同于 GO 的分散性能[219]。

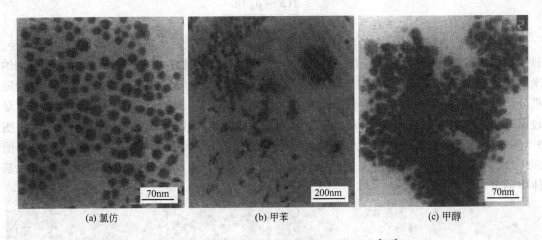

(a) 氯仿　　　　　　　　　(b) 甲苯　　　　　　　　　(c) 甲醇

图 5-3　分散于不同溶剂中的纳米 Ag 的 TEM[218]

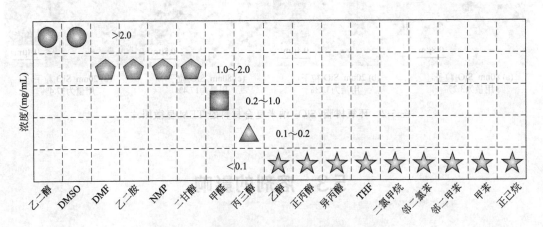

图 5-4　石墨烯量子点在溶剂中的分散情况[219]

有文献报道使用 2 种聚醚：F127 [环氧乙烷 $(EO)_{106}$-环氧丙烷 $(PO)_{70}$-EO_{106}，分子量 12600] 和 P123 $(EO_{20}$-PO_{70}-EO_{20}，分子量 5800) 对 GO 进行分散，结果显示，F127 能够稳定地分散 GO，而 P123 却不能。该作者认为 F127 较长的环氧乙烷段延伸到水中形成水化保护层，有效地防止了 GO 片的聚集，而 P123 的环氧乙烷段较短，保护作用减弱[220]。也有用一系列 Pluronic 三嵌段表面活性剂 F68 $(EO_{76}$-PO_{30}-$EO_{76})$ 与 GO 以 27：1 的质量比在水中稳定了 1mg/mL 的 GO，其中 PO 段黏附在石墨和石墨烯表面，EO 段伸入水相提供空间稳定性[221]。在制备聚乳酸/聚己二酸丁二醇酯共混物时，使用 1% 的 PEO/石墨烯纳米片层母料，能够显著降低体系黏度，促进石墨烯纳米片层在共混物中的分散[222]。

GO 通常在水溶液及水溶性聚合物中具有较好的分散效果，但在油溶性聚合物中能够进行良好分散也是非常必要的。有文献用 GO 的水溶液与 PVDF 的 DMF 溶液相混合，通过 PVDF 在水与 DMF 界面处产生沉淀而使 GO 在 PVDF 基体中进行良好的分散[223]。

为了研究 GO 在纯溶剂中的分散性，有文献研究了丙酮、甲醇、乙醇、1-丙醇、乙二醇、DMSO、DMF、N-甲基-2-吡咯烷酮（NMP）、吡啶、THF、二氯甲烷、邻二甲苯和正己烷 13 种有机溶剂及水溶液对 GO 的分散[224]，所用石墨烯的浓度为 0.5mg/mL。对于刚经过超声分散的样品，除完全不分散的二氯甲烷和正己烷、部分分散的甲醇和二甲苯外，其它溶剂都能分散 GO。但是这种分散有不少是短期的，在几个小时至几天内会完全沉淀，如丙酮、乙醇、1-丙醇、DMSO 和吡啶。只有 4 种有机溶剂（乙二醇、DMF、NMP 和 THF）能长期分散 GO，可以在 3 周内保持分散的稳定性。水和这 4 种有机溶剂的电偶极矩值分别为 1.82D（水）、3.24D（DMF）、4.09D（NMP）、1.75D（THF）和 2.31D（乙二醇）。而偶极矩较小的溶剂（正己烷，0.085D；二氯甲烷，0.45D）未能分散 GO，因 GO 中含有极性的羟基、羰基、羧基等，所以溶剂的极性是一个很重要的因素。然而，DMSO 具有较高的偶极矩（4.09D），却未能长期分散 GO，说明除了溶剂极性外，还有更多因素决定 GO 的分散性[224]。

有文献利用分子动力学模拟和胶体聚集动力学理论，研究了液相剥离未经功能化的原始石墨烯片在 NMP、DMF、DMSO、γ-丁内酯（GBL）和水中的稳定性[225]。模拟发现，阻碍石墨烯聚集的主要势垒是石墨烯最后一层间受限的溶剂分子，该溶剂分子对石墨烯具有很强的亲和力。能垒的起源是在受限的单层溶剂解吸附之前，溶剂分子与石墨烯之间有空间排斥作用。溶剂对分散未功能化的原始石墨烯的顺序为 NMP≈DMSO>DMF>GBL>H$_2$O。

对含羟基、环氧基和羧基的 GO 来说，含羟基的 GO 比含环氧基的 GO 的分散性更好，羧基的 GO 的分散较差，而石墨烯由于缺少含氧官能团，其在水中并不能很好地分散，更趋向于相互吸引而形成聚集体[226]。

5.4　基底材料的影响

实验所用的基底材料对分散性也有影响，比如纳米银线在盖玻片和云母上分散效果就相差很大。图 5-5(a) 中的纳米银线严重黏连、聚积、重叠，影响观察效果；图 5-5(b) 黏连有所改善，但仍有明显聚积和重叠现象，不利于获得单根银线尺寸、形态；图 5-5(c) 分散

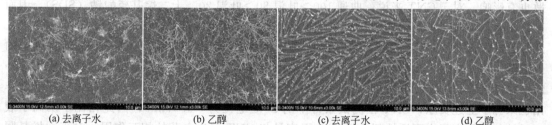

(a) 去离子水　　　　(b) 乙醇　　　　(c) 去离子水　　　　(d) 乙醇

图 5-5　基底材料分别在盖玻片、云母片上对纳米银线的 SEM 图[227]

均匀，堆积和重叠现象减少，黏连完全消失，但存在局部聚集，效果不理想；图 5-5(d) 均匀分散，没有大面积重叠和堆积，方便进行单根银线的形貌分析[227]。

5.5 表面活性剂的影响

表面改性的纳米粉体以及良好的有机溶剂分散性是获得纳米粉体良好分散体系的先决条件。加入阴离子表面活性剂就能得到稳定的粒径在 10nm 的纳米 Fe_2O_3 分散体系，而加入非离子表面活性剂却难以得到。这是因为阴离子表面活性剂在纳米粒子表面产生吸附，改变了纳米粒子的表面电荷分布，对纳米粒子起到了空间立体保护作用，能有效地防止纳米 Fe_2O_3 形成团聚体。即便是纳米颗粒在表面活性剂的保护下分散良好，通过高温烧掉表面活性剂后，纳米颗粒依然可以相互团聚[228]，说明表面活性剂对于防止纳米颗粒的团聚有着重要的作用。

在制备聚乳酸/聚己二酸丁二醇酯共混物时，使用 1% 的 PEO/石墨烯纳米片层母料，能够显著降低体系黏度，促进石墨烯纳米片层在共混物中的分散[222]。为了降低生物排异作用，需要使用无毒的分散剂来分散悬浮液中的 CNT，比如 0.25% 的阿拉伯胶汁液能在 pH＝5.5 的条件下使 1g/L 的 CNT 悬浮液稳定一个月；0.25% 的腐殖酸还能使 1g/L 的 CNT 悬浮液在 pH＝7.6 条件下稳定一个月；其它分散剂，如没食子酸、植物中常见的芳香有机化合物、羧甲基纤维素或非离子表面活性剂吐温 20 可用于分散 CNT[34]。

当纳米 TiC 粉体分散良好时，悬浮液稳定性好，纳米 TiC 粉体不易沉降。吐温 80 的加入使 TiC 悬浮液的分散体积减小，分散性能变好，如图 5-6 所示。添加 0.5% 吐温 80 时，沉降体积最小。然而，吐温 80 的过量加入会导致分子链的卷绕而使粒子重新团聚，沉降体积由 0.5% 增加到 2.0%。尽管吐温 80 是非离子表面活性剂，但其在 TiC 颗粒表面的吸附既产生了立体保护作用，又使 Zeta 电位变得更低，从

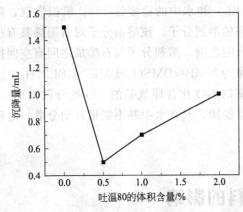

图 5-6 不同用量吐温 80 对 TiC 悬浮液的沉降量的影响[229]

而防止了纳米粒子的团聚，形成更加稳定的悬浮液[229]。

不同类型的表面活性剂因具有不同大小的亲水端、疏水端及苯环等，故对纳米材料的分散也有影响。对于 CNT 来说，曲通 100＞吐温 80＞吐温 20＞十二烷基硫酸钠（SDS），因而可以认为苯环对于具有同样苯环结构的 CNT 来说，分散贡献要大于疏水尾部的贡献[230]。通过紫外光谱对 CNT-各种类型表面活性剂悬浮液的研究表明，CNT 四种表面活性剂中的分散顺序为：曲通 100＞十六烷基三甲基氯化铵（CTAB）＞十二烷基苯磺酸钠（SDBS）＞SDS，均比超声分散效果好[231]。显然，非离子表面活性剂曲通 100 对 CNT 的稳定分散作用也来源于上述贡献；CNT 在测试条件下的 Zeta 电位为 -9.97mV，因此相比于阴离子表面活性剂，阳离子表面活性剂的 CTAB 更容易与 CNT 产生电荷的相互作用；对于同样是阴离子表面活性剂的 SDBS 和 SDS，很多人认为前者存在的苯环与 CNT 的 π-π 键相互作用促

进了 CNT 在前者中的分散[232,233]。

对于无机材料，如 ZnO 来说，自身没有苯环结构，因此曲通 100 的分散效果不好，阴离子表面活性剂 SDS 的分散效果反而最好（186nm），CTAB 次之（191nm），非离子表面活性剂曲通 100、PEG6000 依次变差，团聚尺寸达到 442nm 和 716nm[234]。主要原因是 ZnO、TiO_2、SiO_2 等在水中可以产生羟基或本身具有羟基：

$$Ti^{4+} + H_2O \longrightarrow Ti^{3+}—OH + H^+$$

在不同 pH 下电离形成阴离子或阳离子[235]：

$$Ti^{3+}—OH + H^+ \longrightarrow Ti^{3+}—OH_2^+ \quad Ti^{3+}—OH \longrightarrow Ti^{3+}—O^- + H^+$$

比如纳米 SiO_2 在 pH=10.2 时，Zeta 电位为 -19.15mV，含有阳离子的聚合物可以与纳米 SiO_2 产生电荷吸引而稳定分散，聚合物侧基又保证了纳米 SiO_2 在空间阻碍的保护下更加稳定[235]。

因此本书作者认为：①含有苯环的纳米材料对含有苯环的表面活性剂的分散有效，其原因应该是苯环之间易产生 π-π 相互作用，从而增强苯环的纳米材料在含有苯环的表面活性剂的有效分散，这种现象也存在于含苯环破乳剂对原油沥青质的作用，多苯环有利于破乳实际上就是源于这种 π-π 相互作用[177]；②根据电荷的相互作用，反离子表面活性剂对能在水中电离的无机纳米材料的分散最有效；③其次才是相同离子表面活性剂。总体而言，非离子表面活性剂对有机纳米材料的分散有效，离子表面活性剂对无机纳米材料的分散更有效。

但是也有研究并不完全符合上述规律，比如通过对 SDBS、SDS、曲通 100 的离子型和非离子型表面活性剂功能化的石墨烯在水中的分散稳定性的研究发现[236]，表面活性剂存在于石墨烯表面，从而形成功能化石墨烯，其中 SDBS 功能化的石墨烯在 1.5mg/mL 的水溶液中分散稳定性最好。原子力显微镜测量不同功能化石墨烯的厚度发现，不同表面活性剂对石墨烯厚度的影响很大，SDBS 功能化的石墨烯（108S/m）比 SDS 和曲通 100 功能化石墨烯的电导率高。

5.6 超声的影响

将聚集在一起的纳米材料进行分散，需要一定的能量。目前，超声振荡是纳米材料分散的重要辅助手段，可以通过调整超声振荡的时间和功率来改善纳米材料的分散。据报道，当超声时间小于 60min 时，单分散 CNT 的数量随超声时间的增加而增加；当超声时间等于 60min 时，CNT 的平均长度最小，但单分散 CNT 的数量最大，说明超声时间过长会破坏 CNT 的化学结构[237]。因此，有必要选择合适的超声时间对 CNT 进行分散，以达到理想的分散效果。

图 5-7 显示在超声处理 10min 的 TiC 粉末悬浮液中，团聚程度有所降低，可以看到单一的颗粒。当高强度超声波以压力波的形式传递到流体中后，诱导的瞬态空化随后被迫坍塌，并释放出强烈的压力波进入周围的流体，与空腔相邻的粒子受到法向和剪切力的作用，导致粒子间作用力被破坏。随着超声时间延长到 20min，更多的团聚体从图中消失。当超声时间达到 30min 时，平均尺寸明显减小，从图 5-7 中可以看到数百个约 40nm 的粒子，说明纳米 TiC 粉体在水溶液中有着良好的分散。然而，超声波时间增加到 1h 并不能使纳米粉末的分

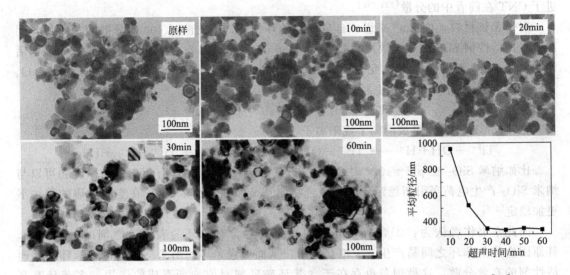

图 5-7　纳米 TiC 粉末悬浮液的 TEM 图像和动态光散射粒径随超声处理时间的变化[229]

散性比 30min 更均匀。动态光散射测定的粒径结果也表明，最初 30min 的平均粒径明显减小，由 10min 时的 955nm 降低为 30min 时的 342nm。但平均粒径在 30min 后变化不大[229]。需要注意的是，延长超声时间并不总是能降低纳米颗粒的粒径，延长超声时间使纳米材料获得更高的能量，反而会提高纳米颗粒间的相互作用力，导致团聚的增加[234]。

取相同量的纳米 SiO_2 颗粒，分别配制不含 SDBS 及 SDBS 含量为 1.6％的两种分散体系进行超声分散，分散体系中 SiO_2 颗粒大小随超声作用时间增加的变化关系如图 5-8 所示。可以发现，随着超声时间的增加，SiO_2 粒径表现出先降低后缓慢增大的趋势。当超声时间为 15min 时，粒径最小，此后增加超声时间，粒径变化平缓。而且在未添加分散剂 SDBS 的体系中，超声时间对 SiO_2 粒径的变化影响相当明显，而在含 1.6％ SDBS 的分散体

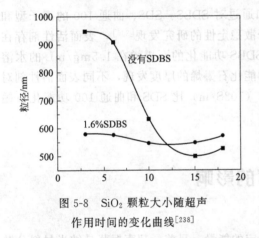

图 5-8　SiO_2 颗粒大小随超声作用时间的变化曲线[238]

系中，超声时间对 SiO_2 粒径的变化影响不大，这主要是因为在此条件下，SDBS 对 SiO_2 起到了很好的保护作用，阻止了颗粒间的团聚，使得增加超声时间对粒径变化的影响不再明显。

5.7　温度的影响

温度对纳米材料的分散有重大影响，尤其是纳米材料分散在聚合物熔体中时。比如 PC 与 MWCNT 的熔融混合温度对其分散的影响，如图 5-9 所示，与 300℃的混合相比，250℃的混合能产生更好的分散，可能是因为在 250℃时黏度较高[239]。

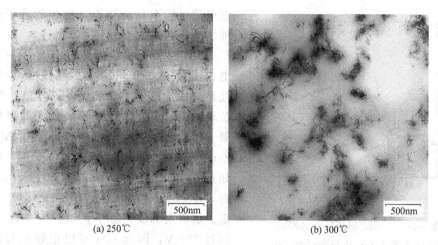

(a) 250℃　　　　　　　　　　　(b) 300℃

图 5-9　在不同温度 50r/min 和 15min 条件下熔体混合的 TEM 照片[239]

5.8　离子强度的影响

纳米 TiO_2 平均水动力学直径随溶液离子强度的增加而急剧增大（图 5-10）。当 TiO_2 分散在去离子水和 0.001mol/L NaCl 中时，平均水动力学直径相近，在 90nm 左右，分散稳定。在这种条件下，静电斥力比引力占优势，抑制了团聚。离子强度增加到 0.005mol/L，尺寸大幅度增加到大约 156nm。当 NaCl 浓度为 0.1mol/L 时，颗粒间的吸引力占主导地位，形成不稳定、高度团聚的分散体。在此条件下，平均流体力学尺寸为 4780nm，与 15nm TiO_2 纳米粒子的 DLVO 相互作用能计算结果相似，即防止团聚的势垒随着溶液离子强度的增加而减小。这种情况会导致分散的不稳定和高度团聚。所选分散条件下的尺寸分布如图 5-10(b) 所示。这一趋势与平均粒径的变化趋势一致，即随着离子强度的增加，粒径分布向较大的尺寸方向移动。相反，在离子强度较低时，分散 Zeta 电位无明显变化，当离子强度大于 0.01mol/L 时，Zeta 电位随离子强度的增加而显著降低，如图 5-10(a) 所示。离子强度的增加导致电双层的压缩。因此，虽然 Na^+ 和 Cl^- 不与 TiO_2 颗粒表面相互作用，颗粒表

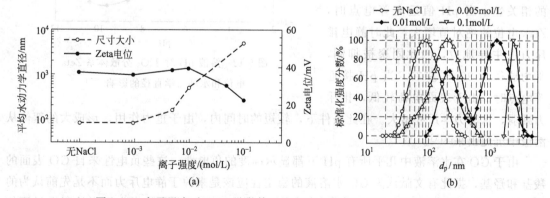

图 5-10　离子强度对 TiO_2 分散体平均水动力学直径和 Zeta 电位的影响
及所选分散条件下的尺寸分布图[215]

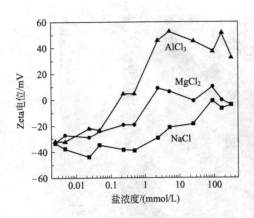

图 5-11　NaCl、MgCl₂ 和 AlCl₃
对 GO 水溶液 Zeta 电位的影响[242]

面电荷可能不变，但 Zeta 电位随离子强度的增加而减小[215]。

　　GO 的 Zeta 电位为 $-36mV$，当材料的 Zeta 电位绝对值大于 $30mV$ 时，一般认为斥力足以使系统保持良好的分散状态[240,241]。当 Zeta 电位较低时，分散体可能形成较大的聚集甚至凝聚。图 5-11 显示当添加 NaCl 和 MgCl₂ 时，Zeta 电位随盐浓度的增加由负变正，但始终没超过 $10mV$。当 AlCl₃ 添加量为 $2.50mmol/L$ 时，GO 的 Zeta 电位大于 $30mV$，分散保持稳定。这表明 GO 带上了正电荷，并且 Zeta 电位超过 $30mV$，因而 GO 可以很好地分散。由于 Al^{3+} 的电荷高、直径小，Al^{3+} 与 GO 的相互作用变强，吸附 Al^{3+} 较容易。当吸附 Al^{3+} 的数量超过中和 GO 片负电荷所需的数量时，GO 将变为正电荷。在这种情况下，GO 片间的这种正静电斥力促进了分散[242]。

5.9　pH 的影响

　　通过改变溶液的 pH 值，可以改变材料表面的电荷，甚至使 Zeta 电位发生逆转，进而改变水动力学尺寸。Zeta 为 0 时对应的 pH 值称之为等电点。在 $0.001mol/L$ 的离子强度下，TiO₂ 分散体系的 Zeta 电位随 pH 的增大而减小，随 pH 的增大，平均粒径先增大后减小，如图 5-12 所示。TiO₂ 的等电点约为 6.0。当 pH 值低于 6 时，颗粒具有正的 Zeta 电位，而当 pH 大于 6 时，Zeta 电位为负值。Zeta 电位与粒径平均大小之间有很强的相关性。当 pH 值远离等电点时，Zeta 电位的绝对值增大，此时静电排斥力占主导地位，因此团聚被抑制，平均粒径为 90nm 左右。当 pH 接近等电点时，由于表面电荷较低，排斥力减弱，水动力学尺寸增大。在此条件下，较短的时间内，由于重力作用，形成大的絮体从溶液中沉淀出来[215]。

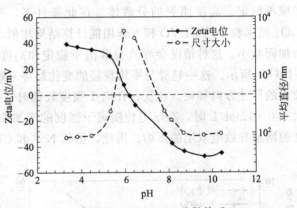

图 5-12　溶液 pH 对 TiO₂ 分散体系 Zeta
电位和水动力学直径的影响[215]

　　由于 GO 在水溶液中几乎所有 pH 下都显示高度的负电性，这些负电性来自 GO 表面的羧基和羟基，据此有文献认为 GO 水溶液的稳定性应该是来源于静电斥力而不是先前认为的 GO 具有亲水性的缘故[240]。依据上述理论，该作者实现了由化学转化法得到的石墨烯不依赖聚合物和表面活性剂的帮助而稳定分散。

5.10　球磨时间的影响

　　有文献研究了不同球磨时间对纳米材料分散的影响，如通过质量分数为 5% 的 $Sb_2O_3/$ PBT 纳米复合材料的断口形貌和 EDX 形貌来研究球磨时间对纳米 Sb_2O_3 在 PBT 中的分散性及力学性能的影响。图 5-13（a）和图 5-13（b）显示了光滑的断口和空隙，表明纳米复合材料的抗裂纹扩展能力太弱。EDX 的结果也证实了这一观点，即纳米复合材料经过球磨 1h 和 3h 后，出现了严重的聚集现象，聚集的纳米 Sb_2O_3 颗粒在 PBT 复合材料中起到了应力集中器的作用，不能分散更多的应力能量，影响纳米复合材料的力学性能。图 5-13（c）和图 5-13（d）显示了断口形貌表面粗糙致密，说明球磨工艺可以改善纳米 Sb_2O_3 颗粒与 PBT 基体之间的界面相互作用。此外，从 EDX 图像中还可以看出，纳米 Sb_2O_3 颗粒在纳米复合材料中经过 6h 和 10h 的研磨，可以获得较好的分散效果，这种分散的纳米 Sb_2O_3 颗粒可以保证两组分之间较高的界面面积和界面黏着性，从而改善了纳米复合材料的最终力学性能[243]。

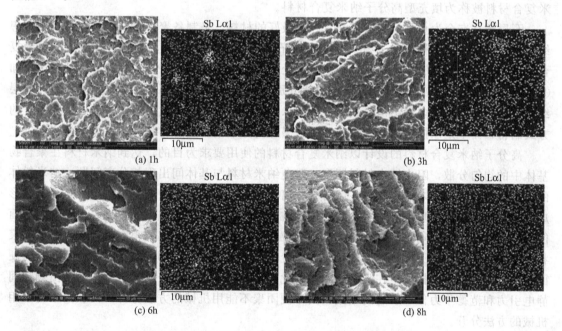

图 5-13　球磨一定时间后 $Sb_2O_3/$PBT 纳米复合材料的断口 SEM 和能量色散 X 射线分析（EDX）[243]

思考题

1. 如何提高纳米材料的分散性？影响纳米材料分散的主要因素有哪些？
2. 纳米材料为什么容易团聚？需要怎么做才能减少或避免团聚？
3. 氧化石墨烯中的极性基团对其分散有何影响？
4. 表面活性剂是如何影响纳米材料分散的？

第**6**章

填充型高分子纳米复合材料

6.1 填充型高分子纳米复合材料的设计

由颗粒状的纳米材料分散在单体中原位聚合，或者与高分子聚合物混合形成的高分子纳米复合材料被称为填充型高分子纳米复合材料。

石墨烯是迄今为止测量到的最强且性能最好的材料，是制备聚合物纳米复合材料的理想纳米材料。自从斯坦科维奇于 2006 年报道了石墨烯纳米复合材料，人们对石墨烯基纳米复合材料的研究迅速发展。采用简单的水溶液处理方法制备的 GO/PVA 纳米复合材料，添加 0.7% 的石墨烯，其拉伸强度和杨氏模量就分别提高了 76% 和 62%[244]。石墨烯虽然有单层结构，但更多的还是多层结构，从高分子纳米复合材料制备的角度来看，更趋向于以填充的方式制备，而不是以插层的方式制备，故石墨烯高分子纳米复合材料在本章进行介绍。

高分子纳米复合材料的设计以纳米复合材料的使用要求为目的，达到纳米材料在聚合物基体中的均匀分散，阻止纳米材料团聚，避免纳米材料与基体间出现相分离问题。纳米粉体的团聚是指原生的纳米粉体颗粒在制备、分离、处理及存放过程中相互连接，由多个颗粒形成较大的颗粒团簇的现象。由于纳米粉体颗粒粒度小，表面原子比例大，比表面积大，表面能大，处于能量不稳定状态，因而细微的颗粒都趋向于聚集在一起，很容易团聚，形成团聚状的二次颗粒，乃至三次颗粒，使粒子粒径变大，在每个颗粒内部有细小孔隙。团聚分为硬团聚和软团聚，前者指的是在强的作用力（化学键力）下引起的聚集，后者指的是由颗粒间静电引力和范德华力作用引起的聚集。其中硬团聚不能用机械的方法分开，而软团聚可以用机械的方法分开。

与其它碳材料类似，石墨烯作为填料已被加入到各种聚合物中，以提高其力学性能。遗憾的是，由于其 π-π 相互作用很强，石墨烯片在聚合物基体中的分散性差，限制了复合材料性能的提高，与预期值相差甚远。为了达到理想的性能，需要解决两个关键问题：石墨烯的良好分散和石墨烯/基体界面的强相互作用。石墨烯的分散性差、剥落性差，不仅牺牲了其增强的效率，而且在受力作用下，还会引起片层间的滑移。因此，石墨烯的表面改性即表面共价或非共价功能化已被广泛用于控制 GO 或石墨烯的物理和化学性质，促进界面应力从聚合物转移到成型制品上。

纳米材料间的团聚是制备高分子纳米复合材料的主要难点，比如 ZrO$_2$ 的粒径为 10nm，经过一段时间后，团聚在一起，粒径达到 100nm 以上。减小纳米材料间的团聚，降低纳米材料的粒径，使之均匀分散在聚合物基体中是制备高分子纳米复合材料的主要目标。同样要制备 CNT/SiC 纳米复合材料，则需要保证 CNT 能够均匀地分散在 SiC 中[245]。而对于高分子纳米复合材料来说，就需要研究纳米材料如何进行分散，并应用于聚合物基体材料。

6.2 纳米材料的表面改性

为了改善纳米材料的分散性，单纯用第 5 章的改变外在条件的方式进行分散是不够的，往往还要对纳米材料进行表面改性，通过表面改性来阻止纳米材料相互间的团聚。改性剂在粒子表面的吸附或键合降低了羟基的表面力，消除了粒子间的氢键。这些都阻止了干燥时纳米粒子氧桥键的形成，从而限制了团聚。

6.2.1 纳米粉体的不稳定性

（1）结构上的特殊性

纳米粒子尺寸小，比表面积大，位于表面上的原子占相当大的比例。一方面，纳米粒子表现为典型的壳层结构，其表面结构不同于内部完整的结构，可以称之为"内外不同"。另一方面，纳米粒子的体相结构也受尺寸制约，而不同于常规的结构，可以称之为"与常规不同"。Ca、Mg 等纳米材料内部的原子间距比常规的要大，相应的结合力由金属键向范德华力转变；Cu、Al 等原子间距变小，结合力向共价键和离子键转变；Si、Ge 等典型的共价键型材料则向金属键转变；金属卤化物则由离子键向共价键转变。结合力的转变导致了导电性质的变化，如铜颗粒达到纳米尺寸时就变得不能导电，绝缘的 SiO_2 颗粒在 20nm 时却开始导电。因此，几乎所有的纳米粒子都部分地失去了其常规的化学结合力性质，表现出混杂性。

（2）具有较强的活性

纳米颗粒可以得失电子，具有化学活性，易被氧化还原而难以长期保持。为了降低纳米微粒的表面能，它们倾向于聚结，而形成软、硬团聚，造成纳米尺寸的不稳定性。

（3）表面成因复杂

纳米粉体的表面结构及活性决定纳米粉体的状态、性能及应用，而它的表面活性剂结构取决于纳米粉体的制造方法。

① 固相法合成的纳米粉体：机械球磨而成，纳米粉体的几何形状不规则，粉体粒度不均匀，粒度分布较宽，如图 6-1 所示，多次撞击形成的粉体表面缺陷多且活性高，表面活性

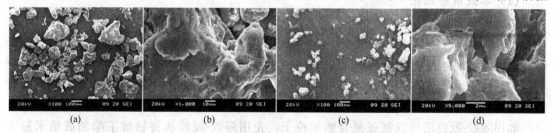

(a)   (b)   (c)   (d)

图 6-1　试样球磨 20h 的表面形貌及放大（a）和（b），球磨 120h 的表面形貌及放大（c）和（d）

点易与介质发生化学变化而受污染。

② 液相法合成的纳米粉体：液态介质与纳米粉体表面有直接的接触，容易在粉体表面吸附而成为纳米粉体表面的组成部分，使得纳米粉体表面构成复杂化，纳米粉体的纯度因而降低。可以利用液相合成法的特点，直接在纳米粉体表面有控制地修饰，使纳米粒子尺寸小，稳定性好，性能更卓越。

③ 气相法合成的纳米粉体：气相法是通过汽化的原子聚集而形成的，由于物料等能够严格控制，形成的纳米粉体最为纯净。纳米粉体保持固有的特性，表面结构依然存在原子缺陷，活性点多，化学活性高。这类纳米粉体材料一般保存在惰性气体中。

6.2.2 纳米粉体改性的目的

纳米粉体改性的目的是改善纳米粉体表面在聚合物中的润湿性，增强纳米粉体与聚合物的界面相容性，提高纳米粉体与聚合物基体的相互作用，促进纳米材料在聚合物基体中的分散，体现纳米材料的性质，增强高分子纳米复合材料的力学、热力学等性能。改性之后，不仅可以获得稳定、具有良好分散性的纳米粒子，而且可以通过表面修饰分子与粒子表面的相互作用来控制其物理化学作用。

纳米 $CaCO_3$ 粒子与聚合物的黏附性能很差，是因为纳米 $CaCO_3$ 是亲水的，而聚合物基体是疏水的，因此想要提高纳米复合材料的性能，必须要对纳米 $CaCO_3$ 进行表面改性。有研究发现钛酸盐偶联剂、铝钛复合偶联剂和硬脂酸皆可改善纳米 $CaCO_3$ 粒子与 ABS/PMMA 基体的界面黏结性，并能提高纳米 $CaCO_3$ 粒子在 ABS/PMMA 基体中的分散质量。因为偶联剂也有增塑作用，铝钛复合偶联剂与硬脂酸协同进行纳米 $CaCO_3$ 表面改性效果最佳，能提高纳米复合材料的熔融指数、拉伸强度和冲击强度[14]。

高分子化学中乳化剂与单体液滴是包覆的关系，而表面改性剂并不是完全包覆纳米颗粒，形成完整的核壳结构，而是每个颗粒周围有若干表面改性剂分子，一个改性剂分子可以贯穿几个纳米微粒，表面改性剂像桥架一样，固定着纳米粒子的相对位置。表面改性剂既防止了纳米微粒的团聚，又没有掩盖纳米微粒的活性中心，改性后的纳米材料仍然能够表现出其独特的性质。

6.2.3 改性方法

纳米材料的表面改性是高分子纳米复合材料设计的关键内容之一。通过对纳米材料的改性，使之与基体材料形成化学键、氢键或范德华力等相互作用，从而改善颗粒-基体之间和颗粒-颗粒之间的相互作用。基于 CNT 的改性如图 6-2 所示。

因此对于无机纳米颗粒来说，改性的分类有[6,246,247]很多，具体如下。

(1) 非共价功能化

用无机物、有机物对纳米粒子表面进行物理改性，由于包覆物而产生了空间位阻斥力，使粒子再团聚十分困难，从而达到改性的目的。可使用表面活性剂吸附、聚合物包覆、纳米材料包覆等物理方法。对于 CNT 来说，该方法可以通过 π-π 非共价键使 CNT 与其它化合物结合，从而得到完全功能化的 CNT。这不仅提高了 CNT 的分散性，而且不破坏 CNT 的结构和电学性能[248]。

如用溶胶-凝胶法可以制备复合纳米粒子，先用溶胶-凝胶法将钛酸丁酯制成纳米粒子 TiO_2，然后将 TiO_2 制成透明溶液。在此溶液成凝胶之前，滴入另一种利用溶胶-凝胶法形成纳米粒子的前驱物，例如 WO_3 的前驱物钨酸铵溶液，混合溶液形成凝胶之后，经热处理即得复合的纳米粒子 WO_3/TiO_2。三种不同复合结构的钛硅纳米复合氧化物制备示意图如图 6-3 所示。

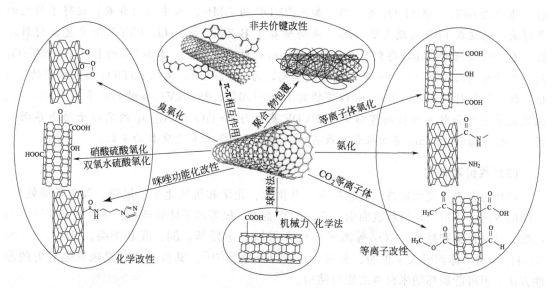

图 6-2　纳米材料的界面功能化设计[246]

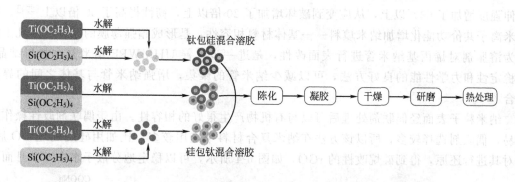

图 6-3　三种不同复合结构的钛硅纳米复合氧化物制备示意图

在纳米粒子表面形成一层新的纳米粒子膜，起到稳定内层纳米粒子的作用，并使粒子产生新的性能，利用凝胶法在 Fe_2O_3 纳米粒子表面包覆一层 SiO_2 膜，能明显提高这种改性的纳米粒子在聚甲基丙烯酸甲酯溶液中的分散性。

通过纳米微粒的表面改性，赋予纳米微粒一些特殊的性质。有机胺根据浓度的不同，具有不同的增强或猝灭纳米微粒的荧光性质。此外，可以以聚合物网络来稳定纳米粒子，如在聚合物网络中引入羧酸盐，经 H_2S 气流处理生成硫化物纳米粒子，平均粒径仅几个纳米。纳米微粒受聚合物网络的立体保护作用，可提高纳米微粒的稳定性，实现纳米微粒特殊性质的宏观调控，同时高分子具有优异的光学性质及易加工性，也为纳米微粒的成型加工提供了良好的载体。

★【例 6-1】　$BaTiO_3@Al_2O_3$ 核壳结构的合成、改性及在 PVDF 中的分散[249]。

将 $Al(NO_3)_3$ 溶解在醋酸中，50℃下剧烈搅拌均匀，再用水热法合成 $BaTiO_3$ 纳米粒子，加入到上述溶液中，60℃搅拌，离心后 700℃下煅烧 4h，得到 $BaTiO_3@Al_2O_3$ 核壳结构纳米粒子。TEM 与 EDS 联用证实 Al_2O_3 壳层的存在且厚度约为 6nm，XRD 证实 Al_2O_3 为无定型的结构，并进一步计算得到 Al_2O_3 的质量分数为 8.43%。为了改善有机聚合物与无机填料之间的界面结合作用，加入 3-氨基丙基三乙氧基硅烷（KH550）作为表面改性剂，将功能化的 $BaTiO_3@Al_2O_3$ 纳米粒子加入 PVDF 的 DMF 溶液中均匀分散，获得了稳定的悬浮液。通过在 ITO 玻璃上进行溶液浇铸制备 $BaTiO_3@Al_2O_3$/PVDF 纳米复合材料薄膜，在 70℃下干燥 24h，得到了厚度约为 $10\mu m$ 的纳米复合膜。添加 5% 的 $BaTiO_3@Al_2O_3$ 纳米粒子的纳米复合材料的放电能量密度最高，为 $6.1J/cm^3$，是纯 $BaTiO_3$ 纳米粒子的 1.2 倍，纳米复合材料在 1000kV/cm 以下的效率为 81.6%，2800kV/cm 时的效率高于 66.5%。放电能量密度和效率的提高可归因于 PVDF 基体与 $BaTiO_3@Al_2O_3$ 纳米粒子动态界面处 Maxwell-Wagner-Sillars 界面极化的改善，从而减小了界面介电常数的差距。

(2) 共价功能化

常用的方法有表面接枝、偶联反应、电化学、化学和机械化学、氟化、等离子体处理。不同的等离子体可以在材料表面引入不同的官能团。氧等离子体处理可产生含氧官能团，如羧酸、过氧化物和羟基。CO_2 等离子体处理可以产生羟基、酮、醛和酯类。NH_3、N_2 和 N_2/H_2 等离子体则引入了伯胺、仲胺、叔胺以及酰胺[246]。共价功能化意味着强有力的改性方法，但可能破坏纳米材料的原有结构。

对石墨烯表面进行共价功能化改性，改性后的纳米复合材料的弹性模量提高了 26%，拉伸强度增加了 63% 以上，从应变到破坏增加了 20 倍以上，韧性提高了 30 倍以上[250]。对纳米离子共价功能化增加纳米填料——基体材料相容性，是形成超强薄膜的原因。用凡士林作为溶胀剂对烯丙基纳米管进行表面改性，是进一步改善 UHMWPE 纳米复合材料结晶、热稳定性和力学性能的良好方法，可以减少纳米管的聚集，增强纳米管与基体之间的界面结合[251]。

纳米粒子表面经偶联剂处理后可以与有机物产生很好的相容性。由于偶联剂改性操作较容易，偶联剂选择较多，所以该方法在纳米复合材料中应用较多，比如用硅烷处理 GO 后，再对其进行还原，得到硅烷改性的 rGO，如图 6-4 所示，可以稳定地分散于水中 6 个月而不

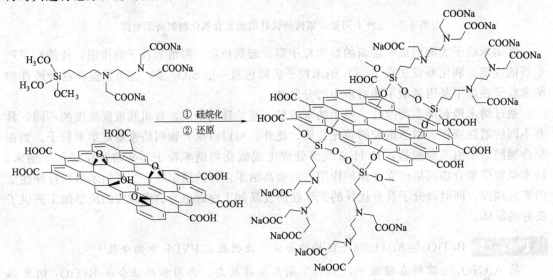

图 6-4　硅烷偶联剂对 GO 的改性示意图[252]

产生沉淀，没有改性的 rGO 在 12h 内产生沉淀[252]。

还可以使用如图 6-5 显示的机械化学表面改性。在高能球磨过程中，纳米 Sb_2O_3 颗粒表面不断地被机械力激活，并被大量的羟基所包覆，为纳米 Sb_2O_3 颗粒和 PEG 分子的吸附提供了条件。纳米 Sb_2O_3 颗粒的分散稳定性取决于 PEG 的浓度和平均分子量。由于 PEG 的高平均分子量吸附构象为环状或尾状，可以获得较好的纳米 Sb_2O_3 颗粒的分散稳定性。在低 PEG 浓度下，一个 PEG 分子的醚氧基团与纳米 Sb_2O_3 颗粒表面的多个羟基发生反应，在分散过程中会产生桥联效应。但是随着 PEG 浓度的增加，PEG 分子的醚氧基团可以在纳米 Sb_2O_3 颗粒表面竞争吸附。结果表明，纳米 Sb_2O_3 颗粒之间形成了环状或尾状吸附构象，空间位阻效应也得到了改善[253]。

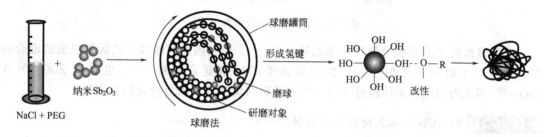

图 6-5　PEG 对纳米 Sb_2O_3 粒子的机械化学表面改性示意图[253]

表 6-1 显示了纳米材料经过表面改性对高分子纳米复合材料性能的影响。

表 6-1　表面改性对高分子纳米复合材料性能的影响[6]

改性方法	材料	结果
化学方法	PBE 功能化 GO	优异的力学性能（抗拉强度和杨氏模量分别提高 63% 和 26%）
	CuO/环氧纳米复合材料	附着力和表面自由能增加 50%
	HNT/UHMWPE	优异的力学性能和热性能
	SiO₂/环氧纳米复合材料	长烷基改性纳米粒子纳米复合材料的优异电阻率
	TiO₂/环氧纳米复合材料	较好的防腐性能
配体交换技术	PMMA/ZnO-PSAN	高透光性
	HA 纳米棒-聚 PEGMA	良好的发光、生物降解性和生物相容性

6.3　填充型高分子纳米复合材料的制备

6.3.1　原位填充聚合

在原位聚合过程中，纳米填料分散在单体溶液中，然后利用辐射、加热等技术进行聚合。该技术可以得到接枝聚合物的纳米材料，因此可以在无聚集的情况下实现更高的用量。该方法简单，所得材料的性能优于其它方法。此外，它还可以作为一种替代策略，用难溶解或热稳定差的聚合物来制备纳米复合材料，这种聚合物无法通过溶液共混或熔融共混获得纳米复合材料。在某些情况下，这种技术可以应用于无溶剂形式。比如将表面改性的 $BaTiO_3$

纳米颗粒分散于甲基丙烯酸甲酯中，通过引发得到厚度为 $150\mu m$ 的 $BaTiO_3$/PMMA 纳米复合材料膜，其视觉透明性与原始 PMMA 薄膜相当，加入 10% $BaTiO_3$ 后，纳米复合膜的介电常数由纯 PMMA 的 4.6 提高到 7.1[254]。通过原位填充聚合技术制备高分子纳米复合材料的过程如图 6-6 所示。

图 6-6　原位填充聚合示意图[254]

表面修饰的 ZnS 颗粒分散在由苯乙烯、N,N-二甲基丙烯酰胺和二乙烯苯组成的混合物中，暴露于 γ 射线下照射引发，以形成透明的纳米复合材料[255]。也有由 ZnO[256] 或 TiO_2[257] 填充丙烯酸类单体经过光引发形成的聚丙烯酸基纳米复合材料的报道。

★【例 6-2】 MWCNT/环氧树脂涂层的制备[258]。

将 Q235 钢板（4cm×6cm）用 240 目砂纸打磨，然后用丙酮在超声波清洗机中清洗。取 1.875g 双酚 A 环氧树脂溶解在 40mL 的丙酮中。将不同量（0.125g、0.25g、0.5g 和 0.75g）的 MWCNT 分散在上述溶液中，超声 45min 后，在机械搅拌下加入聚醚胺 0.625g。随后，用喷枪将混合物喷洒在打磨完的钢板上，最后在 60℃烘箱中固化 2 天。即制备了含有 5%、10%、20% 和 30% MWCNT 的涂层。制备过程示意图如图 6-7 所示。

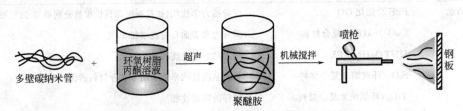

图 6-7　MWCNT/环氧树脂涂层的制备示意图[258]

在纳米 $CaCO_3$ 存在时，利用氯乙烯原位聚合法制备了 PVC/$CaCO_3$ 纳米复合材料。实验结果表明，$CaCO_3$ 纳米粒子在氯乙烯的原位聚合过程中均匀分布于 PVC 基体中，形成 PVC/$CaCO_3$ 纳米复合材料，由于 $CaCO_3$ 纳米粒子对 PVC 链段和长链移动性的限制，其玻璃化转变温度和热分解温度向高温方向移动。纳米复合材料表现出剪切变薄，且剪切力与剪切速率呈幂律行为。球形纳米粒子的"滚珠轴承"效应降低了 PVC/$CaCO_3$ 纳米复合材料熔体的表观黏度，且纳米复合材料的黏度对剪切速率的敏感性高于纯 PVC。此外，纳米 $CaCO_3$ 对 PVC 同时有增强和增韧作用，且质量分数为 5% 时的 $CaCO_3$ 纳米粒子在杨氏模量、拉伸屈服强度、断裂伸长率和 Charpy 缺口冲击能等方面性能最佳。对冲击和拉伸试样微观失效的微观机制的详细研究表明，$CaCO_3$ 纳米粒子作为应力增强剂，导致了纳米粒子周围基体材料的脱黏、排空和变形，这些机制也导致了纳米复合材料的冲击增韧[22]。采用无皂乳液聚合技术，在纳米 $CaCO_3$ 悬浮液中原位聚合制备 $CaCO_3$/PMMA 纳米复合粒子时，纳米 $CaCO_3$ 能提高单体的转化率，适当的搅拌速率有利于提高聚合物在纳米碳酸钙表面的包覆，最终 PMMA 通过化学接枝和物理包覆在纳米 $CaCO_3$ 表面形成 $CaCO_3$/PMMA 纳米复合粒子[259]。

6.3.2 溶液混合

溶液共混在某些情况下也称为溶液浇铸技术。它是由聚合物和纳米填料组成超声处理的体系，需要在适当的溶剂中溶解。虽然其它机械方法，如磁搅拌、超声甚至剪切混合可以应用，但通常用于分散聚合物链内的纳米填料。溶液浇铸法通过聚合物和纳米填料组成的溶液蒸发，得到纳米复合材料薄膜。

有机溶剂如四氢呋喃、二甲基甲酰胺、邻苯二甲酸二辛酯等常用于制备 PVC 纳米复合材料。在一种典型的合成三甲基氯硅烷过程中，将功能化的 SiO₂ 纳米粒子和 PVC 在四氢呋喃中进行超声分散，然后加入巯基三甲氧基硅烷进行磁力搅拌。四氢呋喃蒸发后得到的涂层在较宽的 pH 范围内表现出稳定性，可应用于不同的金属表面以防止腐蚀。在研究中，将 GO 溶于二甲基甲酰胺中，在所得溶液中加入 PVC。把含有 5% GO 的纳米复合材料用大量的甲醇洗涤并干燥，与 PVC 相比，它具有更好的热性能和力学性能[260]。

6.3.3 熔融混合

在熔融共混过程中，纳米填料在熔融条件下分散在聚合物中，并进行成型和挤出。对于不溶于任何溶剂的聚合物来说，尤其是热塑性溶剂，这种策略更方便。采用单双螺杆挤出机进行熔融共混。从环境的角度看，它具有无溶剂的优点。但必须注意的是，在某些情况下，高温会对表面改性的纳米填料产生不利影响，因此必须采用优化的方法。熔融共混已广泛应用于制备不同 SiO₂ 填充的纳米复合材料，包括 PP、PMMA、PLA、PVC、PC 等[182]。

不同纳米填料的高分子纳米复合材料可以采用转矩流变仪、单螺杆挤出机、双螺杆挤出机、微混仪等设备通过混合方法来制备。有文献使用转矩流变仪制备了 PVC/SiO₂ 纳米复合材料，其中 SiO₂ 粒径对纳米复合材料熔融性能和流变性能影响的结果表明，随着 SiO₂ 粒径的减小，熔融时间和熔融温度减小，熔融扭矩增大，25nm SiO₂ 纳米复合材料表现出最高的表观黏度。扫描电镜结果表明，当填料粒径为 25nm 时，可形成粒径在 60～90nm 之间的团聚体[261]。

6.4　纳米材料对复合材料性能的影响

6.4.1　对表面形貌的影响

高分子纳米复合材料的表面形貌会受到纳米材料的影响，原来光滑的表面会产生很多凸起。这些凸起赋予了高分子材料更高的性能，但是用 SEM 表征会发现有的凸起是处于团聚状态的纳米材料。比如，如图 6-8 所示的涂层表面形貌与 MWCNT 含量有关。当 MWCNT 含量为 5% 时，涂层表面呈现粗糙的显微结构。环氧树脂与 MWCNT 的混合物团聚在表面形成微观凸起。大多数团聚体是稀疏散落的，平均直径为 $10\mu m$，但只有少数团聚体的直径大于 $30\mu m$。当 MWCNT 含量增加到 10% 时，团聚体密度和体积增大。随着 MWCNT 含量增加到 20%，团聚体的尺寸继续增大。图 6-8(c) 表明，由于 MWCNT 的纠缠增强，团聚体表面开始出现分级粗糙度。当 MWCNT 含量进一步增加到 30% 时，纳米复合涂层呈现出明显的粗糙和分层的表面，类似于自清洁荷叶的表面。经测试得出，平均粗糙度由 5% 时的

$2.98\mu m$ 增加到 30% 时的 $25.45\mu m$，因此 MWCNT 含量较高，通常会导致更大的团聚体形成，并使涂层表面进一步粗糙，形成层次分明的微结构。

图 6-9 显示，得到的 PAN 纤维具有光滑的表面，平均直径为 135nm。加入 ZnO 纳米粒子后，复合纳米纤维的表面变得粗糙，同时直径也增加到 240nm 左右。

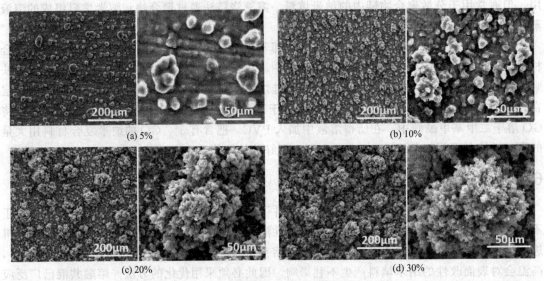

图 6-8　不同 MWCNT 填充量的环氧树脂涂层的 TEM 图[258]

图 6-9　SEM 图像显示表面粗糙度的差异[262]

图 6-10　不同 MWCNT/环氧纳米复合涂层水接触角的演变[258]

6.4.2　对疏水性能的影响

图 6-10 显示了涂层表面的水接触角随 MWCNT 含量的增加而产生的变化。5% MWCNT/环氧纳米复合涂层表面具有轻微的亲水性，水接触角为 89°。除了受到 2.4.5 节的 Cassie-Baxter 方程中表面粗糙度的影响外，疏水性的提高还归因于 MWCNT 具有高度疏水性的表面。由此可以看出，随着 MWCNT 含量的增加，涂层的水接触角迅速增大。5% MWCNT 和 10% MWCNT 的水接触角分别达到 89° 和 117°，但滑动角均大于 90°。20% MWCNT 的水接触角增加到 143°，滑动角减小到 21°。当 MWCNT 含量增加到 30% 时，水接触角大于 150°，滑动角减小到 6°，呈现超疏水状态。然而，40% MWCNT 的水接触角却减小到 142°，滑动角增大到 15°。40% MWCNT 的表面疏水性的降低可归因于相邻团聚的 MWCNT 颗粒

之间的较大间距，这使得水更容易穿透被困的空气并接触涂层表面。因此，只有在环氧树脂基体中加入30%的MWCNT，才能使MWCNT/环氧树脂纳米复合材料表面变得具有超疏水性[258]。

★【例6-3】 疏水涂层机械耐久性试验[258]。

ASTM D3359-09标准：用3M带压制试样表面，施加30kPa压力，保证表面与3M带有良好的接触，将该带从表面剥离，并重复上述过程，直至表面失去其超疏水性。

超疏水表面的机械耐久性差是超疏水表面的主要问题之一，极大地限制了超疏水表面的应用。对于目前开发的大量涂层，轻摩擦甚至指压都会破坏超疏水表面细腻的多孔组织。图6-11显示超疏水30% MWCNT环氧纳米复合涂层表面在剥离试验中经过不同循环后的接触角。表面经100多次剥离后，其疏水性略有降低。在类似条件下，MWCNT环氧纳米复合涂层的剥离次数大大高于其它文献报道的超疏水表面的实验结果，证明了30% MWCNT环氧纳米复合涂层具有良好的机械耐久性。图6-11(b)、图6-11(c)的实验结果表明，超疏水涂层表面的分层微结构在剥离实验后得到了很好的保持。超疏水MWCNT/环氧纳米复合涂层具有优异的机械耐久性，其原因是多方面的。首先，与大多数基于纳米粒子的超疏水表面相比，该涂层70%是高度交联的环氧树脂，能够牢固地结合MWCNT填料，并有助于保持涂层的机械强度。团聚的MWCNT对提高超疏水涂层的机械稳定性也起到了重要作用。此外，MWCNT的团聚也会增加超疏水表面微结构的剥离阻力。进一步将MWCNT含量提高到40%会削弱涂层的机械耐久性，剥离实验中水接触角的迅速下降就说明了这一点，这可以解释为环氧树脂不足以与MWCNT结合。

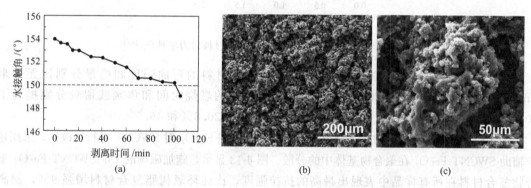

图6-11　在剥离实验中，30% MWCNT环氧纳米复合涂层的水接触角的变化（a）以及涂层剥离100次后的表面微观结构（b）和（c）[258]

小知识

小广告的自清洁

　　北京某纳米科技有限公司利用胶体材料、纳米杂化乳液以及纳米复合微观组装技术，研制出了具有超疏水耐沾污的纳米复合改性涂料。该涂料成膜后与水的接触角约150°，水泥电线杆和水泥墙等经过这种涂料涂刷后，号称城市牛皮癣的小广告就粘不牢，容易清理，甚至可以自行掉落。

6.4.3 对力学性能的影响

以熔融混合的方式制备的 PLA/CNT-COOH 纳米复合材料的力学性能见图 6-12。随着 CNT-COOH（表面含有羧基的 CNT）含量的增加，PLA/CNT-COOH 复合材料的拉伸强度迅速提高，然后略有下降。CNT-COOH 对拉伸强度的影响与 CNT-COOH 的刚性、高宽比、比表面积及在聚合物基体中的分散有关。CNT-COOH 的质量分数在 0.5% 以上时，拉伸强度略有下降，这可能是由于 CNT-COOH 在高含量中的团聚作用。随着 CNT-COOH 含量的增加，PLA/CNT-COOH 纳米复合材料的冲击强度先增大后减小。与纯 PLA 相比，添加 0.5% CNT-COOH 的纳米复合材料的冲击强度提高了 78.7%。结果表明 CNT-COOH 与 PLA 基体具有良好的相容性。随着 CNT-COOH 含量的进一步增加（大于 0.5%），由于范德华力相互作用，CNT-COOH 趋于聚集。因此，纳米复合材料的冲击强度降低[263]。

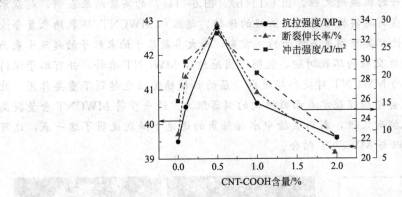

图 6-12　PLA/CNT-COOH 纳米复合材料的力学性能[263]

有文献指出，含 5% 纳米 ZnO 的木材塑性复合材料的弯曲强度和模量分别比无纳米 ZnO 的试样提高了 79.9% 和 27.2%。5% 纳米 ZnO 的燃烧时间和焦炭残留量分别提高了 105.1% 和 121.7%，燃烧速率和总发烟量分别降低了 20.3% 和 46.0%[264]。

为了使 SWCNT 可以在磁场下进行取向排列，文献用 Fe_2O_3 对 SWCNT 进行了改性，采用超声辅助 SWCNT-Fe_2O_3 在聚合物基体中的分散。图 6-13 显示，施加磁场的 1% SWCNT-Fe_2O_3 聚合物复合材料在所有样品中表现出最高的抗拉强度，比纯环氧树脂复合材料增强 9%，提高了 19.7%。用量增加到 2% 后，拉伸强度有所下降。这可能是由于 SWCNT-Fe_2O_3 分散性差。该实验证明利用磁场对单个 CNT 进行定向排列可以提高环氧聚合物复合材料的抗拉强度[265]。

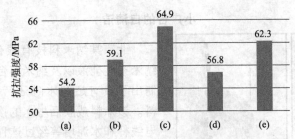

图 6-13　纯环氧树脂（a），未磁化的质量为 1% 的 SWCNT/环氧树脂（b），磁化的
1% SWCNT/环氧树脂（c），未磁化的 2% SWCNT/环氧树脂（d），磁化的
2% SWCNT/环氧树脂（e）的拉伸强度的变化[265]

除了上述性能以外，纳米材料的加入也影响了纳米复合材料的硬度，如图 6-14 所示，环氧树脂中加入 GO 后硬度从 17.1HV 增加到 19.0HV，而己二胺改性 GO 纳米复合材料的维氏硬度提高到 25.3HV，比 GO 基复合材料高 33% 左右，比纯环氧树脂高 48% 左右。GO/环氧表面硬度的增加表明，GO 表面的氨基降低了石墨烯片层的强自相互作用，从而促进了更好的分散和更均匀的力在碳结构和环氧基体中的分布。此外，氨基作为聚合物链的锚固点，增加了填料与基体之间的相互作用。GO 的加入具有均匀的分散和强的相互作用，更有效地促进了对外部应力的耗散[20]。

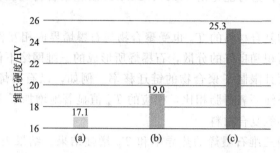

图 6-14　纯环氧（a），GO/环氧（b）以及己二胺改性 GO/环氧（c）的维氏硬度[20]

6.4.4　对热学性能的影响

采用热重分析方法（TGA）研究了 CNT-COOH/PLA 纳米复合材料在 N$_2$ 下的热稳定性。将质量损失为 5% 的温度定义为初始分解温度。图 6-15(a) 的 TGA 曲线显示，该纳米复合材料的初始分解温度随 CNT-COOH 含量的增加而升高。初始分解温度的升高可能是由于纳米材料阻止聚合物链段的运动而增加了排列聚合物链的难度。另外，随着 CNT-COOH 含量的增加，纳米复合材料的剩余产率增加，表明聚合物基体的热分解在纳米复合材料中具有延缓作用。这一结果可归因于物理阻碍效应，这是由于 CNT-COOH 会阻止分解产物在聚合物纳米复合材料中的迁移。因此加入少量的 CNT-COOH 可以显著提高 CNT-COOH/PLA 纳米复合材料的热稳定性。

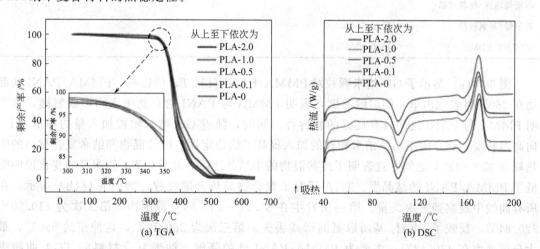

图 6-15　PLA/CNT-COOH 纳米复合材料中不同填料用量的曲线[263]

图 6-15(b) 的 DSC 曲线显示，T_g 与长链段的协同运动有关，CNT-COOH 可能阻碍长链段的协同运动，因此 CNT-COOH/PLA 具有比 PLA 更高的玻璃化转变温度，其原因可能

是 CNT-COOH 与 PLA 之间形成了较强的化学键，阻碍了聚合物链的运动。当纳米材料含量大于 0.5% 时，可在聚合物基体中物理分散。过量之后，可能导致有机相和无机相的分离，降低其相容性，T_g 值略有提高。该曲线还表明，随着纳米材料含量增加到 1%，熔融温度 T_m 明显降低，然后再轻微变化，可能是由于 CNT-COOH 抑制了聚合物链段的运动，使聚合物链排列更加困难，也是由于 CNT-COOH 的亲水性导致与聚乳酸的疏水段黏附性差。T_m 较低，使其成为一种更易加工的共混物。随着 CNT-COOH 含量的增加，熔融峰面积减小，表明结晶减少，这可能是由于 CNT-COOH 阻止聚合物链段移动而导致聚合物链排列困难增加。

石墨烯填充聚合物复合材料的 T_g 也受聚合物与石墨烯界面相互作用的影响。由于在聚合物基体中的高比表面积和良好的分散，石墨烯所形成的三维网络不仅增强了石墨烯与聚合物之间的相互作用，而且限制了聚合物的链迁移率。例如，以石墨烯模板法制备三维 GF/环氧复合材料，与实心纯环氧树脂相比，相应的 T_g 值显著地增加了 31℃，远高于机械搅拌法制备的石墨烯填充环氧复合材料[23]。

表 6-2 总结了各种三维石墨烯的热导率和 T_g 增强结果。结果表明，与纯聚合物相比，少量三维石墨烯的加入能显著提高高分子纳米复合材料的热导率和 T_g，说明三维石墨烯结构的建立是提高聚合物复合材料热性能的有效方式。

表 6-2 三维石墨烯及其它高分子纳米复合材料对热力学性能的改善[64]

高分子纳米复合材料	纯聚合物/复合材料热导率/W/(m·K)	ΔT_g/℃
石墨烯/PI	0.15/1.7(0.35%)	
石墨烯/环氧树脂		19(0.2%)
石墨烯-PU 泡沫/环氧树脂	0.18/1.52(5%)	
石墨烯气凝胶/PMMA	0.20/0.35(0.57%)、0.46(1.34%)、0.58(2.04%)、0.70(2.50%)皆为体积含量	
石墨烯泡沫/环氧树脂		31(0.2%)
石墨烯泡沫/PDMS	0.18/28.77(11.62%面内)、1.62(11.62%面外)	
石墨烯泡沫/环氧树脂		56(2%)
石墨烯/环氧树脂	0.20/1.70(30%)	
3D CNT/PDMS	0.18/0.82(5%)	

图 6-16(a) 显示了 GO 纳米颗粒对 PMMA/PANI 材料 T_m 的影响。PMMA/PANI 共混物在 260℃ 时表现出单一的熔融温度，表明 PMMA 与 PANI 的官能团之间形成氢键，这表明 PMMA 与 PANI 之间具有良好的相容性。同时，随着 GO 纳米颗粒加入量的增加，T_m 向高温转变，这是由于 GO 纳米颗粒的加入提高了热稳定性。纯共混物和纳米复合材料的吸热峰在 250～330℃ 之间，这表明了纯共混物的半结晶性质。此外，T_m 的深度的变化说明降低了 PMMA/PANI 的结晶度。TGA 研究了聚合物的热分解过程，如图 6-16(b) 所示，在所有曲线中观察到三次失重。第一次发生在 32.27～140.51℃ 范围内。第二次为 140.50～320.61℃，反映了—NH$_2$ 基团以氨的形式丢失。第三次为 380.18℃，延伸至约 590℃，最大分解速率在 420.42℃，主要为 PMMA/PANI 链的降解。纳米复合材料的 TGA 曲线表明，与纯 PMMA/PANI 相比，其热稳定性有了明显提高，并且由于 PMMA/PANI 与 GO 纳米颗粒的相互作用，其结构更加稳定[266]。

在薄膜中加入 MWCNT，空气存在下的热降解温度可提高 15℃。在 N$_2$ 存在下进行测量时，检测到了一个更明显的增长，它强烈地依赖于 MWCNT 的百分比，如图 6-17 所示。当 CNT 质量分数分别为 1%、3% 和 5% 时，T_d 分别增加了 23℃、65℃ 和 82℃。在这种情况下，热降解第一阶段的开始很可能是由于不涉及 O_2 的降解过程（脱水、随机分裂等），这些过程如果有 O_2 分子存在且在较高的温度下，其降解机制会被激活 [图 6-17(a)]。值得注意的是，MWCNT 的存在减缓了温度范围的热降解开始，而温度范围似乎与纳米粒子的数量直接相关[267]。

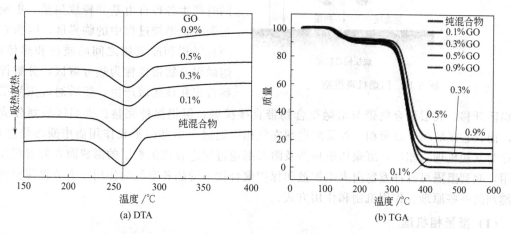

图 6-16　PMMA/PANI 共混物及加入不同含量的 GO 纳米颗粒的热稳定性测试[266]

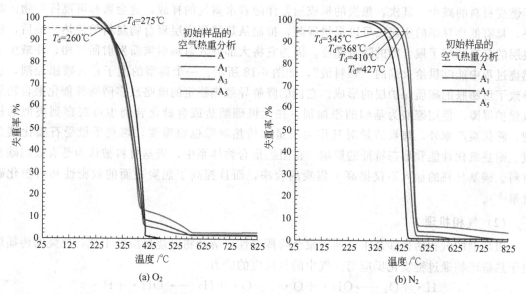

图 6-17　纯 iPP(A) 和 iPP-MWCNT 纳米复合材料（A_1 为 1%、A_3 为 3%、A_5 为 5%）的 TGA 曲线[267]

　　需要注意的是，纳米填料对聚合物的降解也会产生作用。比如氨基官能化 MWCNT 对 ε-己内酯的原位开环增强的热稳定性分析显示，最大量的填料可以催化分解反应[268]。进一步地研究黏土负载 CNT/聚 ε-己内酯纳米复合材料的热降解行为发现，黏土和 CNT 表面的羟基加速了聚合物的降解[269]。

6.4.5　对阻燃性能的影响

　　燃烧是一个复杂的物理和化学过程，因此很难确定一个主导机制。一般来说，气相和凝

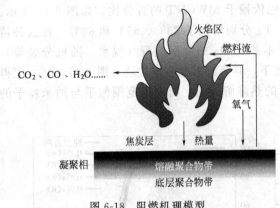

火焰区
燃料流
CO₂、CO、H₂O......
氧气
焦炭层　热量
凝聚相
熔融聚合物带
底层聚合物带

图 6-18　阻燃机理模型

聚相作用一直被认为是阻燃剂的主要有效机制。图 6-18 给出了阻燃机理模型。因此，有几个区域可以被识别为火焰区、焦炭层（也称煤焦层、碳层）、熔融聚合物带和底层聚合物带。在火焰区，聚合物降解产生的挥发物与空气中的 O_2 发生反应，同时产生各种自由基并释放热量。焦炭层是聚合物燃烧过程中的临界区，因为它控制着气相和凝聚相之间的质量和热传递。熔融聚合物带也称为热分解区，分解挥发物首先在该区域产生，然后通过焦炭层向

火焰区迁移。底层聚合物带与熔融聚合物带直接接触，但仍保持完整。火焰区被划分成气相，而其它区域属于凝聚相。如果阻燃剂在气相中通过自由基的吸收作用而中断燃烧过程，则称为气相机理。相反，凝聚相机理涉及阻燃剂通过促进表面焦炭层的形成而在凝聚相发挥作用，起到阻隔可燃挥发物向火焰扩散和保护聚合物不受热和空气的作用。本节将简要回顾阻燃剂的一些原理、作用机制和作用方式。

(1) 凝聚相机理

阻燃剂的加入是通过形成焦炭层在凝聚相中起作用的。首先，焦炭产量的增加意味着实际燃烧材料的减少。其次，焦炭的形成通常伴随着水蒸气的释放，这会稀释可燃挥发物。此外，具有低热导率的焦炭层可以提供屏蔽，抑制从热源到底层聚合物材料的传热。最后，焦炭层的存在减缓了聚合物的降解速度，因为它将大部分入射辐射重新发射回气相，并减少了燃烧过程中能够供给火焰的"燃料流"，如图 6-18 所示。一个典型的例子是含磷添加剂，它导致了可膨胀的碳质保护层的形成。它们的降解导致热稳定的吡咯或多磷物种催化聚合物形成保护屏障。使用硼酸为基础的添加剂，在无机硼酸盐或含硅化合物也可观察到类似的机理。除焦炭产率外，焦炭质量对其作为质量和传热屏障也很重要，焦炭质量受石墨化碳含量、耐热氧化性能和形态特征的影响。在阻燃聚合物体系中，碳基材料被认为是有效的碳素材料。碳基材料的加入不仅提高了焦炭的收率，而且提高了焦炭表面的致密性和石墨化碳含量[30]。

(2) 气相机理

阻燃剂的气相活性涉及阻燃剂对聚合物挥发性热解产物燃烧反应的干扰，燃烧的传播取决于热解产物通过链支化反应与大气中的氧反应的能力。

$$H\cdot + O_2 \longrightarrow OH\cdot + O\cdot \qquad O\cdot + H_2 \longrightarrow OH\cdot + H\cdot$$

为了减缓或阻止燃烧，必须抑制链支化反应。含卤（通常是氯和溴）化合物是通过气相机理起抑制作用的。在气相机理中，卤素添加剂的加入会优先释放气相中的特定自由基如 $Cl\cdot$ 和 $Br\cdot$，使其与高活性物种如 $H\cdot$ 和 $OH\cdot$ 发生反应，形成反应活性低的卤素原子。因此，燃烧过程的自由基反应被打断。火焰中发生的放热过程受阻，燃烧系统冷却，聚合物的热反馈减少，热解速率减慢，易燃气体进入火焰的进料减少，最终完全被抑制，如图6-18所示。

热源提高了弹性体或聚合物的温度。这种升温涉及分解（主要是热解）和形成低分子量的有机材料（通常是易挥发和易燃的，主要是自由基）。热诱导的聚合物分解会释放出非常

活泼的自由基，如 H· 或 OH·，这些自由基维持在气相中的燃烧状态。膨胀系统可用于保护聚合物或不同类型的固体材料（如建筑领域的金属梁）的阻燃涂层，成为防火保护层。阻燃材料形成了一层泡沫炭层或物理屏障，可以减缓燃烧区与聚合物基体之间的传热和传质。纳米粒子通过形成内部孔隙而强烈影响残渣的形态，从而间接改变其体积。纳米粒子与聚合物基体相互作用，因此最终的结构取决于有机相和无机相的混合和相容性。它们具有三种阻燃效应：①吸热分解；②惰性稀释剂气体的产生；③在分解的聚合物表面积聚惰性层，可以屏蔽辐射，并作为 O_2 进入燃料的屏障[28]。

在燃烧初期，由于复合材料表面的 O_2 的存在，聚合物基体发生了氧化反应。O_2 不能进入聚合物的内部，从而导致聚合物的热降解。降解后，会产生可燃气体，而残渣则会形成一些焦炭。一旦点火，燃烧速度取决于两个因素：①火焰在表面蔓延的速度；②火焰对大部分燃料的穿透率。火焰的热流会产生挥发物。如果火焰在材料上方，辐射传热将占主导地位。随着燃料热解速率的增加，火焰的热流会增加，随着时间的推移，热释放会出现一个更大的峰值。

虽然聚碳酸酯具有一定的阻燃性，能够在点火时形成多芳香族焦炭层并释放二氧化碳，但随着人们日益关注安全和循环利用，特别是在电气、电子和建筑应用方面，开发高阻燃聚碳酸酯仍然是至关重要的。少量 MgO（质量分数为 2%）可提高聚碳酸酯的热稳定性和可燃性，含 MgO 的纳米复合材料的氧指数从纯聚碳酸酯的 26.5% 提高到 36.8%。MgO 对聚碳酸酯阻燃性能的影响有两个方面：一方面，MgO 催化了聚碳酸酯的热氧化降解，加速了燃烧表面的热防护/质量损失屏障；另一方面，填料降低了初始阶段的活化能，提高了最终的热稳定性[270]。

对以 PET/纳米 $ZnCO_3$ 和 2-羧乙基（苯基膦）酸为原料，原位聚合得到的含磷 PET 纳米复合材料的阻燃性能测试表明，PET/$ZnCO_3$ 纳米复合材料的垂直燃烧测试结果为 V-2，极限氧指数 LOI 值为 23%，而含 0.6% 磷的 PET 纳米复合材料为 V-0 级和 LOI 值为 29%。与纯 PET 和 PET/纳米 $ZnCO_3$ 复合材料相比，纳米 $ZnCO_3$ 与磷的结合明显提高了 PET 的阻燃性能[271]。也有文献报道 Al_2O_3、TiO_2 等纳米粒子与磷酸盐添加剂结合可以提高 PMMA 的燃烧性能，其中 Al_2O_3 与磷酸盐具有一定的协同效应，使发热量峰值降低 30%，总放热时间增加。磷酸盐主要作用于凝聚相，氧化物则存在于磷酸盐添加剂促进的碳层中，起增强作用[270]。

6.4.6 对摩擦性能的影响

通常，在车的使用中，直接摩擦损失（不包括制动摩擦）会消耗约 28% 的燃料能量。减少机械系统中的摩擦是提高机械部件能效的重要途径之一。在纳米材料尤其是石墨烯、MoS_2 等的帮助下，高分子纳米复合材料能够大幅度降低摩擦系数和磨损，提高零件的承载能力。当将金刚石或 SiO_2 纳米粒子添加到润滑油中后，摩擦系数单调下降，并在一段时间后变得稳定，该作者认为两个摩擦表面的隔绝是纳米颗粒能够降低摩擦和磨损的主要原因[272]。但是并不是简单地将纳米材料加入到润滑油中，纳米颗粒的尺寸、形状、浓度、性质等都会对润滑剂的性能产生影响[273]。

(1) 纳米颗粒尺寸的影响

首先，纳米颗粒的尺寸决定了它的机械和理化性能，进而影响其摩擦性能。根据霍尔-佩奇定律，纳米材料的硬度随着其尺寸的减小而增加[274]，并且它们的塑性在粒径小于

10nm 后也会增加[275]。但是如果纳米颗粒比摩擦表面更硬，可能会产生磨损。因此，当纳米材料加入到润滑剂中时，需要考虑纳米颗粒尺寸引起的变化。其次，应注意摩擦表面的粗糙度，因为如果纳米颗粒的半径大于摩擦表面不规则的尺寸，那么纳米添加剂就不会具有摩擦学优势。反之，纳米颗粒将修复摩擦表面的不规则性，使其变得更加光滑，从而改善摩擦性能。最后，润滑剂成分的均匀性还取决于纳米颗粒的大小。根据斯托克斯定律，随着纳米颗粒尺寸的减小，分散稳定性得到改善。

(2) 纳米颗粒形貌的影响

纳米颗粒的形状是需要考虑的另一个重要参数。例如，在给定的载荷下，纳米球体将比纳米血小板承受更大的压力，因为前者的接触表面积要小很多倍。因此，使用层状纳米颗粒，摩擦表面的变形概率最低。

(3) 内部纳米结构的影响

纳米颗粒的内部结构会影响其力学性能，从而影响其摩擦学性能。例如，纳米材料中的空位（即肖特基缺陷）抑制了位错的运动，从而增加了机械强度[276]。因此，有限数量的原子空位的存在可以增加纳米材料的机械强度，对摩擦性能产生有益的影响。然而，过多的缺陷可能会降低纳米材料的机械强度。例如，抗拉强度和杨氏模量会随着纳米管的每个原子缺陷而逐渐降低[277]。

(4) 表面功能化的影响

表面功能化在纳米改性润滑剂的发展中也起着重要作用。非功能化纳米颗粒由于受到强范德华力的作用而易于聚集。例如，表面活性剂包覆的纳米颗粒由于以下原因而具有更高的摩擦学性能。

① 表面活性剂分子附着在纳米颗粒上，从而在每个纳米颗粒周围形成缓冲区，因此，随着颗粒间距离的增加，范德华力减弱，从而防止团聚。

② 表面活性剂分子附着在纳米颗粒上，使其在整个外表面上的极性相同。所有纳米颗粒的外壳均具有相同的电荷，因此它们相互排斥，从而防止团聚。

③ 表面活性剂保护纳米颗粒表面不与摩擦表面直接接触。

④ 表面活性剂锚定的纳米颗粒具有混合结构（即固体内部和柔性外部结构）。这种协同组合可以减少高压下的摩擦。

当需要提高纳米颗粒的稳定性和在基础油中的均匀分布时，表面功能化是一个必要条件。比如使用含多巴胺和 2-甲基丙烯酰氧乙基磷酰胆碱（MPC）的仿生共聚物接枝到纳米金刚石表面，以提高润滑性能；使用甘油、甘油混合纳米金刚石和甘油混合纳米金刚石-MPC 作为润滑剂的结果表明，在润滑油中添加纳米金刚石可明显减少磨损，摩擦磨损痕和磨损轨迹也较小；使用甘油混合纳米金刚石-MPC 时摩擦系数进一步降低 40% 左右。这可归因于纳米金刚石表面改性的两性离子刷的水化润滑和纳米颗粒的滚动效应[278]。

对分散在 PEG200 中的石墨纳米片进行了不同剂量的 γ 射线照射。PEG 中存在的羟基官能团通过氢键与石墨纳米片的羟基、羰基和羧基进行化学接枝。接枝过程是由溶剂辐解产生的活性自由基驱动的。研究结果显示，γ 射线照射不仅架设了 PEG 与石墨纳米片之间的功能桥梁，而且进一步减少了石墨纳米片中的边缘缺陷和基面缺陷。化学接枝和缺陷的减少及石墨纳米片中的片间距离的增大，使摩擦系数和磨损性能分别比单纯 PEG 提高了 26% 和 32%。当 PEG 与石墨纳米片进行化学接枝时，润滑机理是通过平面间弱力来实现的，PEG 与石墨纳米片的静电相互作用起到了分子桥梁的作用，从而增强了摩擦应力的可持续性[88]。石墨纳米片换成 rGO 后，滑动钢表面的摩擦系数和磨损率分别降低了 38% 和 55%[279]。

对于含有 30% 玻璃纤维的尼龙来说，加入 5% 的石墨烯后，摩擦系数和磨损率分别降低了 30% 和 35%。该作者认为高的石墨烯的导热性能可以促进摩擦热的更好耗散，同时其高的杨氏模量和抗拉强度降低了磨损率[280]。通过搅拌摩擦加工，向镁合金中加入 15nm 厚的石墨烯纳米片层来制备纳米复合材料。石墨烯纳米片层通过挤压、涂抹表面，最终在滑动表面之间形成一层保护层，从而降低了黏着磨损，摩擦系数降低到 60%，而且降低了摩擦曲线的波动，如图 6-19 所示。通过增加正常载荷和滑动速度，石墨烯纳米片层和周围镁合金基体更容易脱黏，在滑动表面之间形成一层润滑层，进一步降低了摩擦系数[281]。

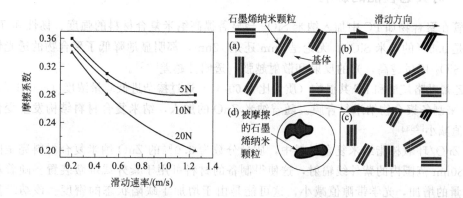

图 6-19　不同载荷下石墨烯片层/镁合金纳米复合材料的摩擦系数的变化及摩擦机理
[(a)、(b)、(c) 为侧视图，(d) 为俯视图[281]]

有文献通过十八烷基三氯硅烷（OTCS）和十八烷基三乙氧基硅烷（OTES）的共价反应制备了烷基化 rGO 及 GO（图 6-20）。研究结果显示，GO-OTCS 的烷基链的接枝率较高，而 rGO-OTES 则表现出最低的接枝率。烷基化 GO/rGO 中的十八烷基链与润滑油的基础油——多元醇酯十八烷基链之间的范德华相互作用使烷基化 GO/rGO 能够分散在基础油中，烷基链的接枝密度和 GO/rGO 中氧官能团的存在共同保证了它们的分散稳定性。作为基础油添加剂的烷基化 GO/rGO 在小剂量（0.04～0.06mg/mL）的添加情况下，减少了与钢 23%～37% 的摩擦和 15%～17% 磨损，显示出显著的摩擦性能[207]。

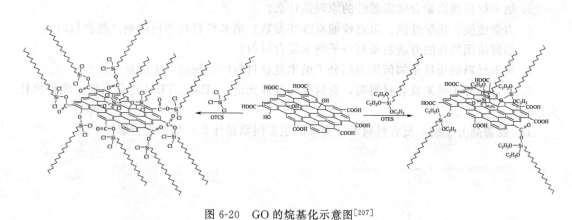

图 6-20　GO 的烷基化示意图[207]

表 6-3 显示了润滑油中添加其它类型纳米颗粒后对摩擦性能的影响。

表 6-3 　纳米颗粒加入到润滑油中产生的摩擦性能的变化[273]

纳米颗粒	质量分数/%	摩擦系数和磨损系数降低效果
Al_2O_3	0.1	分别降低 17.61% 和 41.75%，形成保护膜
TiO_2	0.1	分别降低 13.23% 和 11.78%，形成保护膜
Cu	0.8	分别降低 14.08% 和 65.60%
ZnO	1	分别降低 33.37% 和 33.15%
Fe_3O_4	0.5、1 和 2	分别降低 41.8%、51.5% 和 64.7%

6.4.7　对其它性能的影响

尽管在聚合物如 PC 中加入纳米 SiO_2 会显著提高纳米复合材料的强度、韧性和 T_g，但是即便是 0.5% 的纳米 SiO_2，无论是 7nm 还是 12nm，都明显地降低了聚合物的透光性，并且纳米 SiO_2 用量越高，光的反射和散射越强，透明性越差[282]。

聚乙烯吡咯烷酮和 PC 共混物（质量比为 60/40）通过掺杂进低质量浓度（≤0.6%）的纳米 ZnO 来制备聚合物纳米复合膜。随着纳米 ZnO 的加入，纳米复合材料结构发生变化，光能带隙值减小[283]。

在 ZnO/环氧树脂纳米复合材料中，质量分数为 3.0% 的 ZnO 纳米复合材料完全阻挡了 300~480nm 范围内的紫外线辐射，这使得制备的材料可用于紫外线屏蔽装置。随着填料中 ZnO 含量的增加，光学带隙值减小，这可能是由于增加了缺陷状态的密度。该纳米复合材料的能量密度显著提高，在 20℃下，含量为 3.0% ZnO 的纳米复合材料约为 $2×10^{-6}J/m^3$，表明 ZnO 纳米颗粒使复合材料适用于储能材料[284]。

思 考 题

1. 如何得到具备超疏水性能的高分子纳米复合材料？
2. 纳米材料改性的目的是什么？
3. 纳米材料填充聚合物后，既能够产生增韧作用又能够产生增强作用，其机理是什么？
4. 什么是原位聚合？什么是原位填充聚合？
5. 纳米材料提高聚合物阻燃性的原理是什么？
6. 力学性能、热学性能、阻燃性能有哪些参数？纳米材料是如何影响这些参数的？
7. 如何使用填充的方法制备高分子纳米复合材料？
8. 纳米材料的用量是如何影响高分子纳米复合材料的形貌的？原因是什么？
9. 制备高分子纳米复合材料时，为何要用红外光谱、SEM、TEM 进行表征？能得出什么信息？
10. 制备高分子纳米复合材料时，面临的主要问题是什么？如何进行解决？

第7章

溶胶-凝胶高分子纳米复合材料

溶胶-凝胶法（sol-gel法）是一种条件温和的材料制备方法，以无机物或金属醇盐作为前驱体，在液相中将这些原料均匀混合，并进行水解、缩合化学反应，在溶液中形成稳定的透明溶胶体系，溶胶经陈化，在胶粒间缓慢聚合，形成三维空间网络结构的凝胶，凝胶网络间充满了失去流动性的溶剂，形成凝胶。凝胶经过干燥、烧结固化制备出分子乃至纳米结构的材料。纳米材料在溶胶-凝胶形成过程中，加入单体、聚合物而得到的复合材料称之为溶胶-凝胶高分子纳米复合材料。

溶胶相被定义为流动流体，而凝胶相在实验尺度上是不流动的，同时保持其完整性。凝胶相出现在聚合物的临界凝胶浓度以上。临界凝胶浓度最常与聚合物的分子量成反比。从历史上看，天然生物聚合物凝胶被用作食品和食品加工助剂，也用于制药。

凝胶形成过程中，凝胶中的三螺旋构象和多糖中的双螺旋构象的相互转化促进了结晶的成核和生长。螺旋的形成和螺旋的聚集导致了如图 7-1 所示的连接点的形成。在高温下，它们被假定有一个随机的线圈构象。在降低温度时，它们开始形成双螺旋和集合体，形成结，即凝胶的物理连接。

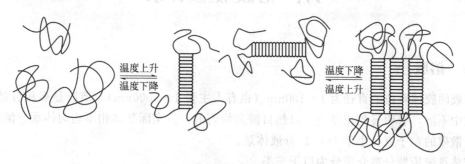

温度上升 / 温度下降　　　　温度下降 / 温度上升

图 7-1　多糖在水中的凝胶化机理[285]

溶胶-凝胶法制备的纳米薄膜具有薄膜结构可控、折射率可调、激光损伤阈值极高等优点，已被应用于某些高能激光器件中。然而，在实际应用中，薄膜的开裂影响了激光损伤阈值和输出功率，这对溶胶-凝胶法制备纳米 SiO_2 薄膜的光学应用提出了疑问。有文献研究了制备完全无裂纹 SiO_2 薄膜的最佳工艺参数，使其可作为可饱和吸收体的光学元件，适用于锁模和调 Q 激光器[286]。溶胶-凝胶衍生 SiO_2 具有高稳定性、高化学惰性、高孔隙率、高刚性、无毒性等特点，可应用于分子印迹传感器[287]。

填充高分子纳米复合材料所用的纳米材料通常是购买的，经过表面处理后再加入到单体或聚合物中成型。而本章中的纳米材料是采用溶胶-凝胶法制备的，可以在纳米材料形成过程中加入单体或聚合物来制备高分子纳米复合材料。该种方法的特点如下所述。

① 由于溶胶-凝胶法中所用的原料首先被分散到溶剂中而形成低黏度的溶液，因此，可以在很短的时间内获得分子水平的均匀性。在形成凝胶时，反应物之间很可能是在分子水平上被均匀地混合。

② 经过溶液反应步骤，很容易均匀定量地掺入一些微量元素，实现分子水平上的均匀掺杂。

③ 与固相反应相比，化学反应将容易进行，而且仅需要较低的合成温度，一般认为溶胶-凝胶体系中组分的扩散在纳米范围内，而固相反应时组分扩散是在微米范围内，因此反应容易进行，温度较低。

④ 选择合适的条件可以制备各种新型材料。

其缺点如下所述。

① 目前所使用的原料比较昂贵，有些原料为有机物，对健康有害。

② 通常整个溶胶-凝胶过程所需时间较长，常需要几天或几周。

③ 凝胶中存在大量微孔，在干燥过程中又将逸出许多气体及有机物，并产生收缩。

此外，通过原位沉淀（或共沉淀）聚合，纳米颗粒特别是磁性纳米颗粒与聚合物相结合，也可以制备新型高分子纳米复合材料，最终产品的大小取决于工艺材料、添加剂、温度、时间、pH 以及所用磁性材料的类型和数量。比如以 $FeCl_3$ 为磁性介质，通过吡咯单体原位聚合，在一步沉淀过程中形成了一种新型的聚吡咯-Fe_3O_4 复合材料，通过该工艺可以获得 10nm 大小的颗粒，BET 面积（1g 固体所占有的总表面积，含孔洞面积）为 1206.53m^2/g，用于从水中吸附氟化物[288]。

7.1 溶胶-凝胶体系

7.1.1 溶胶

溶胶的胶体颗粒的直径为 1~100nm（也有人主张 1~1000nm）。溶胶是多相分散体系，在介质中不溶，有明显的相界面。虽然目测是均匀的，但实际是多相不均匀体系。溶液则指的是分散质的粒子直径小于 1nm 的分散体系。

胶体系统依照分散介质分为以下三类。

① 以气体作为分散介质的胶体，称为气溶胶，如火山喷发的烟尘、车辆产生的废气排放至空气中的大量烟粒，以及雾霾，是固态纳米颗粒飘浮在空气中形成的。当气溶胶的浓度达到足够高时，将对人类健康造成威胁，尤其是哮喘病人及其它有呼吸道疾病的人群。空气中的气溶胶还能传播真菌和病毒，这可能会导致一些地区疾病的流行和暴发。

② 以液体作为分散介质的胶体，分散体系称为液溶胶或溶胶，如氢氧化铁溶胶。

③ 以固体作为分散介质的胶体，称为固溶胶，如珍珠、合金、有色玻璃等。

溶胶的制备方法如下。

① 凝聚法：由分子或离子凝聚而成。

将硫的丙酮溶液滴入 90℃ 左右的热水中，丙酮蒸发后，可得硫的水溶胶。松香易溶于乙醇而难溶于水，将松香的乙醇溶液滴入水中可制备松香的水溶胶。

② 分散法：用强力机械、化学等方法使固体的粒子变小。

纳米微粒在强力机械作用下，或在超声作用下，在有机化合物中可以形成溶胶。样品管固定在变压器油浴中。在两个电极上通入高频电流，使电极中间的石英片发生机械振荡，使管中的两个液相均匀地混合成乳状液。

溶胶的光学性质如下。

① 丁达尔效应：当光线入射到溶胶分散体系中时，有部分能自由通过，另一部分被吸收、反射或散射。如果分散质的大小在胶体范围内，则发生明显的散射现象，这种现象就称为丁达尔效应，如图7-2所示。

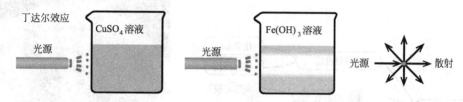

图 7-2　真溶液与胶体溶液的丁达尔效应

在光的传播过程中，光线照射到粒子时，如果粒子大于入射光波长则产生光的反射；如果粒子小于入射光波长，则发生光的散射，这时观察到的是光波环绕微粒而向其四周放射的光，称为散射光或乳光。丁达尔效应就是光的散射现象或称乳光现象。

那么真溶液有丁达尔效应吗？

由于溶胶粒子大小一般不超过100nm，小于可见光波长（400～700nm），因此，当可见光透过溶胶时会产生明显的散射作用。而对于真溶液，虽然分子或离子更小，但因散射光的强度随散射粒子体积的减小而明显减弱，因此，真溶液对光的散射作用很微弱。所以说，胶体有丁达尔现象，而真溶液没有。胶体和真溶液可以采用丁达尔现象来区分。

在树林中，常常可以看到从枝叶间透过的一道道光柱。这种自然界的现象也是丁达尔现象。因为空气中的云、雾、烟尘也是胶体，这种胶体的分散剂是空气，分散质是微小的尘埃或液滴。

② 电泳现象：胶粒因带电而具有的电动现象。

水性介质胶粒带电的原因主要有三种。

① 胶粒本身的电离：硅溶胶在弱酸性或碱性条件下，因硅胶粒电离而荷负电。

② 胶粒的吸附：胶粒可吸附水性介质中的 H^+、OH^- 或其它离子，使胶粒带电。

③ 胶粒晶格中某原子被取代：蒙脱土晶格中的 Al^{3+} 可部分被 Mg^{2+} 或 Ca^{2+} 取代而荷负电。

聚合物往往呈一定线团状态（大小介于1～1000nm）分布于分散体系中，其分散体系属于胶体体系，但是其各方面性质更趋向于真溶液状态，比如是热力学稳定的均相体系等，几乎没有丁达尔效应。

7.1.2　凝胶

溶胶或溶液中的胶体粒子或高分子在一定条件下互相连接，形成空间网状结构，结构空隙中充满了作为分散介质的液体，这样一种特殊的分散体系称作凝胶。凝胶不具有流动性，呈半固体状态，是一种介于固体和液体之间的形态。

随着凝胶的形成，溶胶失去流动性，显示出固体的性质（一定的几何外形、弹性、强度等），但从内部结构看，却与固体不一样，存在固-液（或气）两相，属于胶体分散体系，具有液体的某些性质（如离子在其中的扩散速率）。

高分子链之间以相互作用力联结在一起形成的内部充满介质的三维网络结构称为高分子凝胶。相互作用力可以是纯粹的物理作用，如氢键、范德华力、结晶等，该凝胶是物理凝胶；也可以是共价键等化学键，此时该凝胶称为化学凝胶；若凝胶中充满的液体是水，则称为水凝胶；充满的是有机溶剂则称为有机凝胶；若充满的是空气，则称为气凝胶。因此聚合物凝胶可以分为图 7-3 所列举的几类。

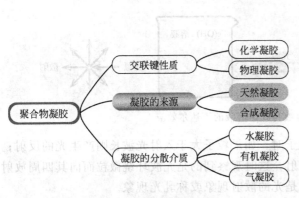

图 7-3　聚合物凝胶的分类

图 7-4　可以吃的水凝胶

水凝胶是最常见也是最为重要的一种。绝大多数的生物内存在的天然凝胶以及许多合成的高分子凝胶均属于水凝胶。现在研究的水凝胶具有出色的智能性和高强度。智能性水凝胶是一类对外界刺激（温度、pH 值、溶剂、盐浓度、光、电场）能产生敏感响应的水凝胶。水凝胶可以吸收超出自重达几百倍的水，故大量使用在卫生材料中，比如尿不湿。水凝胶具有亲水性，但是不溶于水，它在水中可溶胀至一个平衡体积，仍能保持其形状。

图 7-4 展示的肉皮冻就是熬煮猪皮得到的胶原蛋白的水溶液在低温下的凝固体，本质就是水凝胶，是由于胶原蛋白分子链间物理作用加缠绕形成了物理交联点。随着温度降低，黏度逐渐增大，进而形成物理凝胶。

小知识

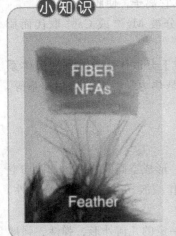

气凝胶（aerogel）

气凝胶是一种空气占 98% 以上的超轻质的固体材料。1999 年，美国航空航天局研制出了密度为 $3mg/cm^3$ 的 SiO_2 气凝胶，成为当时世界上最轻的固体材料。2012 年，德国科学家制造了一种更轻的"石墨气凝胶"，其密度为 $0.18mg/cm^3$。2013 年，浙江大学研制的"全碳气凝胶"，密度为 $0.16mg/cm^3$，创造了一个新的纪录。2014 年东华大学研发的 $0.12mg/cm^3$ "纤维气凝胶"，成功刷新了"世界最轻材料"的记录[289]。

7.2 纳米材料前驱体的溶胶-凝胶反应

7.2.1 纳米材料的前驱体

前驱体（precursor）是获得目标产物前的一种存在形式，不是一个确切的科学术语，没有特定的概念。也有人把它定义为目标产物的雏形样品，即经过某些步骤就可实现目标产物的前级产物。值得注意的是，前驱体不是初始原料，可能是某些中间产物。例如，要获得 Fe_2O_3，首先将 $FeCl_3$ 溶液和 $NaOH$ 溶液混合反应生成 $Fe(OH)_3$，然后将 $Fe(OH)_3$ 煅烧得到 Fe_2O_3，因此习惯称 $Fe(OH)_3$ 是 Fe_2O_3 的前驱体，而不是 $FeCl_3$ 溶液和 $NaOH$ 溶液。

前驱体的材料有很多，典型的如 $Si(OC_2H_5)_4$（正硅酸乙酯，TEOS）是纳米 SiO_2 的前驱体，$Ti(OC_4H_9)_4$ 是纳米 TiO_2 的前驱体，$Zn(Ac)_2 \cdot 2H_2O$ 是纳米 ZnO 的前驱体，常用的金属醇盐如表 7-1 所示。

表 7-1 常用的金属醇盐

金属元素	金属醇盐			
Si	$Si(OCH_3)_4(l)$	$Si(OC_2H_5)_4(l)$	$Si(OC_3H_7)_4(l)$	$Si(OC_4H_9)_4(l)$
Ti	$Ti(OCH_3)_4(s)$	$Ti(OC_2H_5)_4(l)$	$Ti(OC_3H_7)_4(l)$	$Ti(OC_4H_9)_4(l)$
Zr	$Zr(OCH_3)_4(s)$	$Zr(OC_2H_5)_4(s)$	$Zr(OC_3H_7)_4(s)$	$Zr(OC_4H_9)_4(s)$
Al	$Al(OCH_3)_3(s)$	$Al(OC_2H_5)_3(s)$	$Al(OC_3H_7)_3(s)$	$Al(OC_4H_9)_3(s)$

金属醇盐不但价格昂贵、有毒，而且极易水解，溶胶-凝胶法采用的其它原料种类及作用，如表 7-2 所示。

表 7-2 溶胶-凝胶法采用的其它原料种类及作用

原料种类	实例	作用
金属乙酰丙酮盐	$Zn(COCH_2COCH_3)_2$	金属醇盐替代物
金属有机酸盐	$Zn(CH_3COO)_2$、$Ba(HCOO)_2$	金属醇盐替代物
金属氯化物	$SiCl_4$、$TiCl_4$	金属醇盐替代物
水		水解反应的必需原料
溶剂	甲醇、乙醇、丙醇、丁醇（主要溶剂）、二甲苯等	溶解金属化合物，调制均匀溶胶
催化剂及螯合剂	盐酸、乙酸、硫酸、硝酸、氨水、NaOH、EDTA	金属化合物的水解催化
水解控制剂	乙酰丙酮	控制水解速度
分散剂	PVA	溶胶分散作用
干燥开裂控制剂	乙二酸、草酸、DMF	防止凝胶开裂

★【例 7-1】 纳米 TiO_2 的溶胶-凝胶法制备[134]。

在 100mL 0℃的二次蒸馏水中加入 3mL $TiCl_4$，在恒定搅拌下得到一种无色溶液，进一步搅拌 2h 完成反应，反应 24h 后得到白色沉淀。白色沉淀物用乙醇和二次蒸馏水洗净，然后在 80℃下干燥，即为 TiO_2 纳米粒子。XRD 发现 TiO_2 的晶粒尺寸在 3～8nm 之间。

7.2.2 纳米 SiO_2 的溶胶-凝胶制备过程

以 TEOS 为前驱体，可以采用溶胶-凝胶法制备 SiO_2 纳米薄膜。水解和缩聚一般在液相中用酸或碱催化剂进行，形成稳定的溶胶。溶胶经过一段时间的老化形成具有三维网络结构的凝胶，它经历了聚合成粒、粒子生长、粒子间网络形成、网络膨胀和黏附等阶段。该凝胶经干燥、烧结固化等来制备纳米材料。该方法具有工艺简单、温度低、易于控制、均匀性、成本低、应用范围广等优点。

本节以纳米 SiO_2 为例，说明溶胶-凝胶制备过程。

纳米微粒前驱体的水解机理

TEOS 是最早用于制备纳米复合材料的无机前驱体。在聚合物存在下，硅氧烷的水解有其特殊性，主要体现在硅氧烷化合物与聚合物在溶剂中混合、水解和缩聚各个阶段，控制好反应条件，可以得到透明的复合材料。溶胶-凝胶的反应过程中的反应阶段如图 7-5 所示。

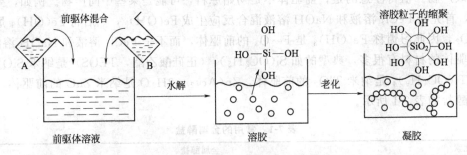

图 7-5　溶胶-凝胶的反应过程示意图

① 水解过程，这个过程是向溶胶转变。在催化剂的作用下，TEOS 水解成可以缩聚的水解物。

$$RO-Si-OR + H_2O \longrightarrow RO-Si-OH + ROH$$

$$RO-Si-OH + H_2O \longrightarrow HO-Si-OH + ROH$$

$$HO-Si-OH + H_2O \longrightarrow HO-Si-OH + ROH$$

$$HO-Si-OH + H_2O \longrightarrow HO-Si-OH + ROH$$

② 缩聚过程，这个过程是向凝胶转变。上述水解产物彼此间进行缩聚、成核、沿核生长，并最终形成纳米材料。

吸附水　　耦合的羟基　　双生羟基

120　　高分子纳米复合材料

形成的纳米微粒表面含有硅羟基、硅烷氧基，在聚合物前驱体或预聚体存在时，这些表面基团能与官能团反应。

★【例 7-2】 核壳结构 $TiO_2@SiO_2$ 纳米材料的制备[290]。

首先将 2.5g CTAB 溶于 500mL 去离子水中，形成均匀的分散体。然后将 2.5g 纳米 TiO_2 加入上述分散体系，20℃连续搅拌 24h，以保证纳米 TiO_2 被 CTAB 充分覆盖。通过离心、洗涤两次去除未吸附的 CTAB。CTAB 修饰的纳米 TiO_2 再分散在 100mL 去离子水和 400mL 乙醇溶液中，用超声波处理使之形成稳定的分散体。然后用精密泵将 5mL 氨水和 5mL TEOS 分别加入上述悬浮液中，在 20℃下搅拌 12h 完成反应。接着，将制备的悬浮液离心，用乙醇和去离子水两次洗涤，40℃真空干燥 24h，最后 500℃煅烧 2h 保持致密化，得到的产物为 $TiO_2@SiO_2$。合成示意图及结果如图 7-6 所示。

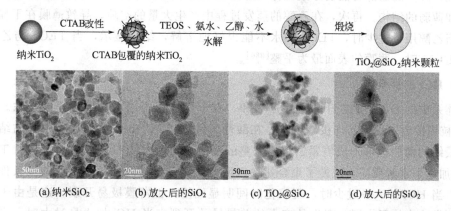

图 7-6 核壳结构 $TiO_2@SiO_2$ 纳米材料的合成路线示意图及 TEM 图

7.2.3 影响因素

(1) 水的影响

水既是水解的反应物，又是缩聚反应的产物。一方面，增加水的用量有利于水解。但另一方面，它还可以稀释溶液。因此，水的含量不应过高或过低。当水含量过低时，TEOS 不能完全水解。过量的水会使缩聚反应的平衡向左移动，从而使 SiO_2 难以形成。此外，由于干燥过程中水的蒸发，最终薄膜中会含有大量的水，从而导致薄膜开裂。图 7-7 显示了不同量的水对凝胶化时间的影响。随着水的用量增加，凝胶化时间明显缩短。当 TEOS 与水的摩尔比为 1:18 时，凝胶化时间开始增加，最短的凝胶化时间为 22h。理论上 4mol 的水可完全水解 TEOS，但为了缩短反应时间，实际的反应量往往远远大于 4mol。在观察 SiO_2 薄膜产品表面形貌时发现，当 TEOS 与水的摩尔比为 1:2 或 1:4 时，除微裂纹外，薄膜相对平坦。随着水用

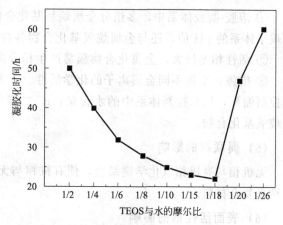

图 7-7 水对凝胶化时间的影响[286]

量的增加，薄膜表面变得粗糙。当 TEOS 与水的摩尔比为 1:8 时，薄膜几乎被粉碎。但随着水含量的增加，薄膜又开始变平。当 TEOS 与水的摩尔比达到 1:15 时，薄膜表面有了很大的改善。除了几个点外，其它地方都没有裂缝。当水的比例再次增大时，薄膜又变得粗糙。当 TEOS 与水的摩尔比为 1:18 时，凝胶化时间虽然最短，但该薄膜明显开裂。当 TEOS 与水的摩尔比为 1:15 时，凝胶化时间并非最短，但薄膜表面基本平整，无裂纹。因此可以确定 TEOS 与水的摩尔比为 1:15[286]。

（2）乙醇的影响

乙醇作为共溶剂，增加了 TEOS 与水的接触面积，加速了反应。乙醇是水解产物，过量的乙醇使反应的平衡向左移动。相反，加入过少的乙醇会降低反应速率。对于 SiO₂ 薄膜产品来说，过量的乙醇可能会导致部分乙醇留在最终形成的薄膜中，降低薄膜的密度，并形成疏松和薄弱的结构。再次，在乙醇的蒸发过程中产生大量的空隙，导致薄膜在干燥过程中开裂。当乙醇用量过少时，TEOS 和水不能很好地溶解，结果显示，当 TEOS 与乙醇的摩尔比为 1:10 时，薄膜的表面最为平整[286]。

（3）HCl 的影响

该体系中的 OH⁻ 可被 HCl 催化剂中和，在干燥过程中以水的形式蒸发去除。这使得 SiO₂ 颗粒更接近、更容易连接。因此，在酸性条件下，TEOS 在溶胶过程中起黏结剂的作用，使最终的薄膜能够形成更紧密、更完整的网络结构。大量 HCl 的 H⁺ 中和了 TEOS 的 OH⁻，加速了水解反应，减慢了聚合速率。因此，凝胶化时间主要取决于酸性条件下的聚合速率。当 HCl 加入量过少时，凝胶化时间明显缩短，但薄膜极易开裂。这是由于表面上的溶剂蒸发速率快于内层，产生的应力的差异导致开裂。当 HCl 加入量过大时，凝胶化时间增加，从而影响最终薄膜的性能。从 SiO₂ 薄膜的表面形貌观察可知，无论是较少还是较多的 HCl 都会导致薄膜开裂，且在 TEOS 与 HCl 的摩尔比为 1:0.1 的条件下形成了无裂纹膜[286]。

对硅氧烷来说，水解时的 pH 值比缩聚时的 pH 值要大。pH 值较大时，缩聚反应速率较快，容易导致产生团簇，进而形成胶团粒子化结构，甚至造成粒子的聚集沉淀，与聚合物造成相分离，无法得到纳米级复合材料。

（4）金属离子相对活性的影响

① 溶胶-凝胶体系中，多组分金属烷氧基化合物参与的反应，最终产物的结构形态不仅依赖于体系的 pH 值，还与金属烷氧基化合物各自的化学活性有关。

② 活性相差较大，金属化合物簇易产生相分离。

③ 措施：平衡不同金属离子的化学活性。a. 加入化学添加剂如乙二醇和乙酸等；b. 化学控制缩聚，比如控制体系中的水含量；c. 二步合成法。先进行低活性反应，后加入高活性烷氧基化合物。

（5）偶联剂的影响

无机相与有机相以化学键结合，使有机相与无机相形成统一整体，成为真正的有机/无机纳米复合材料。

（6）表面活性剂的影响

无表面活性剂时，溶胶-凝胶法形成的纳米粒子的比表面积最高，但颗粒高度团聚。与非离子表面活性剂聚乙二醇（PEG-400）和三嵌段聚醚（P123）相比，十六烷基三甲基溴化铵制备的纳米粒子具有球形、尺寸小、粒径分布窄、比表面积大等特点[228]。

7.2.4 对纳米 SiO_2 的表面改性

对于溶胶-凝胶法制备的纳米 SiO_2，由于颗粒表面存在大量活性—OH 基团，颗粒聚集会自然发生[291]。这些—OH 基团往往形成氢键或发生相互缩合反应，从而在相邻粒子之间形成 Si—O—Si 键。因此，当溶胶的溶剂被除去，如形成粉状产品时，就会形成大的不可逆聚集体（二次粒子），它们不再分散在原溶剂中。为了防止纳米粒子的聚集，通常需要使粒子表面的—OH 基团失活。为达到这一目的，通常采用各种物理手段，例如加入螯合剂和表面活性剂，以及各种化学改性方法。例如，表面活性剂可以作为纳米反应器或模板，用于合成包裹在表面活性剂分子胶束中的独立纳米粒子。另一方面，通过与改性剂（即结构上含有 RSiX、ROH 或 RNCO 的分子反应），可以减少表面—OH 的含量。例如，通过与 3-(三甲氧基硅基) 甲基丙烯酸丙酯和三甲基乙氧基硅烷反应，利用溶胶-凝胶法合成得到的纳米 SiO_2，其粒径达到 2～5nm，可以制备一种由约 98% 的纳米 SiO_2 和 2% 溶剂组成的糊状材料，在 6 个月内保持稳定性和分散性[70]。

由于存在严重的聚集，样品中 SiO_2 团簇的尺寸可能相当大（>500nm），从而降低产品的质量。因此，需要制备在干燥过程中不聚集且易于分散在有机溶剂中的 SiO_2 颗粒。为了避免—OH 官能团之间的相互作用，有文献使用三甲基乙氧基硅烷水解后产生的—OH 与溶胶-凝胶生成的纳米 SiO_2 的端羟基反应，从而降低纳米 SiO_2 的端羟基数量，达到避免它们团聚的目的，反应方程式如图 7-8 所示。改性后的 SiO_2 纳米粒子可在多种有机溶剂中分散，其分散性取决于与 SiO_2 纳米粒子结合的三甲基乙氧基硅烷的量。用动态光散射方法测定了改性后的 SiO_2 纳米粒子在不同溶剂中的粒径，在 2～10nm 范围内（图 7-8）。TEM 结果表明，纳米粒子的最大可分辨尺寸为 10nm，与动态光散射方法的结果基本一致[292]。

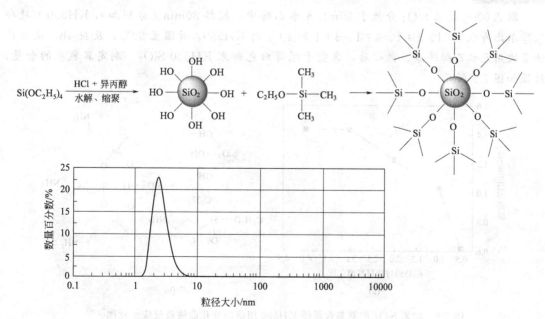

图 7-8 纳米 SiO_2 的合成与改性示意图及粒径分布[292]

小知识

FTIR 对化学反应过程的跟踪[292]

下图为纳米 SiO₂ 与三甲基乙氧基硅烷在反应过程中随时间变化的 FT-IR 曲线。反应过程中，纳米 SiO₂ 上羟基不断减少，而甲基持续增加，因此可以使用红外光谱通过对上述官能团的检测来检验反应进行的程度。946cm⁻¹ 处的吸收带对应于粒子上 Si—OH 基团的拉伸振动，其强度在初始 30min 内明显减小，在剩余的 2.5h 逐渐达到一个恒定的水平，3320cm⁻¹ 左右的宽带被分配给不同的—OH 基团，如 SiO₂ 或水。这条吸收带与观察到的 Si—OH 有相似的趋势。Si—CH₃ 信号位于 851cm⁻¹ 处，随着反应的进行而增大。表明三甲基乙氧基硅烷与 SiO₂ 的羟基发生了反应，在粒子表面形成—Si—O—Si (CH₃) ₃ 基团。

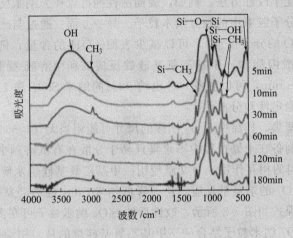

★**【例 7-3】** 3-氨基丙基三乙氧基硅烷（KH550）对纳米 SiO₂ 的改性，使其带上氨基[293]。

取 2.000g 纳米 SiO₂ 分散于 30mL 无水乙醇中，搅拌 30min。分别加入 KH550∶硅羟基摩尔比为 0.5∶1、1∶1、2∶1、3∶1 和 4∶1 的 KH550，升温至 80℃，反应 4h。反应产物多次用无水乙醇洗涤、离心后，真空干燥得白色粉末 KH550-SiO₂。测定其氨基的含量，结果如图 7-9 所示。

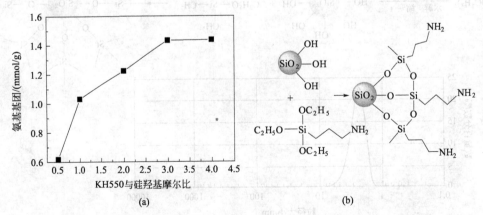

图 7-9　纳米 SiO₂ 的氨基含量随 KH550 用量的变化曲线及反应示意图[293]

从图中可以看出，随着 KH550 用量的增加，改性纳米 SiO₂ 的氨基含量也在增加，当加入的 KH550 的比例达到 3.0 后，改性纳米 SiO_2 的氨基含量趋于稳定，在 1.43mmol/g。重复该比例后，得到 1.42mmol/g。改性前的纳米 SiO_2 的硅羟基含量为 7.393×10^{-4} mol/g，而改性后的氨基含量为 1.43×10^{-3} mol/g，由此推断每个硅羟基大约与一个 KH550 分子反应，如图 7-9(b) 所示。

7.3　溶胶-凝胶高分子纳米复合材料的制备

溶胶-凝胶法是提高聚合物热稳定性的常用方法，主要是形成无机-有机杂化网络。在溶胶-凝胶反应中，溶剂从溶胶中蒸发、老化形成凝胶，最后再干燥（图 7-10）。这些具有高度耐热特性的混合网络均匀地分散在聚合物基体中，从而提高基体的热稳定性。在凝胶形成过程中可以加入两种聚合物，即可反应型聚合物和惰性聚合物，也可以加入单体，进行原位溶胶-凝胶聚合。

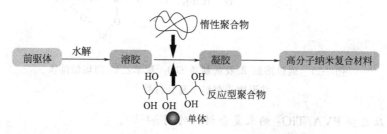

图 7-10　溶胶-凝胶高分子纳米复合材料制备示意图

7.3.1　反应型聚合物

实现有机聚合物与无机相物理或化学的组合而形成复合材料的方法：有机聚合物本身就具有可参与无机纳米相预聚体缩聚的功能基团；带有硅烷、硅醇或其它功能基的有机聚合物，与金属烷氧基化合物共水解和共缩聚，形成纳米相；利用可聚合的硅氧烷进行水解和缩聚，随后在溶胶-凝胶第二阶段的光化学或热化学作用下，参与低聚物，共同形成聚合物网络。如果形成的纳米颗粒可以与聚合物存在不同的相互作用，就更有利于增加纳米颗粒的相容性，例如氢键相互作用、离子相互作用、π-π 相互作用和共价键等。

以四甲基硅氧烷（TMOS）和 3-氨基丙基三甲氧基硅烷为前驱体，在聚苯乙烯磺酸盐的二甲基亚砜溶液中使用溶胶-凝胶法制备了透明的 SiO_2/聚苯乙烯磺酸盐纳米复合物，无机粒子的氨基与聚合物基体呈强的阴离子-阳离子相互作用，随着 3-氨基丙基三甲氧基硅烷的增加，有机相之间的交联程度也在增加[294]。该作者又使用苯基三甲氧基硅烷在聚苯乙烯 THF 溶液中原位溶胶-凝胶法制备了透明 SiO_2/聚苯乙烯纳米复合材料，聚苯乙烯的苯基与苯基三甲氧基硅烷官能化 SiO_2 之间的 π-π 相互作用增强了这种均匀性[295]。苯氧基硅烷前驱体在聚酰亚胺酸溶液中原位成形，获得了具有改进的聚酰亚胺与 SiO_2 相容性的透明纳米复合物，苯氧基的存在增加了有机相和无机相之间的相容性[296]。氨基和酰亚胺基之间的强相互作用也可以用来改善纳米材料和聚合物之间的相容性，比如以 TEOS 和氨基烷氧基硅烷为前驱体，在聚醚酰亚胺基体存在下，通过溶胶-凝胶法制备了透明的 SiO_2/聚醚酰亚胺纳米复合材料[297]。

改善有机/无机相互作用的另一个有效方法是在聚合物基体的官能团和无机粒子之间形成共价键，比如使用传统的乙烯基单体（甲基丙烯酸甲酯、丙烯腈、苯乙烯）与含有乙烯基基团的硅氧烷［乙烯基三乙氧基硅烷、乙烯基三甲氧基硅烷、3-（三甲基甲硅基）甲基丙烯酸丙酯］进行共聚，聚合物中的烷氧基与纳米颗粒前驱体（硅、钛、铝的烷氧基）进行溶胶-凝胶反应来制备无宏观相分离的整体透明混合材料，如图 7-11 所示[298]。

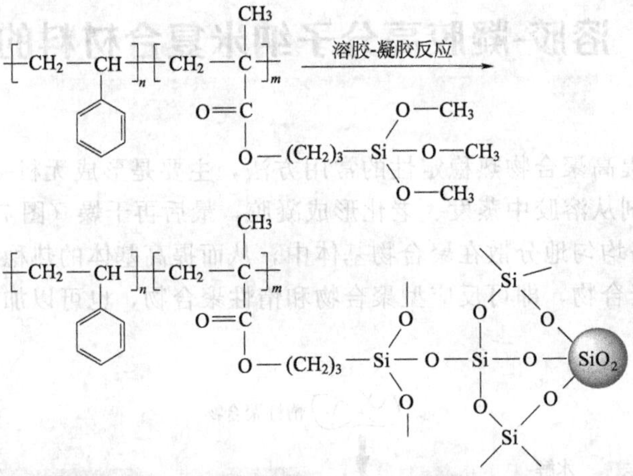

图 7-11　通过溶胶-凝胶法制备 SiO_2/聚苯乙烯-丙烯酸酯类
共聚物透明纳米复合材料[299]

★【例 7-4】 反应型 PVA/TiO_2 纳米复合材料的制备[134]。

　　2% 和 4% PVA 聚合物基体分别溶解在 100mL 二次蒸馏水中，在 80℃下搅拌 2h，得到黏性透明溶液。将溶液冷却至 0℃，再把 3mL 的 $TiCl_4$ 滴入上述溶液中，搅拌 2h 即可完成反应。通过离心分离形成的 PVA/TiO_2 复合材料，用乙醇和蒸馏水洗涤、干燥。随着 PVA 浓度的增加，沉淀时间增加，PVA 的质量分数为 2% 时需要 3d，4% 时需要 7d。实验过程中没有用任何试剂来调节溶液的 pH 值。因为 $TiCl_4$ 在空气中遇水会强烈分解，释放出含有 HCl 的白色烟雾，因此在此情况下，沉淀发生时的 pH 值小于 1。

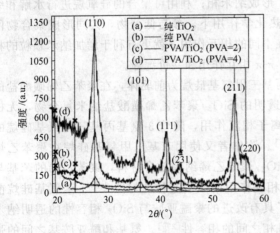

图 7-12　XRD 图谱

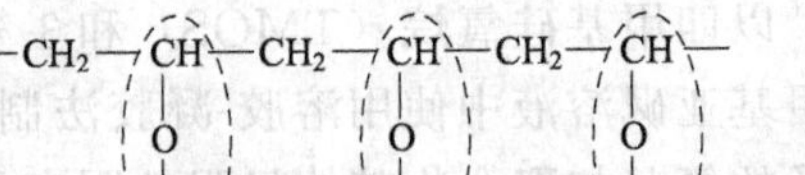

图 7-13　PVA/TiO_2 纳米粒子的
表面结构示意图[134]

通过图 7-12 的 XRD 图谱发现使用 2% 和 4% PVA 时，PVA/TiO_2 的晶粒尺寸分别为

5～11nm 和 7～12nm，还发现 PVA/TiO$_2$ 衍射峰的强度有所提高。这种增加可归因于 PVA 与 TiO$_2$ 纳米粒子之间的相互作用。由于 PVA 中含有大量的羟基，因此通过有机表面改性可以有效地抑制 TiO$_2$ 纳米粒子的聚集，从而使 PVA 水溶液中的 TiO$_2$ 颗粒在纳米尺度上保持良好的分散状态。同时，考虑了在 27.32° 处的全宽半峰值的高斯拟合，发现纯 TiO$_2$ 的半高宽拟合值为 1.3668，对于 2%PVA 的样品，其值为 1.1240，对于 4%PVA 的样品，其值为 1.0231。半高宽值的下降与结晶度的增加相对应，因此，随着 PVA 用量的增加，PVA/TiO$_2$ 粉体的结晶度逐渐提高，主要是由于前驱体的水解和聚合。当 PVA 链段被吸附到 TiO$_2$ 纳米粒子表面时，TiO$_2$ 纳米粒子表面的 Ti—OH 与 PVA 链相连的羟基发生反应。因此，可以预料到这种强烈的界面结合，即图 7-13 的 Ti—O—C 形成于纳米 TiO$_2$ 的表面，使纳米 TiO$_2$ 的表面被聚乙烯醇聚合物包裹。

7.3.2 惰性聚合物

大分子链末端无活性基团，不参与溶胶-凝胶体系的水解和缩聚的聚合物，主要有 PMMA、PMA 等聚丙烯酸酯类，还有一些聚烯烃类聚合物如 PS、PE 等。在复合材料中，这些聚合物与无机组分不存在化学键作用，但有范德华力或氢键的作用，这种作用足以将互不相容的两种组分达到分子水平或纳米水平的互容程度，形成光学上透明的复合材料。

使用惰性聚合物的优点：在溶胶-凝胶体系中，这类聚合物不参与体系的反应，仅是无机相前驱体的水解与自缩聚，因此，对烷氧基化合物的水解和缩聚的控制就显得比较简单，特别是水解速率非常容易控制。

缺点是：体系的分子运动受到聚合物长链的阻碍作用，会使 TEOS 等烷氧基化合物的水解物的自缩聚受到抑制，造成水解物自缩聚不彻底的现象。同时由于这类聚合物的耐热性并不高，也无法通过高温热处理完成自缩聚，这种反应的不彻底性，对纳米复合材料的性能造成一定程度的不利影响。

为了防止常规硅氧烷在溶胶-凝胶过程中产生的负电荷对同样带有负电荷的 DNA 的影响，文献改用带正电荷的 N-三甲氧基硅丙基-N,N,N-三甲基氯化铵对 DNA 进行表面改性，硅氧烷基为 TEOS 水解形成 SiO$_2$ 提供了共凝聚位点，从而使硅可以直接在 DNA 结构上生长，如图 7-14 所示。通过 TEM 观察发现，8h 就能观察到 0.7nm 厚的 SiO$_2$ 层，1 天后增长到 1.2nm，4 天后变为 1.7nm[300]。

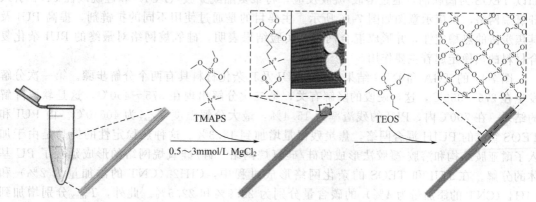

图 7-14　DNA 表面覆盖纳米 SiO$_2$ 示意图[300]

★【例 7-5】 壳聚糖/ZnO 纳米复合材料膜的原位沉淀制备[301]。

将一定量的壳聚糖和 $Zn(Ac)_2 \cdot 2H_2O$ 溶于质量分数为 2‰的醋酸溶液中，制得含 0.01mol $Zn(Ac)_2$ 的 3‰壳聚糖溶液。将所得溶液倒入培养皿中制备厚度约为 80μm 的壳聚糖膜，再将壳聚糖膜浸泡在质量分数为 2‰的 NaOH 溶液中，在 80℃下密封处理 1h，用蒸馏水对膜进行彻底清洗，去除残留的 NaOH 和盐类，合成示意图如图 7-15 所示。

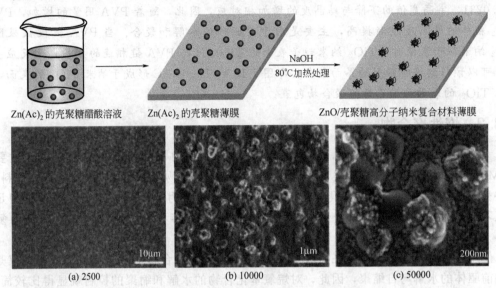

图 7-15 壳聚糖/ZnO 纳米复合膜的合成示意图及不同放大率的扫描电镜照片[301]

在该实验中，壳聚糖薄膜中均匀分布着约 300nm 的 ZnO 凸起，如图 7-15(a) 所示。壳聚糖与 Zn^{2+} 相互作用的固定效果，说明原位沉淀成功。图 7-15(b) 显示，ZnO 颗粒在壳聚糖基体上呈相对较小的纳米凸起。放大的图 7-15(c) 显示，30nm 左右的 ZnO 聚集成亚微米级凸起，形成与荷叶结构相似的微纳米二元结构。

7.3.3 交联反应

交联反应通过化学反应将甲氧基、乙氧基硅烷引入到 CNT 和石墨烯当中，引入的硅氧键之间或是与加入的硅烷偶联剂进行水解、缩聚以溶胶-凝胶的方式交联到一起[302,303]。比如以 TEOS 为偶联剂，通过溶胶-凝胶反应，将聚氨酯酰亚胺（PUI）和硅烷改性 CNT 引入硅氧烷网络，反应示意图如图 7-16 所示。主要目的是通过使用不同的扩链剂，提高 PUI 及其焦炭渣的热稳定性，并形成混合网络。实验结果表明，硅氧烷网络对最终的 PUI 杂化复合材料的热稳定起着主要作用。

图 7-17 的 TGA 和 DTG 结果表明，PUI 及其杂化材料具有两个分解步骤。第一次分解发生在 275～350℃，这与硬段的降解有关，第二次分解出现在 375～450℃，这是软段降解的结果。在 700℃内，PUI 的残渣率为 15.4‰，最大分解温度 T_{max} 为 406.0℃。由 PUI 和 TEOS 组成的 PUIH 混合网络，焦炭残留量增加到 18.3‰。这种热稳定性的提高是由于加入了酰亚胺结构和溶胶-凝胶法形成的硅/硅氧烷网络。硅/硅氧烷网络的形成延缓了 PU 基体的分解。在 PUI 和 TEOS 的杂化网络形成过程中，CIH2（CNT 的添加量为 2‰）和 CIH4（CNT 的添加量为 4‰）的碳含量分别为 20.9‰和 22.5‰。此外，T_{max} 分别增加到 409.8℃和 410.6℃。这表明 CNT 在 PUI 和 TEOS 的混合网络中的加入导致了焦炭残渣的增加和降解温度的升高。

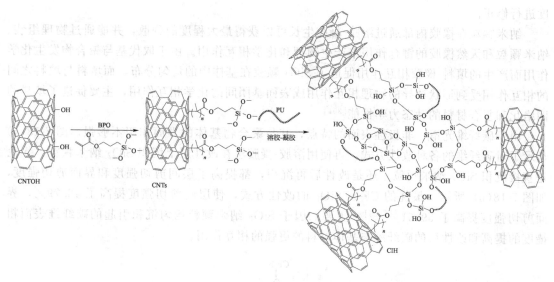

图 7-16　PUI/CNT 杂化纳米复合材料的合成示意图[303]

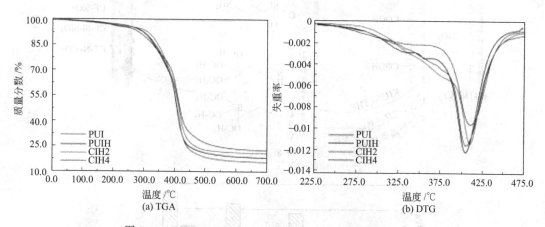

图 7-17　PUI、PUIH、CIH2 和 CIH4 的温度变化曲线[303]

7.4　纳米材料对复合材料性能的影响

7.4.1　对力学性能的影响

添加无机填料增强弹性体是轮胎工业中改善材料静、动态性能的常用方法。事实上，填料对材料的刚度、强度、断裂伸长率、断裂韧性、耗能、摩擦和磨损，以及材料加工性能都有影响。这些性能取决于填料特性，如颗粒的尺寸和形状，更显著地取决于在橡胶基体中均匀分布的连续填料网络。填料网络的形成与纳米颗粒之间的物理和化学相互作用、纳米颗粒聚集体之间的相互作用、纳米颗粒与基体之间的化学和物理相互作用均有关。纳米颗粒表面官能团的存在可显著影响填料-填料和填料-橡胶之间的相互作用，从而对复合材料的增强程度进行修正。

纳米颗粒在橡胶内部通过溶胶-凝胶生长可以获得最大程度的分散，并能通过物理组装、纳米颗粒和天然橡胶的键合作用来产生物理和化学相互作用。由于取代基与聚合物发生化学作用而产生的填料-橡胶相互作用促进了 SiO_2 颗粒在基体中的均匀分布，而填料与填料之间的相互作用受到形状诱导的物理相互作用或表面基团间的化学相互作用，主要促进了填料的网络化和复合材料的动态力学性能[304]。

由于碳纤维光滑、非极性表面的特点，其与聚合物基体的界面作用不够强，图 7-18(a)显示了对碳纤维的各种改性方式，再使用溶胶-凝胶法在改性层上沉积 SiO_2 纳米颗粒。无论是直接沉积 SiO_2 纳米颗粒，还是改性后再沉积，都提高了层间剪切强度和界面剪切强度，如图 7-18(b) 所示。最优的 $CF-Si-SiO_2$ 的改性方式，使层间剪切强度提高了 46.79%，界面剪切强度提高了 39.61%[305]，主要归因于 SiO_2 纳米颗粒均匀沉积引起的碳纤维表面粗糙度的提高和改性后的碳纤维与基体材料的更强的相互作用。

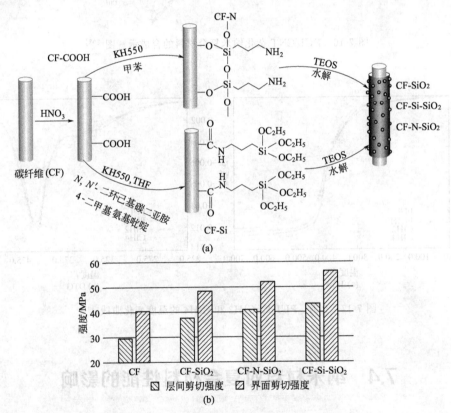

图 7-18　纳米 SiO_2 在不同的碳纤维表面生长示意图[305]

7.4.2　对光学性能的影响

可见光的波长在 $380\sim780nm$，在透明聚合物中加入的纳米颗粒远小于这个尺寸，因此，可见光区域的透明度损失主要是由粒子散射光造成的。粒子对光的散射，与粒子的尺寸以及粒子与介质的折射率差密切相关。有常用的 2 个描述透射光强度的公式：Novak[306] 和 Nussbaumer[307] 表达式。

Novak 公式：

$$\frac{I}{I_0} = e^{-\left[\frac{3Vxr^3}{4\lambda^4}(n-1)\right]}$$

Nussbaumer 公式：

$$\frac{I}{I_0} = e^{-\left[\frac{32Vx\pi^4 r^3 n_m^4}{\lambda^4}\left|\frac{n^2-1}{n^2+2}\right|(n-1)\right]}$$

式中，$n = n_p/n_m$，为粒子的折射率与聚合物基体的折射率的比值；r、V 分别为纳米颗粒的粒径和体积分数；x 为光路长度；λ 为入射光波长；I、I_0 为透射光强度和入射光强度。对于 Novak 公式来说，如果 $n_m > n_p$（例如 SiO_2：$n_p = 1.4631$，基体 PMMA：$n_m = 1.4893$），该公式将不能应用，因为在这种情况下，$I > I_0$，这在物理上是不正确的。对于这两个方程，如果 $n_p = n_m$，即折射率匹配，散射将趋于零，$I/I_0 \approx 1$，即纳米复合材料是完全透明的。

这两个公式说明，在只有粒径变化的情况下，纳米颗粒的粒径越小，纳米复合材料的透明性越好。显然与微米颗粒相比，纳米颗粒更能显著降低复合材料中可见光的散射。然而，由于纳米颗粒与聚合物基体之间的折射率不匹配，纳米颗粒的光散射会使纳米复合材料不透明，即使在低含量的情况下也是如此。非常遗憾的是，只有少数无机填料和聚合物基体的组合具有几乎相等的折射率。当折射率各不相同时，使用核壳结构粒子是一种很有前途的策略，通过调整核壳结构的比例来调整纳米颗粒的折射率，使之与基体的折射率相匹配。比如有文献先用 TEOS 通过溶胶-凝胶方法制备出 SiO_2 核心再以正钛酸四丁酯涂层在 SiO_2 核心，形成 $SiO_2@TiO_2$ 核壳材料，通过调整 TiO_2 壳层厚度来研究该核壳结构材料在环氧树脂基体中的透射率变化规律。实验发现，在壳重为 36.5% 的条件下，成功地获得了纳米复合材料的最佳透光率，纳米复合材料背后的图像也很清晰[308]。也就是说，在该比例下核壳粒子的折射率与环氧树脂相匹配。同样的策略也被用于在牙科树脂加入 $SiO_2@TiO_2$[309]、在环氧树脂[310]或硅酮[311]中加入 $ZnO@SiO_2$、在丙烯酸基体中加入 SiO_2/Ta_2O_5[312]。在所有这些例子中，当合成的核壳粒子的组成尽可能满足折射率匹配条件时，复合材料的透明度最高。

对于 PVA/TiO_2 纳米复合材料来说，随着 PVA 浓度的增加，TiO_2 的带隙从 3.55eV 降低到 1.65eV。另外，从禁带分析可以看出，PVA 的加入可以使 TiO_2 成为直接带隙半导体，而不是间接带隙半导体。为此，在 TiO_2 中加入 PVA 会导致杂质相关中心的减少，进一步增加 PVA 的含量可以帮助 TiO_2 向可见光区发射。另外，由于 PVA/TiO_2 纳米复合材料主要是直接跃迁而非间接转变，因此它可以用于聚合物发光二极管、远程等离子体处理和大面积平板显示器件等领域[134]。

7.4.3 对疏水性能的影响

有研究采用溶胶-凝胶法在玻璃基板上制备了微纳米 SiO_2-SiO_2-纳米复合薄膜，然后用全氟辛基三氯硅烷对薄膜上的纳米 SiO_2 进行改性。研究结果显示在可见光区域（波长 380～760nm）的平均透光率从无涂层玻璃的 90.2% 增加到涂层玻璃的 90.75%。水接触角测量结果也表明，改性后的薄膜与未镀膜玻璃相比，接触角从 73° 增加到 113°[313]。图 7-19 显示了该纳米复合涂层的形貌。图 7-19(a) 中 SiO_2 颗粒为明显的球形，并且在整个表面上分布非常均匀。这些因素导致了整个薄膜性能的均匀发展。此外，从图 7-19(b) 观察到 SiO_2 颗粒的大小在 50～250nm 之间。图 7-19(c) 显示了薄膜的横截面，通过在 SiO_2 基体中添加 SiO_2 微粒和纳米微粒来证明粗糙表面的形成，该薄膜的厚度为 250nm。

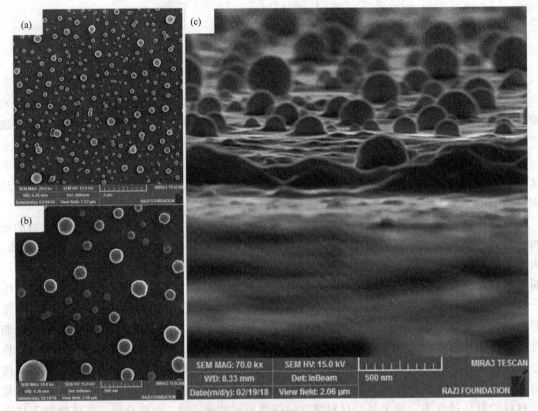

图 7-19　表面改性纳米复合膜的 SEM（a），放大图像（b）
以及纳米复合膜的剖面图（c）[313]

　　文献首先用溶胶-凝胶法合成出纳米 SiO_2，在十二烷基苯磺酸钠存在下，用乙烯基三甲氧基硅烷对其改性，使纳米 SiO_2 表面接枝乙烯基，再与四种丙烯酸酯类共聚，制得 PEA/V-SiO_2 乳液，反应方程式如图 7-20(c) 所示。图 7-20(a) 表明，V-SiO_2 纳米粒子在粒径为 68nm、多分散性指数为 0.098 的气凝胶中保持了明显的均匀性，表现出稳定的分散状态。

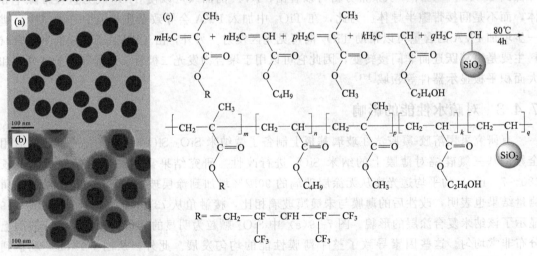

图 7-20　68nm 的 V-SiO_2 纳米粒子（a），PEA/V-SiO_2 核壳结构的 TEM 图（b）
和高分子纳米复合材料的制备示意图（c）[314]

这种显著的稳定性主要归功于在乙烯基三甲氧基硅烷表面存在十二烷基苯磺酸钠，形成纳米尺度的腔室，从而保护 SiO_2 纳米粒子，防止进一步的团聚。图 7-20（b）显示，核壳结构保持在普通球体状态，核心直径为 70nm，壳层厚度为 40nm，分散指数为 0.223。恒定的核心直径表明，表面活性剂对缩合反应提供了一种有效的限制。

使用 PEA 和 PEA/V-SiO_2 乳液对车用纺织品分别进行了接触角测量，图 7-21 显示 PEA/SiO_2 纺织品的接触度可达 151.5°，与 PEA 纺织品相比，超疏水性能提高了 14.5%。

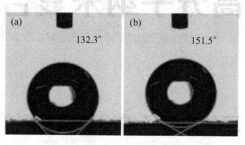

图 7-21　PEA 纺织表面（a）和 PEA/SiO_2
纺织表面（b）的接触角的变化[314]

思考题

1. 杂化复合材料是用什么技术制造的？
2. 什么是溶胶-凝胶技术？
3. 如何判断溶胶与溶液？
4. 聚合物溶液与普通溶胶有什么异同点？
5. 用化学方程式写出，如何通过溶胶-凝胶方法得到纳米 SiO_2？
6. 根据写出的化学反应方程式，说明纳米 SiO_2 的端基是什么。
7. 纳米微粒形成过程中反应型低聚物是如何反应的，有何优点？
8. 如何判断高分子纳米复合材料的制备是否采用溶胶-凝胶法得到的？
9. 请用英语画出由纳米材料前驱体利用溶胶-凝胶法制备高分子纳米复合材料的途径的示意图。
10. 溶胶-凝胶法制备的高分子纳米复合材料有什么优缺点？

第8章

层状高分子纳米复合材料

8.1 层状高分子纳米复合材料的设计

高分子链插入以黏土、MoS_2 为代表的层状材料层间，使其以纳米级分散在高分子基体中所形成的复合材料被称为层状高分子纳米复合材料。层状高分子纳米复合材料，在过去几十年中取得了巨大的成就。在很低的填料浓度下，聚合物基体的本体性能有了很大的提高。20 世纪 90 年代初，丰田公司的研究人员通过原位插层聚合将黏土引入聚酰胺聚合物基体中，制备出力学性能较好的高分子纳米复合材料。相关研究通过改变聚合物基体、改变纳米填料、改变插层或剥落的方法等合成了一系列层状高分子纳米复合材料。使用特定的黏土、聚合物基体以及相应的方法将填料分散到聚合物基体中，这就决定了所形成的高分子纳米复合材料的体积特性。另外一个最重要的问题是黏土如何在聚合物基体中适当分散。黏土是亲水性的，而聚合物是疏水性的。为了提高两相间的相容性，用季铵盐取代层间阳离子的方式对黏土进行表面改性，由此无机黏土转换成有机黏土。分散黏土的聚合物基体在力学、热学、阻隔性、阻燃性等方面都有很大的提高。具有这种新特性的高分子纳米复合材料被广泛应用于汽车、建筑、食品包装、生物医学和环境友好型等领域。

层状硅酸盐结构的黏土是一种无害的无机纳米填料，即使在较低的使用量下，它也能显著改善大多数聚合物的物理、力学和阻隔性能。黏土在聚合物基体中的剥离和均匀分散是改善力学和物理特性的前提。

8.1.1 插层纳米复合材料的结构

聚合物与黏土混合在一起，成型得到的复合材料有三种结构，如图 8-1 所示。

(1) 传统的混合式结构，这种情况下，黏土以超细粉体的形式分散在聚合物基体中，得到的只能是传统的高分子复合材料（conventional composite）；

(2) 插层型的结构，这种情况下，黏土还是规则排列，但与传统的混合式结构不同的是高分子链已经插入到黏土的层间，得到的是插层型高分子纳米复合材料（intercalated nanocomposite）；

(3) 剥离型的结构，此时黏土发生了重大变化，黏土被剥离成片状，分散在高分子基体中，通常是无规排列，也有有序排列的报道，得到的是剥离型高分子纳米复合材料（exfoliated nanocomposite）。剥离的结构使黏土纳米片层在聚合物基体中分散更为均匀，从而让聚

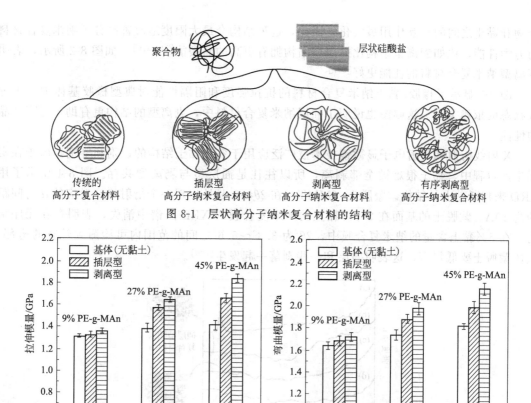

图 8-1　层状高分子纳米复合材料的结构

(a) 拉伸模量

(b) 弯曲模量

图 8-2　黏土对木材纤维/HDPE/黏土纳米复合材料的影响[318]

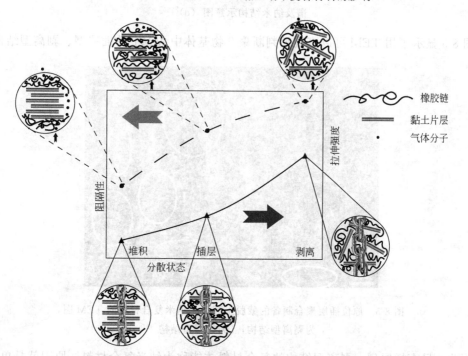

图 8-3　橡胶/黏土纳米复合材料的抗拉强度和阻隔性能依赖于黏土分散状态的示意图[319]

合物和黏土之间的相互作用最大化，因此，这种结构会最大限度地改善高分子纳米复合材料的力学性能，比如剥离型结构比插层型结构拥有更高的断裂能[315,316]。如图 8-2 所示，表明剥离型纳米复合材料的性能更好[317]。

图 8-3 显示了橡胶/黏土纳米复合材料的抗拉强度和阻隔性能对典型橡胶基体中黏土分散状态的依赖关系。这幅图也说明了插层纳米复合材料中，剥离型的结构更有助于提高产品的性能。

X 射线衍射和透射电子显微镜技术被广泛应用于各种黏土结构的识别和鉴别。由于在实际生产过程中，黏土很难被全部剥离，所以往往是插层型与剥离型共存。图 8-4 显示了用 XRD 来判断黏土的结构。蒙脱土（MMT）在 $2\theta \approx 8.8°$ 处出现一个衍射峰，对应的 d_{001} 间距约为 10Å。蒙脱土的基面在 2.5% 黏土的纳米复合膜的 XRD 图谱中消失，表明存在无序结构。在 5% 黏土含量的纳米复合膜中，2θ 为 $3.3° \sim 5.6°$ 之间的范围内可检测到较宽的肩部。这比蒙脱土要低得多，这表明插层和一些剥落一起发生[320]。

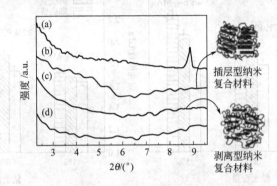

图 8-4　MMT（a），质量分数为 5% MMT/壳聚糖纳米复合材料（b），
质量分数为 2.5% MMT/壳聚糖纳米复合材料（c）和壳聚糖的 XRD 图
谱及纳米结构示意图（d）[320]

图 8-5 显示了用 TEM 可以直观地判断聚合物基体中 MMT 的插层型、剥离型结构。

图 8-5　原位插层聚合制备的蒙脱土高分子纳米复合材料的 TEM 图，
e 为剥离型结构，i 为插层型结构[321]

因此，只有插层型、剥离型结构的复合材料才能称为纳米复合材料，原因就是单层的黏

土厚度是纳米级的，多层的黏土就变成超细材料，从而失去纳米材料的效应，同样石墨烯也存在这个问题。

★【例8-1】 XRD对层间结构的测定及分析[322]。

图8-6中，膨润土（bent）层叠弯曲层在6.9°处出峰，层间距离为1.27nm。在膨润土填充丁腈橡胶中，膨润土的2θ值向6.2°移动，层间距离为1.43nm，高于原始膨润土。膨润土/丁腈橡胶的强峰表明，膨润土有很大一部分是插层的，但没有在基体中剥落。在复合过程和硬脂酸的插层过程中，强烈的剪切力是层间距离扩大的主要原因。3-(2-氨基乙胺基)丙基三乙氧基硅烷在水相中被离子化，使该偶联剂很容易渗透到膨润土的层间空间，该偶联剂制备的膨润土/丁腈橡胶纳米复合材料的层间距离进一步扩大到1.84nm。与膨润土/丁腈橡胶纳米复合材料相比，在双-[3-(三乙氧基硅)丙基]-四硫化物、3-巯丙基三甲氧基硅烷中制备的膨润土/丁腈橡胶纳米复合材料的峰强比膨润土/丁腈橡胶弱得多，表明膨润土在它们中几乎完全被剥落。

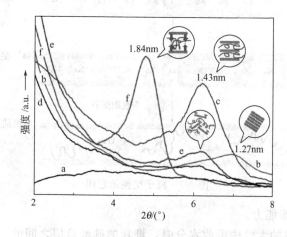

图8-6　XRD对层间结构的测定
a—纯的丁腈橡胶；b—膨润土；c—膨润土/丁腈橡胶纳米复合材料；d—3-巯丙基三甲氧基硅烷
制备的膨润土/丁腈橡胶纳米复合材料；e—双-[3-(三乙氧基硅)丙基]-四硫化物
制备的膨润土/丁腈橡胶纳米复合材料；f—3-(2-氨基乙胺基)丙基三乙氧基硅烷
制备的膨润土/丁腈橡胶纳米复合材料[322]

8.1.2　黏土

黏土纳米材料具有优异的机械强度和光学透明性，并且它们是相对中性的。黏土矿物是硅酸盐，通常具有层状结构，被称为层状硅酸盐黏土。这种黏土厚度为1nm，粒径小于2μm，是具有高比表面积和高宽比的规则堆积的硅酸铝层。黏土是根据它们的晶体结构和电荷量（过剩或不足）来分类的。它们也可分为溶胀或不溶胀；溶胀黏土具有膨胀能力强、层间电荷密度合适、成本低等优点，几十年来一直是一种广泛使用的填料。

黏土矿物的原始形态或化学修饰表现出许多显著的特性。黏土矿物的特性有[323]以下几点。

① 黏土为层状结构，能够进行有效的插层或剥离。黏土的单层为0.7nm，双层为1nm。石墨虽然也是片层结构，但因为难以剥离，所以几乎没有对石墨进行插层的报道，往往是由石墨制备片层石墨烯再填充到聚合物基体中的。

② 黏土颗粒具有各向异性。

③ 黏土结构具有外表面、边缘面和层间表面，为相互作用提供了足够的表面积。

④ 黏土的层间或外表面可进行离子交换。

黏土为二维有序的层状结构，层间通常吸附阳离子来维持电荷平衡。原始黏土的阳离子通常是无机金属阳离子，如图 8-7 所示。pH 为 7 的条件下，黏土所能吸附的阳离子总量被称为阳离子交换容量（CEC），以每 100g 黏土所吸附的毫克当量数来表示，单位为每克当量（eq/g）（1eq/g＝1g/g×原子量/化学结构式量，化学结构式量＝原子量或分子量）。蒙脱土的 CEC 在 80~150eq/100g。对于 Na-蒙脱土而言，有机阳离子通过离子交换进入蒙脱土的层间，形成有机蒙脱土，聚合物或有机单体等插层客体因而容易插层到有机蒙脱土的片层间，如图 8-7 所示。黏土与聚合物之间存在强亲和性，插层客体不易脱落，此外使用表面活性剂可对外表面甚至层间表面进行改性。

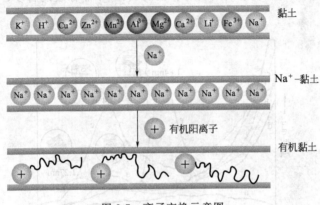

图 8-7　离子交换示意图

⑤ 具有良好的溶胀能力。

当黏土颗粒从周围的大气中吸收水分时，堆积的硅酸盐层之间的空间就会被填满，从而导致黏土的膨胀。因此，任何类型黏土的密度都是高度可变的，其密度大小取决于所吸收的水量。由于黏土矿物对水的吸收，层间距也随之增大，这有利于黏土进一步的改性，从而使该层间空间中的阳离子易于交换。蒙脱土是一类具有极大吸水能力的黏土，这些黏土可以吸收水到其质量的近一半并膨胀，其吸水能力取决于层间空间中可交换阳离子的数量[323]。

⑥ 具有可塑性。

它们的可塑性和 CEC 使它们在处理作为分散相的聚合物时更加有用。这种纳米复合材料中的黏土纳米粒子显示出更好的机械、热、电、阻燃和气体阻隔性能。

常用的黏土有三种。

(1) 蒙脱土 (montmorillonite，MMT)

蒙脱土是聚合物纳米复合材料中最常用的黏土类型。以蒙脱土为代表的黏土对有机聚合物的作用不仅表现在结构上的优越性，而且对复合材料的综合性能有着更重要的影响，特别是对复合材料的力学性能方面。插层纳米复合材料成为各种方法制备的纳米复合材料中最具有商品化价值的材料品种之一。

黏土大多数属于 2:1 型的层状或片状硅酸盐矿物，由两层硅氧四面体中间夹一层铝氧八面体构成。比如蒙脱土是一种非常软的层状硅酸盐，形成细小鳞片状颗粒，平均直径 $1\mu m$，其化学组成为 $(Na,Ca)_{0.33}(Al,Mg)_2(Si_4O_{10})(OH)_2 \cdot nH_2O$。

有实验测得蒙脱土的比表面积为 $750\sim800m^2/g$，理论值为 $834m^2/g$。三层夹层结构的密度为 4.03g/mL，层间通道厚度为 0.79nm。理论上水化蒙脱土层间厚度约为 $d_{001}=$ 1.45nm，平均密度为 2.385g/mL。此外，蒙脱土通常存在于一个多尺度的组织中，每个片层的厚度为 9.6Å，但是宽度是厚度的 $100\sim1000$ 倍，$8\sim10$ 个片层与原颗粒中的层间阳离子有关，较大的不规则聚集体主要存在于自然界[317]。多层材料的重复单元，即所谓的 d 间距或基底间距，可以根据 X 射线衍射图来计算。

（2）埃洛石（halloysite，HNT）

埃洛石，与高岭土在化学成分上十分类似，不容易辨别。晶体结构上的主要区别，一个是管状构造，一个是片状构造。埃洛石是发现的唯一以纳米管的形式存在的黏土矿物，是一种 $1:1$ 的黏土矿物，与高岭石相同，每一层都由 Si—O 四面体和 Al—O 八面体片构成，但埃洛石层间空间含水量较高。埃洛石纳米管的一般长度为 $1\sim2\mu m$，外径为 $50\sim100nm$，内径为 $10\sim50nm$，同时也观察到异常长的埃洛石纳米管，如图 8-8 所示。

图 8-8　埃洛石的 SEM 和 TEM 图像[324,325]

埃洛石的外表面通常带负电荷，而内表面的电荷则与 pH 有关。由于电荷分布不同，带负电荷的分子与纳米管内部发生相互作用，而带正电荷的分子如锐钛矿分子与外表面相互作用。因此，锐钛矿型光催化剂附着在埃洛石纳米管的外表面，而不是在腔内。与 CNT 相比，埃洛石纳米管是一种广泛存在的天然黏土矿物，具有不同的表面化学性质，为改性和功能材料生长提供了便利[135]。

埃洛石的管状、大小和性能（如高比表面积、化学稳定性以及它的低成本）都使它成为 CNT 的潜在的廉价替代品。值得注意的是，尽管作为底物与光催化剂结合使用会提高光催化剂降解各种污染物的光催化活性，但埃洛石本身并不是一种光催化剂。埃洛石纳米管的高吸附率、高比表面积和可见光催化能力的协同效应，将极大地提高所使用的 TiO_2 或其它光催化剂的光催化性能，应用于可见光下消除有机污染物[74,326]。

尽管埃洛石和黏土的化学成分相似，但其表面活性有时低于黏土，原因是表面羟基的数量较少，主要集中在纳米管的边缘和内部的埃洛石纳米管表面。因此，可以预见，埃洛石的有机活性效果不如黏土[327]。

（3）海泡石（sepiolite）

海泡石是一种纤维状含水硅酸镁黏土矿物，其理想配方为 $Mg_8Si_{12}O_{30}(OH)_4(OH_2)_4\cdot xH_2O(x=6\sim8)$，其中 (OH_2) 代表结晶水和沸石水。海泡石是一种不溶胀、多孔的轻质黏土。高孔隙率、高比表面积和不寻常的颗粒形状使其具有优异的吸附能力和胶体性能，是一种可广泛应用的有价值材料[328]。海泡石在通道和孔洞中可以吸附大量的水或极性物质，包括弱极性物质，因此具有很强的吸附能力。强吸附性以及可处理的大比表面，使之具备做催化剂载体的良好条件。海泡石的一些表面性质（如表面酸性弱、镁离子易被其它离子取代等），使其本身具备催化剂的潜质。故海泡石不仅是一种很好的吸附剂，而且是一种良好的催化剂和催化剂载体。

近年来，海泡石以其良好的催化作用被用作阻燃聚合物的增效剂。聚酰胺-6和天然海泡石纳米粒子对聚丙烯基体热分解和阻燃性能的研究表明，添加5%天然海泡石后，锥形量热仪试验的点火时间缩短，峰值热释放速率降低。有人利用海泡石黏土和多壁纳米管的独特特性，开发了一种具有增强阻燃性的生物基聚乳酸纳米复合材料，使最高热释放速率降低了45%[329]。

8.1.3 插层高分子纳米复合材料的特点

① 黏土的含量一般≤5%，高分子纳米复合材料的性能，如力学性能、阻燃性能已有很大提高。传统的增强材料白炭黑、炭黑、轻质碳酸钙的填充量却要达到20%~60%。

从图8-9(a)可以观察到，复合材料无论是纳米SiO_2/天然橡胶、$CaCO_3$/天然橡胶还是有机黏土/天然橡胶，其黏土含量都在5%时有着最优的性能，超过5%后要么基本不变，要么会有所降低。图8-9(b)显示黏土的存在通常会导致阻燃能力的增加。尽管加入2%黏土后提高了燃烧性能，但是加入4%、5%后，燃烧性能分别降低了18.55%、22.57%。这主要归因于黏土堆积在材料表面形成了物理保护屏障。

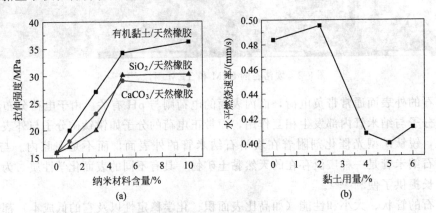

图8-9　拉伸强度与纳米材料含量的关系（a）[330]和
燃烧速率与黏土含量的关系曲线（b）[331]

② 黏土片层具有高度一致的结构和各向异性，提高了复合材料对溶剂分子和气体分子的阻隔性、抗静电性和阻燃性。不同的插层主体还可赋予复合材料不同的功能特性，硅酸盐片层具有阻隔性，石墨具有导电性。

图8-10解释了黏土的存在对小分子物质香芹酚的渗透情况。香芹酚的短期损失主要是由于香芹酚与黏土改性剂之间密切的相互作用，如图8-10(a)所示。香芹酚与黏土的亲和力较高，导致在初期保留了较多的香芹酚，这可能是由于有机改性剂中存在羟基，从而允许在层间内形成氢键相互作用。一旦香芹酚离开了黏土中的层间空间，不再与黏土有机改性剂存在任何相互作用后，纳米复合基体的复杂的扩散途径就决定了香芹酚的长期损失，如图8-10(b)所示。这些曲折的路径与插层的等级密切相关，纳米复合材料基体的插层等级强烈地影响了香芹酚的扩散和损失[332]。

③ 高分子复合材料能够保持低应力条件下较好的尺寸稳定性。

④ 具有较高的热形变温度。

⑤ 热塑性插层高分子纳米复合材料具有再生性，并且再生的高分子纳米复合材料能够获得

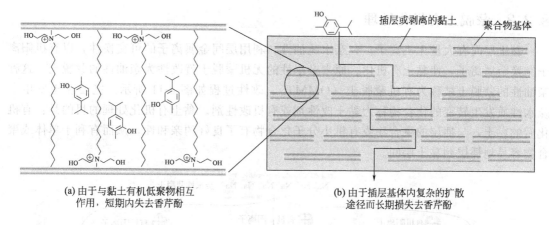

(a) 由于与黏土有机低聚物相互　　　　　(b) 由于插层基体内复杂的扩散
作用，短期内失去香芹酚　　　　　　途径而长期损失去香芹酚

图 8-10　LDPE/有机蒙脱土纳米复合材料中失去香芹酚的示意图[332]

进一步增强的力学性能。通过再次加工后，有利于生产更多的剥离片层，促进性能的提高。

　　⑥ 高分子纳米复合材料因分散有纳米级片层材料，从而具有光滑的表面结构[16]。

8.2　层状硅酸盐的表面改性

　　蒙脱土是天然亲水性的，黏土片层被静电力紧紧地黏合在一起。因此，它们通常与大多数有机聚合物基体不相容。改性剂的分子一般由一个亲水功能和一个亲油功能组成，其作用是提高两者的相容性，使黏土容易分散在聚合物基体中。在高分子纳米复合材料的合成中，已经使用了多种改性剂。最受欢迎的是季铵盐，因为它们很容易与层间的离子交换。硅烷化合物也被使用，因为它们能够与可能位于黏土层表面和边缘的羟基发生反应。如果聚合物与未改性黏土颗粒进行混合，则黏土颗粒在聚合物基体中无法得到适当的分散，这是由于聚集体更容易产生面对面的堆积现象，使其与疏水聚合物不相容。因此，黏土在大多数聚合物中的分散不足以形成增强的纳米复合材料，并且这种分散和不相容现象阻碍了高性能纳米复合材料的制备。因此，在制备聚合物纳米复合材料之前，需要对黏土进行改性。

8.2.1　蒙脱土离子交换

　　蒙脱土的阳离子可与季铵盐等有机阳离子交换。普通阳离子的交换顺序[317]为：$NH_4^+ > Ca^{2+} > Mg^{2+} > K^+ > Na^+ > Li^+ > H^+$。在蒙脱土悬浮液中，浓度高的阳离子可以交换浓度低的阳离子；在离子浓度相等的条件下，离子键强的阳离子可以排挤、取代离子键弱的阳离子。

　　蒙脱土的理化性能和工艺技术主要取决于所含交换阳离子的种类和含量。通常某一离子的交换量达到蒙脱土的总交换量的一半以上时，称为该离子的蒙脱土，例：Na-蒙脱土（Na-MMT）、Ca-蒙脱土（Ca-MMT）等。蒙脱土两个相邻晶层间由氧原子层与氧原子层相接，无氢键，只有较弱的范德华力；片层间可随机旋转、平移，但单一平层不能单独存在，而是以多层聚集的晶体形式存在。高的阳离子交换容量和可交换阳离子，是蒙脱土化学改性的必要前提。

8.2.2 蒙脱土有机化处理

黏土层间有大量无机离子，有亲水疏油性，利用层间金属离子的可交换性，以有机阳离子交换金属离子，使黏土有机化。原来亲水性的无机蒙脱土就改性为亲油性的蒙脱土，这种亲油性的蒙脱土被称为有机蒙脱土（OMMT），改性过程如图8-11所示。能使黏土发生亲疏水性质发生转变的化合物称为黏土改性剂或有机改性剂。黏土有机化处理的目的是：有机化后的黏土，与插层的聚合物或有机小分子化合物有了良好的亲和性，从而有利于单体或聚合物容易地插层到黏土层间。

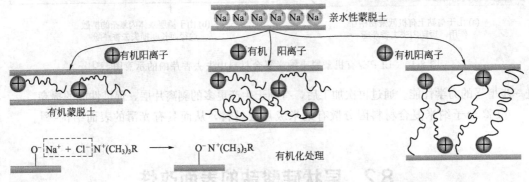

图 8-11　有机蒙脱土的制备示意图

有机改性剂主要是季铵盐，其通式为 $CH_3(CH_2)_n—NH_3^+$，其中 n 在 $1\sim18$ 之间，比如图8-11中脂肪烃基R有：$C_{12}H_{25}$——对应于十二烷基三甲基氯化铵、$C_{16}H_{33}$——对应于十六烷基三甲基氯化铵、$C_{18}H_{37}$——对应于十八烷基三甲基氯化铵；此外，改性剂还有十二烷基二甲基苄基氯化铵、十八烷基二甲基苄基氯化铵等一系列铵根阳离子。

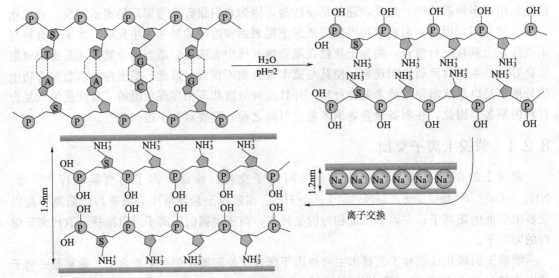

图 8-12　一种理想的 DNA 结构及其在黏土中嵌入 DNA 的化学过程[333]

在有机化过程中，有机改性剂的主要作用及对黏土产生的变化有如下所述。

(1) MMT 性质发生变化

将蒙脱土层间的水合阳离子交换出来，变为有机阳离子，将蒙脱土由亲水性转变为亲油性。

无论是 MMT 还是 Na-MMT，都具有亲水性，对于通常的亲油疏水的单体，聚合物并不相容，因此通常需要使用 OMMT 来制备高分子纳米复合材料，但是当单体或聚合物本身具有阳离子性质时，则可以直接与 Na-MMT 混合使用来制备高分子纳米复合材料。比如，氨基酸是第一种用于合成黏土/聚酰胺纳米复合材料的改性剂。氨基酸分子由一个碱性—NH_2 和一个酸性—COOH 组成。在酸性介质中，质子 H^+ 从—COOH 基团转移到分子内—NH_2 基团。然后在—NH_3^+ 和阳离子如 Na^+、K^+ 之间进行阳离子交换，从而使黏土变成有机的。在蒙脱石层间嵌入了广泛的 α-氨基酸 $H_3N^+(CH_2)_{n-1}COOH$。氨基酸具有于层间插层己内酰胺聚合的能力，被成功地应用于黏土/聚酰胺纳米复合材料的合成。因此，聚合发生在黏土的层间，使片层剥离在聚合物基体中，产生了剥离型纳米复合材料。这些离子是通过将正烷基胺置于酸性介质中生成—NH_3^+。DNA 具有氨基酸的结构，可在酸性介质中形成—NH_3^+，也被用作黏土的改性剂，层间距由 1.2nm 增加到 1.9nm（图 8-12）。与含2.5%的有机黏土的环氧纳米复合材料相比，在同样的用量下，DNA 环氧树脂纳米复合材料的拉伸强度、拉伸模量和断裂韧性分别显著提高 14%、6%和 26%[333]。

黏土改性的另一种方式是黏土表面羟基与硅烷偶联剂的相互作用，羟基可能存在于层的表面，特别是在其边缘。硅烷偶联剂可以在有机和无机材料之间形成持久的键合作用。硅烷偶联剂是一类有机硅单体，其分子式 R—SiX_3，见图 8-13。R 是有机官能团，X 被指定为可水解基团，X 通常是烷氧基或卤素等可水解的基团。水解后，形成一个活性硅醇基团，可与其它硅醇基团如黏土表面的硅醇基缩合形成硅氧烷键。有机硅烷与基体反应的最终结果包括：①改变基底的润湿特性或黏附特性，利用基片催化非均相界面上的化学转变；②对界面区域进行排序；③修改其分配特性。值得注意的是，它可以在有机和无机材料之间形成共价键。

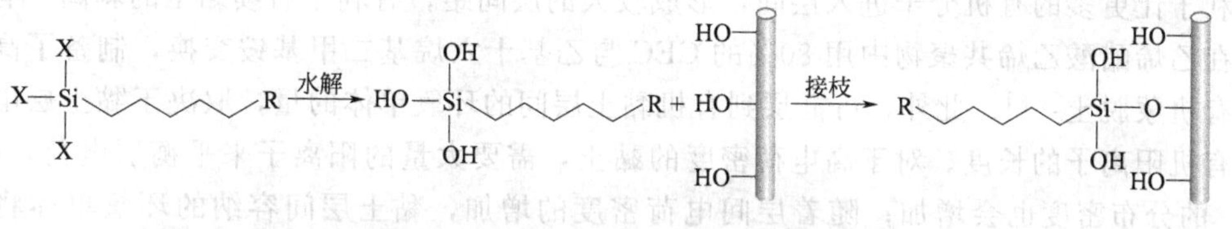

图 8-13 有机改性后黏土性质的变化[317]

图 8-13 说明了硅烷化反应的步骤。在界面上，每个有机硅烷通常只有一个键连接到基片表面，剩余的两个硅醇基团要么以缩合形式存在，要么以自由形式出现。在亲水性黏土上添加一种有机功能硅烷，基片表面转化为活性的和有机的。通常用含环氧基的硅烷对填料进行预处理或与环氧树脂共混。含胺基的硅烷同样可以用于填料预处理或与固化剂部分混合。无机填料的硅烷处理提高了其分散性，提高了固化环氧复合材料的力学性能[317]。

（2）MMT 层间距发生变化

扩大蒙脱土层间距，有利于后续单体或聚合物插层。

比如，用 DNA 改性 MMT 后，层间距由 1.2nm 扩展成 1.9nm[333]。Na-MMT 使用十六烷基三甲基氯化铵改性后，层间距由 1.21nm 扩大到 1.95nm，再经过单体插层后间距扩大到 3.35nm，如图 8-14 所示[334]。在改性过程中，带 NH_3^+ 的烷基链、蒙脱土的阳离子交换能力都会对层间距的扩大能力产生影响，如：

① 季铵盐的链长对黏土的层间距、在有机溶剂中的溶胀以及纳米复合材料的结构有很

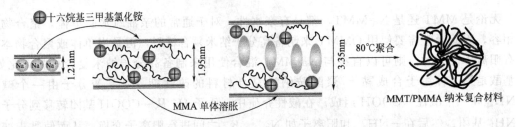

图 8-14　CTAC 在 Na-MMT 上的离子交换及 MMA 的原位乳液聚合[342]

大的影响。对于环氧—$CH_3(CH_2)_{n-1}$—NH_3^+ 改性蒙脱土来说，尽管黏土初始层间距不同，环氧树脂插层后的层间距却基本相同，说明黏土经环氧插层后，所能达到的层间距与黏土的原层间距无关，并且改性剂的烷基链在 $n=4$ 时是以倾斜的方式在层内插层的，$n\geq 8$ 后烷基阳离子的取向是垂直于片层的[335]。当碳链较长的有机改性剂，如二十八烷基二甲基氯化铵插入蒙脱土的层间时，蒙脱土更有可能发生剥落[336]。相反，具有短链的有机改性剂，例如甲基丙烯酸酯乙基三甲基氯化铵在蒙脱土的层间空间中排列不紧密，并且不太能有效地扩展层间。

② 含有相同长链但不同基团的季铵盐如 $CH_3(CH_2)_{17}NH_3^+$、$CH_3(CH_2)_{17}N(CH_3)H_2^+$、$CH_3(CH_2)_{17}N(CH_3)_2H^+$、$CH_3(CH_2)_{17}N(CH_3)_3^+$，随着酸性的降低而减少了片层的剥离[335]。

③ 有机改性剂官能团的合理选择对原位聚合和剥落都至关重要。一些有机改性剂可以作为亲水性蒙脱土与疏水聚合物之间的增溶剂[337]。此外，明智地选择具有官能团的有机改性剂甚至可以与单体发生反应或引发单体聚合。

④ 蒙脱土的阳离子交换能力也影响 MMT 在聚合物中的剥落效率。高的阳离子交换能力有利于让更多的有机分子进入层间，形成较大的层间距，有利于后续黏土的剥离。有人研究了在乙烯醋酸乙烯共聚物中用 80% 的 CEC 与乙基十六烷基二甲基铵交换，制备了高度剥落的有机蒙脱土[338]。此外，可插层到有机黏土层间的环氧单体的量，取决于黏土层电荷密度和有机阳离子的长度。对于高电荷密度的黏土，需要大量的阳离子来平衡层电荷，因此，NH_3^+ 的分布密度也会增加；随着层间电荷密度的增加，黏土层间容纳的环氧单体将会变少，也限制了环氧和 NH_3^+ 的扩散，更趋向于形成插层型的纳米复合材料而不是剥离型的；层间电荷密度合适的黏土会对有机单体有更好的溶胀性能，进而形成剥离型的结构[335]。

有机铵盐改性后的黏土在酸性介质中水解，水中的质子很难将铵盐基团置换下来，这说明由离子键所形成的复合物是比较稳定的。原因是：在离子键形成过程中，烷基与黏土产生了比较明显的物理吸附作用。烷基越大，这种吸附作用（范德华力）就越大。因此，这种离子置换具有不可逆性。正是这种不可逆性，使有机蒙脱土在比较苛刻的插层工艺过程中，仍具有很好的稳定性，保证了蒙脱土结构上的连续性、稳定性。

★【例 8-2】 Na-MMT 的表面改性[342]。

将 20g Na-MMT 分散在含有阳离子表面活性剂十六烷基三甲基氯化铵 CTAC(6.8g) 的 1000mL 水中，使 CTAC 在室温下完全交换 Na^+，并产生 NaCl 副产物，如图 8-14 所示。然后将温度提高到 70℃，强力搅拌 8h，有机黏土悬浮液过滤，用蒸馏水洗涤 5 次，在 60℃ 真空干燥 24h。在滤液中加入 $AgNO_3$，判断阳离子交换是否进行完全。最后磨碎，筛成细粉，产物即为有机蒙脱土。

由于 MMA 具有疏水亲油性，所以不能直接用来与 Na-MMT 混合使用，必须与 OMMT 混合使用，MMA 单体才能插入到层间实施原位插层聚合。但当单体中含有阳离子时，则可以直接使用 Na-MMT，如：三甲基烯丙基氯化铵和二甲基二烯丙基氯化铵。

(3) 作用力发生变化

蒙脱土能与高分子化合物基体有较强的分子链结合力。

蒙脱土因插进季铵盐的长链脂肪烃，层间距增大，从而有利于有机聚合物或有机小分子化合物的插层，进而形成蒙脱土纳米复合材料。蒙脱土含有丰富的官能团，能与聚合物形成较强的界面相互作用。蒙脱土的拉伸强度和杨氏模量分别为 $500\sim700MPa$ 和 $400GPa$[339]。蒙脱土/聚乙烯醇纳米复合材料的拉伸强度为 $400MPa$，杨氏模量为 $107GPa$。这些非凡的力学性能归因于完美的层状结构，以及蒙脱土与聚乙烯醇之间的共价键和氢键[340]。

蒙脱土的类型不同，与基体的作用力不同，对于高分子纳米复合材料性能的影响很大，如表 8-1 所示。蒙脱土经过甲基丙烯酰氧基烷基铵阳离子的改性后（MBDAC-MMT）性能最优，拉伸强度提高了 61%，冲击强度提高了 51%，热形变温度提高了 28%[341]。

表 8-1　各种类型的 MMT/不饱和聚酯的性能[341]

蒙脱土的类型	用量/%	拉伸强度/MPa	冲击强度/(kJ/m²)	巴氏硬度	热形变温度/℃
不饱和聚酯	0	44.1	6.32	12.4	86.2
Na-MMT	4.0	47.8	4.35	13.3	89.8
CTAB-MMT	4.0	56.4	8.44	13.1	103.1
MBDAC-MMT	4.0	71.2	9.63	13.8	110.4

8.2.3　改性与分散方法

本节以黏土在环氧树脂中的分散为例，说明分散方法[317]。

(1) 机械搅拌

黏土和环氧树脂的混合物通过机械搅拌，直到混合物变得明显分散，再加入固化剂进行热固化。环氧树脂插层进入黏土层间会影响 d 间距，而 d 间距基本上与混合过程无关。然而，固化后的纳米复合材料的 SEM 和 TEM 测试结果表明，人工/机械搅拌并不能有效地制备高性能环氧/黏土纳米复合材料，搅拌后应进行高剪切混合，黏土才能在环氧树脂基体中获得较好的分散。影响机械搅拌过程的三个参数包括温度、搅拌速度和叶轮设计。温度对黏度有很大的影响，在获得较高的剥落度方面起着重要的作用。叶轮产生的剪切力，能够破坏黏土片层之间的范德华力并导致剥落，因此机械搅拌能够产生大量的环氧/黏土纳米复合材料。

(2) 超声

超声被广泛应用于纳米材料的分散，在一些研究中，超声混合已经被用于剥离聚合物中的黏土。这种技术是基于局部区域转换成高能振动波，从而导致黏土片层的分离。这种振动会导致相当大的局部加热，由于环氧树脂是热绝缘体，因此混合过程中产生的热量并不能有效地分散，而是会导致自聚合反应的发生。搅拌、外冷浴等方法可以提高效率。有报道说使用不同的超声时间，产生的唯一改变是黏土团聚尺寸，而不改变改

性黏土的 d 间距；也有报道说短时间低能超声可以使固化纳米复合材料的 d 间距增加到 10nm 以上。

★【例 8-3】 改性剂对黏土的改性[343]。

室温在搅拌的条件下将 5g 黏土分散在 600mL 甲苯中，超声至少 30min。将 50mL 有机硅烷（KH550 和乙烯基三甲氧基硅烷 VTMS）分别滴加于上述黏土分散液中，在 80℃ 搅拌 24h 后，用丙酮/水混合液洗涤、离心分离 3 次，再真空干燥，如图 8-15 所示。

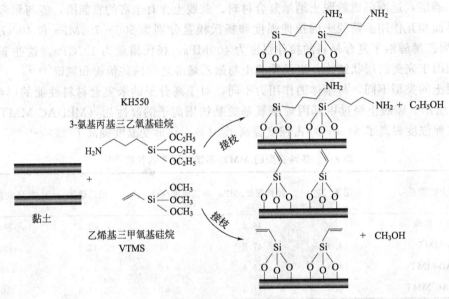

图 8-15 不同改性剂对黏土的改性示意图[343]

(3) 高速剪切混合

高速剪切混合是在环氧树脂中进行黏土分散的一种有效方法，其目的是破坏黏土片层的团聚，减小颗粒尺寸。三辊轧机是被广泛用作这种混合的工具。胶辊上施加的剪切力对黏土层的剥落有显著影响，主要由胶辊间隙和树脂黏度控制。如果黏度、温度等工艺参数没有得到适当优化，这种方法可能会出现已分散粒子再次团聚的现象。通过优化工艺参数，可以获得高度剥落的纳米复合材料。环氧/黏土纳米复合材料的 TEM 图像证实了黏土片层均匀地分散在环氧树脂基体中，并以单层、双层和三层的形式剥离，见图 8-16。

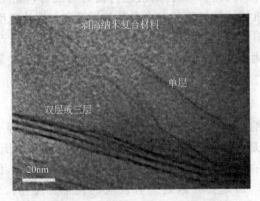

图 8-16 高速剪切混合法制备环氧黏土纳米复合材料的 TEM 图像[317]

（4）球磨

多年来，球磨已被广泛应用于各种行业。这种方法在纳米材料加工中具有一些固有的优点，包括优良的通用性、可扩展性和成本效益。有研究证明[344]，球磨可以作为一种有效的方法来破碎黏土团聚体，从而获得完全剥落和均匀分散的黏土层，比如环氧/黏土纳米复合材料的 XRD 图谱［图 8-17(a)］移动到小于 1°的值，这意味着黏土层的 d 间距平均增加到大于 88Å，从而得到剥落的纳米复合材料。TEM 图像也显示，球磨过程可以完全剥落黏土片层［图 8-17(b)］。大部分黏土片层（暗线）呈平行于 d 间距增加的取向，部分剥离片层位于多个单层中，厚度为 1nm。也可以将酮类化合物作为一种有机溶剂，在球磨过程中制备剥离环氧纳米复合材料。

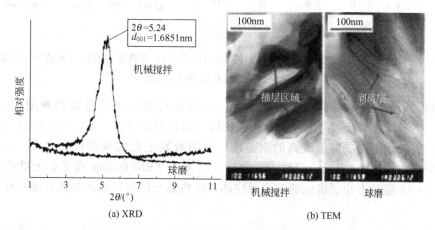

图 8-17　球磨和高速机械剪切法制备环氧黏土纳米复合材料的 XRD 和 TEM 图像[344]

（5）高压混合

高压混合法用于黏土分散的新颖之处在于利用机械剪切力，同时与障碍物和空隙碰撞，黏土团聚体变得不稳定，从而提高剥落程度[345]。该方法最重要的优点是复合材料混合物在固化前具有特殊的时间稳定性。使用高压混合法分散后，环氧树脂的黏度大幅度增加，易造成固体颗粒固溶性下降和高空隙率形成等问题。因此，这种方法只能制备低用量的纳米复合材料。

图 8-18(a) 研究了高压混合法制备的改性黏土及其纳米复合材料的 XRD 曲线。采用高压混合法处理丙酮改性黏土后，改性黏土的 d 间距由 2.37nm 增加到 3.22nm。此外，含有 1.5 份和 3 份改性黏土的纳米复合材料的 XRD 图谱中没有峰和肩，表明黏土层有可能在环氧树脂基体中被剥落。用该方法制备的环氧黏土纳米复合材料的断口形貌也如图 8-18(b) 所示，由于高压混合，黏土颗粒会导致空隙的形成，从而可能对纳米复合材料的力学性能产生负面影响。

（6）浆液法

浆液法是一种用很低浓度有机改性剂分散黏土片层的方法。在该方法中，原始黏土首先分散在水中形成悬浮液，然后用丙酮等有机溶剂代替水，得到黏土/丙酮浆料，再将该浆料与未固化环氧树脂混合，最后蒸发掉有机溶剂。该方法的主要缺点是需要大量的有机溶剂以及多步操作。此外，若残留了水或有机溶剂，都会极大地破坏纳米复合材料的力学性能。有文献首次采用氨基硅烷作为有机改性剂，采用浆料法制备了界面增强的高剥离度环氧树脂纳

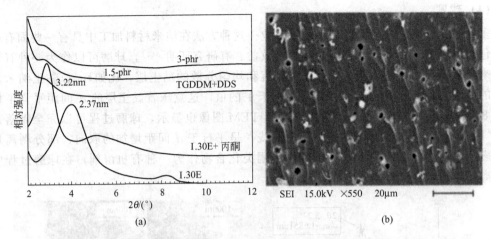

图 8-18　改性黏土及其环氧纳米复合材料的 XRD 图谱 (a) 及高压混合法制备的含 3 份黏土
的环氧树脂纳米复合材料的 SEM 图像 (b)[345]

米复合材料[58]。图 8-19(a) XRD 结果表明，固化前环氧黏土混合物的典型结构在 $2\theta =$ 6.56°处有一个弱峰，d 间距为 1.35nm。固化后，圆柱形孔道进一步扩大，(001) 衍射峰几乎看不见，表明该方法获得了较高的剥落度。但随着黏土负载量增加到 5%，出现弱散射峰，d 间距略大，达 1.42nm。此外，图 8-19(b)、(c) TEM 图像证实了黏土被高度剥落为单层或由 5~10 层黏土片层组成的薄型圆柱体，这些黏土层均匀而随机地分散在环氧树脂基体中。

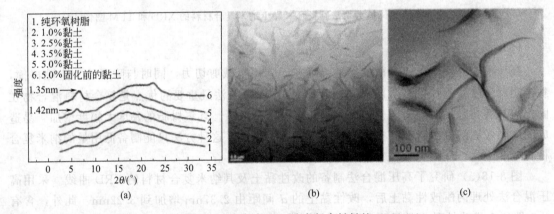

图 8-19　浆液法制备环氧黏土纳米复合材料的 XRD (a)
和 TEM 图像 (b)、(c)[346]

★【例 8-4】　DNA 改性 Na-MMT[333]。

将 2.00g DNA 分散于 200mL 的去离子水中，通过 1.0mol/L HCl 水溶液调节 pH 值为 2、3、4 和 5。在 60℃下搅拌 3h，将 2.00g 原始黏土分散于 200mL 沸水中，搅拌 2h，超声处理 1h。将 DNA 溶液加入到黏土/去离子水悬浮液中搅拌 6h，使阳离子交换过程得以完成，反应示意图如图 8-12 所示。最后的混合物用大量的直喷式水过滤和洗涤几次，直到加入 AgNO$_3$ 溶液后检测不到氯化物。60℃真空干燥，得到不同的 pH 条件下的 DNA 改性黏土。通过测量黏土改性前后质量差异，得到如图 8-20 所示的插层量，显然在 pH 为 2 的条件下，Na-MMT 上的 DNA 插层量最大。

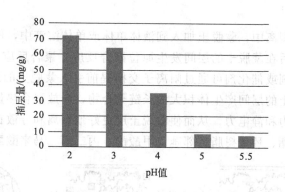

图 8-20　pH 值对插层量的影响

8.2.4　蒙脱土的剥离

许多研究清楚地表明，在制备 MMT/聚合物纳米复合材料时，性能的提高与聚合物基体和蒙脱土纳米片层之间的相互作用密切相关。因此，这在很大程度上取决于 MMT 的剥落程度和剥离下来的纳米片层聚合物基体中的含量和分布。MMT 纳米片层能在聚合物基体中形成良好剥落的高分子纳米复合材料，在力学性能、阻隔性能、热稳定性和阻燃性等方面具有显著的增强。

通过适当的处理，有机蒙脱土可以被剥落成纳米片层。在此过程中，蒙脱土的来源、聚合物（或单体）、改性剂种类、有机改性的程度、溶剂的极性和化学性质都会影响有机蒙脱土的剥落程度，例如，十六烷基三甲基氯化铵改性的蒙脱土在碳链较短的醇类中剥落效果较差，而在碳链较长的醇类中分散和剥落较好。随着醇的碳链长度的增加，纳米片层剥落的数量和稳定性都在增加。也有人直接将 Na-MMT 加入到异丙醇中，再加入聚氧乙烯-聚氧丙烯-胺表面活性剂作为插层剂进行剥离，它含有亲水性聚氧乙烯和疏水性聚氧丙烯。当插层剂进入蒙脱土的层间时，亲水段与蒙脱土表面结合，疏水段聚集形成胶束状结构，这种胶束状的体系扩大了硅酸盐片层间距，导致剥离[347]。

蒙脱土的剥落通常在液体介质中进行，借助于机械搅拌和超声作用。超声是一种提供能量的振动形式，超声产生高能空化和气泡，迅速崩塌成高能喷流，破坏了蒙脱土的堆积，从而产生剥落的纳米片层。超声波能量对蒙脱土在液体中的分散和剥落程度有显著影响。然而，剥落的纳米层通常会在超声作用结束后重新堆积[348]。

在不使用液体介质的情况下直接实现剥落，是一个很大的挑战，但球磨法是一个很好的选择。在高能球磨过程中，磨球的冲击力和摩擦力会破坏蒙脱土的结构，促进剥落。随着球磨的进行，蒙脱土的有序结构变得无序，一些片层最终被剥离掉。OMMT 的剥落也可以通过高能球磨进行，在干球磨过程中，OMMT 的有机改性剂对稳定 MMT 的结构起着重要作用，会使 OMMT 的剥落更加困难。最近，有实验证明高能球磨是实现 OMMT 剥落的简单方法，在此情况下，400r/min 球磨 2h 是 OMMT 最大剥落的最佳条件[349]。然而，当球磨时间较长时，最终产品的污染程度较高。虽然在端羟基的低分子量聚丁二烯基体中，用温和的热退火实现了黏土的剥离，但是羟基的具体作用、它们的位置和聚合物在插层/剥离过程中的迁移率仍然不清楚，有文献发现无论羟基的数量或它们在聚合物主链上的位置如何，剥离都能成功进行，而聚合物的流动性在剥落的程度上起着关键作用[350]。

（1）原位剥离[347]

在蒙脱土的原位剥离中，蒙脱土加入到液体单体或单体溶液中，使蒙脱土膨胀，单体进入蒙脱土的层间，然后在蒙脱土的层间发生原位聚合反应。聚合反应可由引发剂、催化剂、热或辐射引发。引发剂或催化剂可通过阳离子交换提前引入蒙脱土的层间（图 8-21）。原位聚合可以直接在蒙脱土的层间产生体积大的长链聚合物，释放聚合热量；释放的热量会削弱蒙脱土层间的范德华力和静电力，从而使蒙脱土层更好地剥离和分散在聚合物基体中。这些单体有甲基丙烯酸甲酯、环氧树脂、邻苯二甲酸酐、丙二醇、马来酸酐、双马来酰亚胺等。

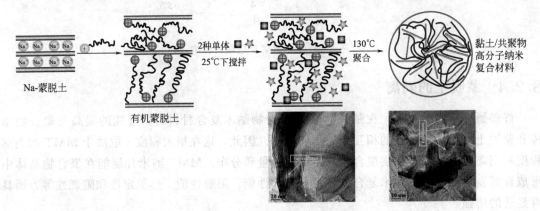

图 8-21　蒙脱土在聚合物中的剥离[351]

在原位剥离中，蒙脱土在液态单体、溶解有单体的水溶液或有机溶液中进行溶胀是很有必要的。可以先将单体引入层间，而 MMA、DGEBA、PA、PG、MA 等单体具有疏水性，在这种情况下，预先引入官能团改性蒙脱土是必不可少的。有机改性剂的链长和官能团对MMT 在聚合物中的剥落有显著的影响。有机改性剂插入到蒙脱土的层间并将其扩展，使更多的蒙脱土片层更容易剥落。

（2）溶液剥离[347]

与原位剥离不同，溶液剥离将聚合物溶于有机溶剂，在溶液中对蒙脱土进行剥离。为了在聚合物溶液中均匀分散蒙脱土，需要用表面活性剂对蒙脱土进行改性。这种改性可以使有机蒙脱土在聚合物溶液中得到很好的分散。当在聚合物溶液中加入有机蒙脱土时，溶剂和聚合物分子都在蒙脱土层间插入以扩大有机蒙脱土的层间距。特别是，为了减少构象熵的损失，聚合物长链倾向于互相缠绕，从而进一步扩大层间空间，最终剥离有机蒙脱土[352]。

（3）熔融剥离[347]

与原位剥离和溶液剥离相比，熔融剥离是最简单的技术。在此过程中，蒙脱土首先与热塑性聚合物混合，然后加热混合物，并受剪切力作用。如果蒙脱土的层表面与聚合物具有足够的相容性，则聚合物分子链可以进入层间空间形成插层蒙脱土或剥离蒙脱土/聚合物纳米复合材料。在熔融处理期间，增强机械力将增加聚合物的流动性和扩散，从而改善蒙脱土在聚合物基体中的分散和剥落。到目前为止，PE、EVA、乙烯共聚物、PLA、聚乳酸/丁二酸丁烯酯、PS 和 PC 已被用于熔融剥离法制备蒙脱土/聚合物纳米复合材料。需要说明的是，这种处理并不能完全剥离蒙脱土，而且蒙脱土在聚合物基体中的分散性也很差。

制作松散堆积的蒙脱土颗粒的一个典型方法是适当地改性蒙脱土，使之变成有机蒙脱土。由于聚合物分子扩散到蒙脱土层间的限制，低层间距的改性蒙脱土在聚合物插层中效率低。相反，当大的有机物对蒙脱土进行改性时，层间距明显增大，有利于后续更多的聚合物链进入层间，从而促进蒙脱土在聚合物基体中的高效剥离和分散。

8.3　层状高分子纳米复合材料的制备方法

经过有机化处理的蒙脱土，由体积较大的有机阳离子交换了原来的 Na$^+$，导致层间距增大，同时因片层表面被有机阳离子覆盖，黏土由亲水性变为亲油性。有机黏土与单体或聚合物混合时，单体或聚合物分子向有机黏土层间迁移并插入层间。黏土的层状结构及其吸附性、膨胀性等的特点使黏土层间距进一步胀大，得到插层高分子纳米复合材料。

8.3.1　原位插层聚合法

原位插层聚合技术是目前工业化生产 MMT 纳米复合材料最成功的技术之一。这一过程的第一步如图 8-22 所示，单体或低分子量前驱体嵌入到硅酸盐片层的通道中。插层后，通道内插层物的原位聚合逐渐使单个硅酸盐片层分离。原位插层聚合的最终结果是单个硅酸盐层被聚合物隔离和包围，形成剥离结构，或者是聚合物链部分固定在硅酸盐通道内形成插层结构。通常，原位插层聚合法获得的是插层与剥离共同存在的混合结构。在原位插层聚合中，通常考虑黏土表面的表面化学，以保证与插层单体的相容性。比如，天然的 MMT 是亲水性的，可以通过与具有脂肪链或苯环的阳离子进行离子交换，使其具有有机亲合性，即转变成 OMMT，从而与有机插层物相兼容。

与单体或前驱体混合　　　　插层　　　　　　　原位聚合　　　　　　插层型　　　　剥离型

图 8-22　原位插层聚合示意图

对于最终产物为热固性的环氧树脂来说，使用原位插层聚合来制备层状纳米复合材料是为数不多的选择。其主要方式是使用溶液法合成，即使用超声等分散技术将黏土分散在合适溶剂中，加入到环氧树脂溶液中，通过适当的分散技术（机械搅拌、超声、磁力搅拌、高速剪切搅拌等）进行分散，再加入固化剂并真空蒸发掉溶剂。

黏土的硅酸盐片层由于具有高表面能，可吸引大量的单体附在其上，直到达到吸附平衡。当温度升高至一定数值时，黏土硅酸盐片层上的有机阳离子就可以催化聚合这些单体。极性聚合物的极性一般比单体的极性低，反应使得片层表面附着物极性降低，从而打破了吸附平衡，在极性吸引下新的单体又进入到黏土的硅酸盐片层之间，继续反应，直到片层完全剥离或者反应中止。反应过程中，聚合时放出的大量热量，能够克服硅酸盐片层结构之间的库仑力将其剥离，使得硅酸盐片层结构与聚合物能够以纳米尺度复合。

有文献利用原位聚合法制备了如图 8-23 所示的聚 2,2,2-三氟乙基丙烯酸甲酯 (PMATRIF)/MMT 纳米复合材料，TEM 表征发现纳米复合材料中既存在插层型 MMT，又存在剥离型 MMT。加入 MMT 后，接触角得到了提高[321]。

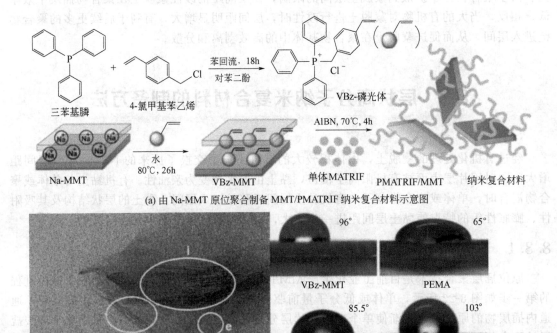

(a) 由 Na-MMT 原位聚合制备 MMT/PMATRIF 纳米复合材料示意图

(b) TEM 图，e 为剥离型结构，i 为插层型结构　　　　　(c) 接触角的变化

图 8-23　PMATRIF/MMT 纳米复合材料表征图[321]

★【例 8-5】原位乳液聚合法制备 MMT/PMMA 纳米复合材料[353]。

在三口烧瓶中，1.5g OMMT 在 10mL 单体 MMA 中溶胀 30min，然后加入到以 0.1g 过硫酸钾为引发剂、0.025g 十二烷基硫酸钠为乳化剂的水相中。为保证 MMA 单体的完全聚合，在 80℃搅拌 8h 的条件下进行聚合。然后用乙醇沉淀，用水洗涤，制备的纳米复合材料在 70℃烘干。

8.3.2　聚合物插层法

把聚合物熔融体或溶液与蒙脱土混合，将聚合物分子插入到蒙脱土的片层间。以层状蒙脱土为主体，以聚合物为客体，利用热力学或化学作用破坏蒙脱土的片状叠层结构，使蒙脱土片层剥离并均匀分散在聚合物基体中，实现聚合物和蒙脱土在纳米尺度上的复合，从而制得纳米复合材料。

(1) 水溶液插层法

聚合物可以从水溶液中直接插层到黏土矿物的层间形成纳米复合材料。其特点是：水溶液对黏土具有溶胀作用，有利于聚合物插层并剥离黏土片层；插层条件比其它方法温和，水溶液插层既经济又方便。

水溶性聚合物如聚环氧乙烷、聚乙烯吡咯烷酮、聚乙烯醇、聚丙二醇和甲基纤维素等在水溶液中与层状黏土共混插层，最后缓慢蒸发掉水溶剂，可方便地制备纳米复合材料。

（2）乳液插层法

聚合物乳液插层法是一种方便、简单的良好方法，直接利用聚合物乳液如橡胶，对分散的黏土进行插层，可规模化进行，可以在一定范围内有效地调控复合物的组成，无环境污染。

将一定量的黏土分散在水中，加入橡胶乳液，用大分子胶乳粒子对黏土片层进行穿插和隔离，乳胶粒子直径越小，分散效果越好。然后加入絮凝剂使整个体系共沉淀，脱去水分，得到黏土/橡胶纳米复合材料。乳液插层法充分利用了大多数聚合物均有乳液的优势，工艺最简单、易控制、成本最低。缺点是在黏土质量分数较高时（≥20%），分散性较差。用此技术已制备了丁苯橡胶/黏土、丁腈橡胶/黏土、氯丁橡胶/黏土等纳米复合材料。

（3）有机溶液插层法

该法可分两步骤，首先是溶剂分子插层，通过有机溶剂降低蒙脱土片层间的表面极性，从而增加与聚合物的相容性；其次是聚合物对插层溶剂分子的置换，有机改性的蒙脱土与聚合物溶液共混，聚合物大分子在溶液中借助溶剂而插层进入蒙脱土的片层间，然后再挥发掉溶剂，如图 8-24 所示。其优点是简化了复合过程，聚合物通过吸附、交换作用（对具有层间可交换离子而言）等插入蒙脱土层间，所制得的材料性能更稳定。缺点是此方法不一定能找到既能溶解聚合物又能分散黏土的溶剂，而且大量使用溶剂会对人体有害，污染环境。

图 8-24　有机溶液插层法示意图

（4）熔融插层法

将聚合物在高于其软化温度下加热，在静止条件或有剪切力作用下直接插层进入蒙脱土的片层（图 8-25）。虽然聚合物熔融插层法没有用溶剂，工艺简单，加工方便，易于操作，并且可以减少对环境的污染，但是该法不适用于某些分解温度低于熔融温度的聚合物，比如聚丙烯腈。

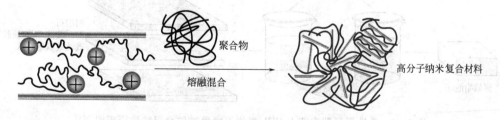

图 8-25　熔融插层法示意图

★【例 8-6】 PP/硅烷接枝黏土纳米复合材料的制备[343]。

用熔融插层法采用双螺杆挤出机制备 PP/硅烷接枝黏土纳米复合材料，在挤出机桶、料斗和模具的 7 个区域的温度分别为 170℃、170℃、175℃、180℃、175℃、170℃ 和 170℃。在聚丙烯基体中加入硅烷接枝黏土的质量分数为 1%～5%，采用母批法（10%）制备。准备好的线材在精密磨床中球磨成 2～3mm 的小块，用注射机注射成型。注射压力筒、喷嘴和模具温度分别为 180℃、170℃ 和 45℃。

8.3.3　层层自组装

层层自组装（layer-by-layer self-assembly，LBL）是 20 世纪 90 年代快速发展起来的一种简易、多功能的表面修饰方法。LBL 最初利用带电基板在带相反电荷的聚电解质溶液中交替沉积制备聚电解质自组装多层膜。短短的十几年，LBL 在基础研究方面得到了巨大的发展。LBL 适用的原料已由最初的经典聚电解质扩展到树状聚电解质、聚合物刷、无机带电纳米粒子如 MMT、CNT、胶体等；适用介质由水扩展到有机溶剂以及离子液体；驱动力由静电力扩展到氢键、配位键甚至化学键。LBL 也在许多方面得到了应用，如传感器、分离膜、超疏水表面等。LBL 是一种高效、循环的制备超薄膜的工艺，制得超薄膜的组成、形貌和厚度都是可控的。

近年来，LBL 法制备的阻燃涂料以其阻燃效率高、对基体性能影响小、环境友好性好等优点被广泛应用于织物、柔性聚氨酯泡沫塑料等聚合物上。例如利用纳米颗粒、生物基聚电解质和含磷聚电解质等丰富的组分，采用 LBL 法在柔性聚氨酯泡沫上制备了阻燃涂层。这些涂层一般可分为有机涂层、无机涂层和有机-无机杂化涂层。使用此方法可以在柔性聚氨酯泡沫表面沉积上一层由正电荷壳聚糖和阴离子聚乙烯醇磺酸钠盐组成的有机涂层。这种涂层可以阻止泡沫熔体在接触丁烷火炬火焰时滴下。与未经处理的柔性聚氨酯泡沫相比，10层上述有机涂层的热释放速率降低了 52%。对于无机涂料，采用 LBL 法在聚氨酯泡沫上制备的可再生无机纳米颗粒薄膜，在锥形量热仪中，单双层包覆泡沫的峰值放热速率降低了55%。对于杂化有机-无机涂层，采用 LBL 法在 FPUF 上制备了含有钠蒙脱土、聚烯丙基胺盐酸盐和聚磷酸钠的三层薄膜。锥形量热法表明，4 种三层薄膜处理后的 FPUF 的峰值放热速率比未处理时降低了 54%[328]。

将柔性聚氨酯泡沫浸泡在含有 0.1% 聚丙烯酸溶液中 5min，形成带负电荷的表面，再洗涤至中性。然后在聚酰亚胺和海泡石溶液中交替浸泡 2min，水洗 2min。采用 PEI 单层和海泡石单层膜制备了一层海泡石双层膜。当双层膜的层数达到所需数量时，将样品在 70℃烘箱中干燥一夜。LBL 法的过程如图 8-26 所示。

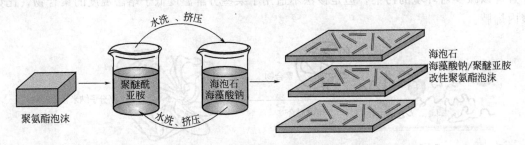

图 8-26　柔性聚氨酯泡沫上 PEI/海泡石海藻酸钠涂层结构原理图[328]

8.3.4　其它插层方法

目前有研究者提出了一种结合了熔融插层和原位聚合插层的方法，即在熔融插层过程中引入可反应单体，与熔融聚合物、改性蒙脱土发生反应，增加聚合物与蒙脱土间的相互作用，同时弥补熔融插层动力不足的缺陷。

8.4 层状高分子纳米复合材料的性能

自 1980 年丰田公司通过剥离黏土纳米结构显著提高尼龙 6 的力学性能和热性能以来，黏土材料被广泛研究以改善各种聚合物的性能。典型的性能增强包括提高硬度、强度、热稳定性、阻燃和阻隔性能。聚合物/黏土纳米复合材料的一些优点如下所述。

① 力学性能：可以提高聚合物基体的强度和硬度。

② 透明度：低用量和良好的填料分散保持固有的聚合物透明度。

③ 可回收性：热稳定纳米粒子在加工过程中不会受到影响或降解，回收后聚合物复合材料的物理性能也不会发生巨大改变。

④ 阻燃性：分散性好的纳米粒子提高了热稳定性。

⑤ 运输特性：在非常低的用量下，纳米复合材料的密度不会显著增加。

⑥ 阻隔性：纳米片层被剥离分散，阻碍了小分子的渗透和扩散，提供了阻隔性。

8.4.1 力学性能

黏土高分子纳米复合材料的力学性能在很大程度上取决于纳米复合材料的结构类型（即剥离/插层结构）和界面相互作用。用适当的极性改性剂对聚合物链进行表面改性，可提高聚合物-黏土界面的黏着性，最终提高纳米复合材料的力学性能。

从表 8-2 的数据可以看出，环氧树脂基体中加入黏土后提高了环氧树脂/黏土纳米复合材料的力学性能，包括杨氏模量、拉伸强度和断裂韧性。随着黏土用量的增加，其断裂韧性比纯环氧树脂提高了 2 倍。有文献报道杨氏模量随黏土含量的增加而单调增加，但是断裂韧性在用量为 2.5% 时达到最大[316]。

表 8-2　几种环氧蒙脱土纳米复合材料的力学性能比较[317]

改性剂	分散方法	结构	MMT用量/%	拉伸强度变化/%	杨氏模量变化/%	断裂韧性变化/%
十八烷基铵	高速剪切	剥离/插层	4	−15.94	+21.89	—
KH550	浆液法	高度剥离	2	+17.86	+9.1	+43.64
十八烷基铵	机械搅拌	插层	5	−20.22	+3.9	+34.78
十八烷基铵	机械搅拌	剥离	3	+10.33	+8.66	
聚苯胺	超声	高度剥离	0.1	+68.38	—	+210
壳聚糖改性黏土	浆液混合	剥离	2.5	+48	+54	+86

表 8-3 展示了用高速剪切机械混合法和超声法制备的含 3 份黏土的环氧纳米复合材料与纯环氧树脂的力学性能[354]。黏土的加入提高了环氧树脂基体的杨氏模量，这一增量可以通过黏土填料的刚度效果来解释。黏土填料分担一定的荷载，通过传递应力和产生剪切变形来限制聚合物链的移动性。拉伸强度下降的一个合理原因是环氧树脂和硅酸盐界面之间不同的

固化速率所造成的内应力。超声法制备的环氧/黏土纳米复合材料的拉伸强度和断裂伸长率均高于高剪切机械混合法，这是由黏土层与环氧树脂的高宽比所致。

表 8-3　高速剪切机械混合法和超声法制备 3%黏土/环氧的力学性能比较[354]

方法	杨氏模量变化/%	拉伸强度变化/%	断裂伸长率变化/%
高速剪切混合	+17.49	−14.72	−39.39
超声	+14.69	−4.64	−10.41

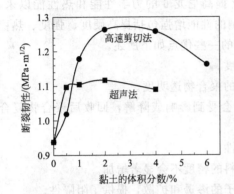

图 8-27　不同方法制备的 2%黏土/环氧
纳米复合材料的断裂韧性
与体积分数的关系[355]

另有研究发现，最佳黏土用量可使黏土/环氧纳米复合材料的断裂韧性/能量最大化，因为在较高的用量下，黏土片层会发生聚集。图 8-27 用两种方法显示了断裂韧性随黏土体积分数的变化规律。相比于纯环氧树脂来说，2%黏土/环氧纳米复合材料经超声处理后断裂韧性提高了 20%，经过高速剪切混合后则提高了 35%。因此，在黏土含量较低的情况下，高速剪切混合法较好地提高了断裂韧性。另一方面，高速剪切混合法制备的纳米复合材料比超声法制备的纳米复合材料具有更高的韧性。这是由剥落程度不同所致，高速剪切混合法用 TEM 和 XRD 表征的剥落程度较高[355]。

四元化壳聚糖作为一种新型的黏土改性剂，可在黏土层中自组装。由于壳聚糖中存在的官能团，改性后的壳聚糖界面黏着性得到改善，剥离效果也得到了很好的改善。这种方法可以提高力学性能，包括拉伸性能和断裂性能[356]。在图 8-28(d)、(e) 中可以看到，在壳聚糖改性黏土的环氧纳米复合材料的断裂表面，存在上述的裂纹偏转/扭曲、裂纹桥接、裂纹钝化/分支、裂纹钉扎和拔出机制。相反，在

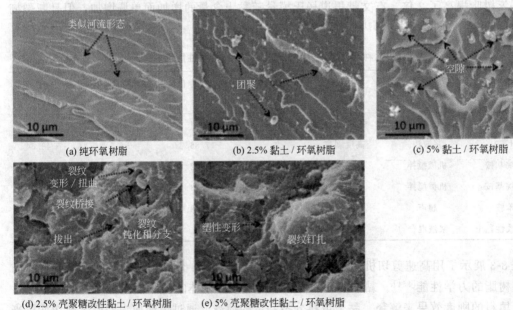

(a) 纯环氧树脂　　(b) 2.5% 黏土 / 环氧树脂　　(c) 5% 黏土 / 环氧树脂

(d) 2.5% 壳聚糖改性黏土 / 环氧树脂　　(e) 5% 壳聚糖改性黏土 / 环氧树脂

图 8-28　纳米复合材料断裂面的 TEM 和 SEM 图[356]

图 8-28(b)、(c) 中发现了传统方法改性的黏土能形成团聚体，裂纹偏离机理不太明显。另外，四元化壳聚糖改性后的环氧树脂纳米复合材料可以消耗更多的能量，从而获得更高的强度。即当裂纹在环氧基体中遇到改性的黏土时，它无论通过还是突破黏土，都会消耗很多的能量。对断裂形貌的分析，文献认为纳米复合材料的增韧机制可能发生在微观尺度上，有效颗粒体积分数的增加也会导致断裂韧性的提高，因此提出了黏土/环氧纳米复合材料的增韧机理，有裂纹挠度、孔隙诱导塑性基体变形和微裂纹/裂纹偏转。

通过 TEM 和 SEM 观察发现，相邻片层间的微裂纹和裂纹偏转是其高度剥落的纳米复合材料增韧的主要机制，只有少量的韧性贡献是由插层纳米复合材料中黏土团聚体的表面台阶形成和破碎引起的。总之，黏土在环氧树脂中的加入使断裂韧性提高了 15%～125%，并且在高度剥落的纳米复合材料中存在"纳米"效应。然而，对于环氧树脂-黏土纳米复合材料的精确增韧机理还没有达成一致，更有可能的是，无论是微裂纹还是塑性变形的优势都是这些材料能量耗散的根源。

在 SEBS 中加入少量蒙脱土后，明显地改善了弹性模量，但对拉伸强度、断裂伸长率几乎没有影响。除 SEBS/MMT 外，SEBS/OMMT 的弹性模量和拉伸强度较 SEBS 明显提高，断裂伸长率略有下降。表 8-4 数据显示 OMMT 制备的纳米复合材料的弹性模量和拉伸强度也明显高于未改性的蒙脱土。SEBS/OMMT/SEBS-MA 的弹性模量、拉伸强度和断裂伸长率分别提高了 119.0%、33.2% 和 12.1%[357]。

表 8-4　SEBS 及其纳米复合材料的拉伸行为[357]

性能	弹性模量/MPa	拉伸强度/MPa	断裂伸长率/%
SEBS	0.58±0.05	6.43±0.14	1414±17
SEBS/MMT	0.71±0.03	6.42±0.15	1416±21
SEBS/OMMT	1.22±0.03	8.43±0.19	1405±6
SEBS/HMMT/SEBS-MA	1.27±0.02	9.62±0.18	1585±24

注：SEBS 是以聚苯乙烯为末端段，以聚丁二烯加氢得到的乙烯-丁烯共聚物为中间弹性嵌段的线性三嵌共聚物，分子量是 10 万，PDI=1.06。SEBS-MA 为马来酸酐接枝 SEBS。MMT 或 OMMT 为总质量的 2%。

图 8-29 显示了埃洛石加入尼龙 6 后，温度对储能模量的正向影响。与纯尼龙 6 相比，随着纳米粒子的用量的增加，纳米复合材料的刚度增加，原因是埃洛石的高刚度。表 8-5 显示纯尼龙 6 的屈服应力为 71.5MPa，添加 2% 的埃洛石后，性能提高到 80.2MPa。添加

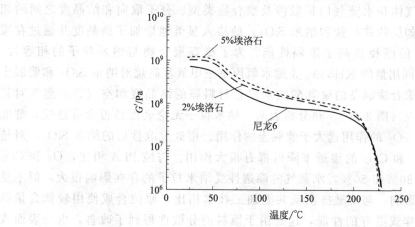

图 8-29　尼龙 6/埃洛石纳米复合材料的储能模量的变化[358]

到 5%后，纳米复合材料的屈服应力比 2%的略有增加。因此，在低埃洛石含量的情况下，复合材料的强度和刚度均有所提高，断裂伸长率也有所提高，但在有机黏土纳米复合材料中，拉伸强度的提高更为明显，而在埃洛石纳米复合材料中，储能模量的提高更为明显[358]。

表 8-5　尼龙 6 纳米复合材料的力学性能[358]

性能	屈服应力/MPa	弹性模量/MPa	断裂伸长率/%
尼龙 6	71.5±0.6	2882±130	98.8±18.2
2%HNT	80.2±0.4	3640±58	186.0±15.0
5%HNT	81.8±1.5	3788±127	96.0±54.3
2%OMMT	84.8±0.5	4298±315	65.9±16.1
5%OMMT	87.2±0.5	4362±286	63.8±13.4

8.4.2　阻隔性能

聚合物的阻隔性能，主要是由外部气体分子或者水分子对其基体的渗透与扩散能力决定的，而小分子的渗透过程非常复杂，其中涉及聚合物自身分子链布朗运动所形成的自由体积。因此，目前提高聚合物阻隔性能的通用做法是增加聚合物基体中不渗透性的阻挡物来增加小分子渗透过程中的弯曲路径，以此提高聚合物的阻隔性能。而高分子纳米复合材料中的纳米填充颗粒就可以被认为是不渗透性的阻挡物可以有效地增加气体小分子渗透基体的路径。

Nielson 提出了一个渗透模型并建立了颗粒添加含量与聚合物阻隔性能的公式[359]：

$$\frac{P_c}{P_m}=\frac{1-V_f}{1+(L/2W)V_f}$$

式中，P_c 为聚合物纳米复合材料的渗透性能；P_m 为未添加颗粒的聚合物的渗透性能；V_f 为颗粒填料的体积分数；L/W 为颗粒的长径比（长度/厚度）。该模型用于纳米颗粒时，高分子纳米复合材料的阻隔性能可以由纳米颗粒的含量、长径比、在聚合物基体中的分散情况决定。通过建立有限元模型研究聚合物复合材料渗透的研究表明，在聚合物的基体中，纳米颗粒的分散效果越好，复合材料的阻隔性能越好[360]。

穿过聚合物膜的气体和水蒸气的扩散涉及聚合物类型、分子取向和结晶度之间的相互作用。无机颗粒（如层状硅酸盐和纳米 SiO_2）的掺入显著地增加了结晶度并通过在聚合物基体中形成曲折的路径提高了阻隔性能。为了提高聚合物与纳米粒子的相容性，Ortenzi 等[361]采用不同用量的 KH550、3-缩水氧丙基三甲氧基硅烷对纳米 SiO_2 和蒙脱土进行了改性，对原位聚合法制备的聚乳酸纳米复合材料膜的结晶度和空气、水蒸气对其性能的影响进行了研究（图 8-30）。热分析表明，纳米粒子无论表面是否含有硅烷，都能促进结晶过程，纳米 SiO_2 的作用远大于蒙脱土的作用。用硅烷改性后的纳米 SiO_2，对结晶度的提高以及对 O_2 和 CO_2 的渗透率降低都有很大作用。与纯 PLA 相比，O_2 和 CO_2 的渗透率分别降低了 80%和 50%，水蒸气的渗透性受纳米粒子的存在影响很大，但不受其形状和硅烷改性的影响。与熔融挤出或共混加工技术相比，原位合成使用较低含量的纳米颗粒，达到了同样或更好的性能，这是由于填料的分散性得到了改善，也是表面改性的结果。

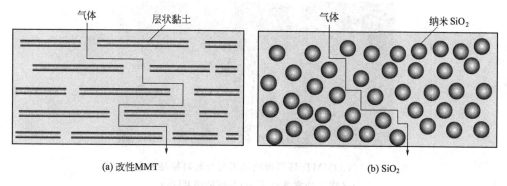

图 8-30　使用不同物质改性的 PLA 纳米复合材料的曲折扩散路径[361]

图 8-31 显示 SEBS（其组成见表 8-4）软相和硬相之间存在不相容的较大的间隙，因而具有较高的透气性。Na-MMT 或 OMMT 的 SEBS 纳米复合材料的氧、氮渗透性与纯 SEBS 相似，表明均相 OMMT 的迷宫效应不能足够地阻挡气体渗透。在 SEBS/OMMT 中加入 SEBS-MA 后，氧、氮渗透性分别比 SEBS 低 38.5% 和 36.7%。加入 SEBS-MA 后，OMMT 在 SEBS 基体中形成了更多的剥离结构，是造成这种现象的主要原因之一。此外，增溶剂抑制了 SBES 软相的分子运动，削弱了 SEBS 的微相分离，导致了气体渗透性的降低。

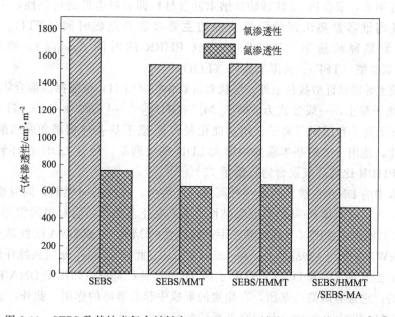

图 8-31　SEBS 及其纳米复合材料在 0.1MPa、24h 条件下的气体渗透率[357]

阻隔性能不仅体现在降低小分子物质、气体分子由内向外的扩散上，还体现在阻碍腐蚀性物质向内渗透的过程，即提高防腐蚀功能。图 8-32 显示了两种样品在盐雾条件下受到影响和腐蚀的情况。空白样品的水泡数量明显多于 3M 样本，其水泡散布在表面，对于 3M 样品来说，气泡主要存在于交叉线附近。黏土纳米粒子的层状结构抵抗腐蚀性离子，增加了涂层抗腐蚀性离子渗透的弯曲度。在这种情况下，腐蚀剂必须经过较长的路径才能达到材料表面，这种现象会减缓腐蚀过程。

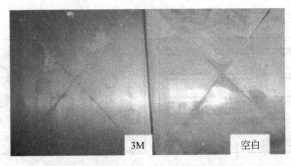

图 8-32　3% OMMT/环氧树脂纳米复合材料样品和空白样品
暴露于盐雾条件下 500h 后的照片[362]

8.4.3　阻燃性能

环氧树脂的缺点之一是其固有的易燃性。由于环氧树脂被广泛应用于可能暴露在火和火焰中的电子产品和印刷电路板等,因此有必要减少它们的潜在起火和燃烧性。多年来,各种含磷、硅、硼的化合物以及卤化化合物被作为"阻燃剂"加入环氧树脂中,以提高阻燃性能,控制起火和燃烧,延缓热降解。然而,由于上述阻燃剂在燃烧过程中产生烟雾和二噁英等有毒物质,使用受到限制。纳米技术的进步为纳米级材料用作聚合物材料的阻燃剂开辟了新的机会。近年来,聚合物/层状硅酸盐纳米复合材料拥有显著低的可燃性,引起了人们的广泛关注。使用锥形量热法评价阻燃性能的主要参数是点燃时间(TTI)、热释放总值(THR)、峰值热释放速率(PHRR)、达到 PHRR 的时间(t_{PHRR})、峰值产烟速率(PSPR)、产烟总值(TSP)、极限氧指数(LOI)。

除了蒙脱土等层状硅酸盐黏土外,层状双氢氧化物(LDH)也能提高聚合物的阻燃性能。LDH 属于阴离子黏土,一般公式为 $\left[M_{1-x}^{2+}M_x^{3+}(OH)_2\right]^{x+}\cdot\left[(A^{n-})x/n\cdot yH_2O\right]^{x-}$,M 和 A 分别为金属阳离子和层间阴离子。用功能化羟丙基-磺丁基-β-环糊精和腐殖酸提高纳米复合材料阻燃性,使用十二烷基苯磺酸钠增大 LDH 的层间距,促进 LDH 在环氧树脂基体中的分散,使 PHRR 比纯环氧聚合物降低了 72%[363]。

渔业废水中的 DNA 也被认为是一种高效、可再生、环保的阻燃剂,同时也可以用于对黏土的改性。为了改善填料-基体界面黏结性,提高黏土基纳米复合材料的阻燃和力学性能,当用量为 2.5% 纳米 1.28E(十八烷基三甲基胺改性的 MMT)或 DNA 改性黏土时,PHRR 分别从 1542kW/m² 降至 1298kW/m² 和 1220kW/m²。此外,t_{PHRR} 分别从纯环氧树脂的 71s 提高到纳米 1.28E 的 87s 和 DNA 改性黏土的 96s。这种趋势可以归因于 DNA 被认为是一种内在的阻燃剂,它含有磷酸盐基团,在焦炭的形成中起着屏障的作用。此外,它还能在燃烧条件下释放 NH₃ 和 CO₂ 气体,从而降低系统的易燃性[333]。

在后续的焦炭残留物测试中,如图 8-33 所示,纯环氧树脂的焦炭残留物显示出密密麻麻的裂纹。虽然与纯环氧树脂相比,EP-M2.5(2.5% 纳米粒子/环氧树脂)表面出现较少的裂纹,但表面仍然是不致密的。而 EP-D2.5(2.5% DNA 改性黏土/环氧树脂)具有致密的、压实的表面形貌,表面无裂纹,由于阻隔效应,导致热和挥发分的传递效率降低,从而为底层环氧基体提供了有效的屏障。通过在样品附近保持火焰来简单地评估火的传播,可以清楚地看到,火焰在纯环氧树脂样品中迅速传播,而纳米复合材料则遇到延迟。此外,与 EP-M2.5 相比,EP-D2.5 的火灾传播明显减慢,证实了 DNA 改性黏土对环氧树脂可燃性的附

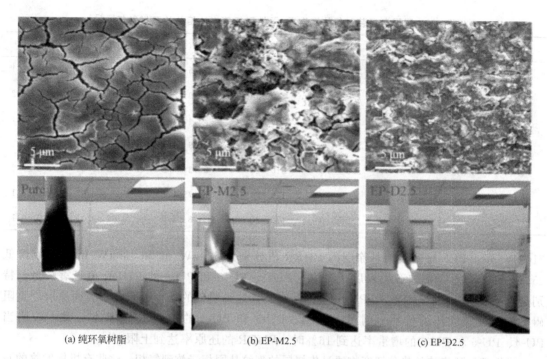

(a) 纯环氧树脂　　　　　　　(b) EP-M2.5　　　　　　　(c) EP-D2.5

图 8-33　对不同样品进行锥形量热法后焦炭残留物的 SEM 和第 10s 火焰试验照片[333]

加阻燃效应。

环氧-黏土纳米复合材料的阻燃机理为成炭凝结反应（condensation of char yield）。在纳米复合材料上形成一层厚厚的焦炭层，起到隔热屏障的作用，可以诱导火焰熄灭，防止可燃气体进入火焰区域。如图 8-34 所示，这种浓缩的厚炭层还导致氧与燃烧材料分离。而纯环氧树脂形成薄薄的一层炭层通常不能有效地起到隔热屏障的作用，因为它由裂纹组成，通过裂纹，氧气很容易到达燃烧环氧树脂所产生的火焰气体中。与纯环氧树脂相比，纳米复合材料表面形成的炭渣可以起到绝缘屏障的作用，延缓燃烧过程中产生的不稳定和挥发性分解化合物的渗透和释放。尽管如此，与纳米材料填充的纳米复合材料相比，含 DNA 改性黏土的纳米复合材料具有较致密的表面裂纹形貌，说明 DNA 对炭的形成有较好的性能。在这种情况下，由于阻碍效应降低了热量和挥发分的传递效率。因此，火焰传播较慢，阻力较高。

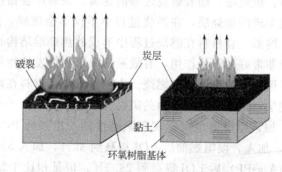

图 8-34　环氧黏土纳米复合材料阻燃机理[317]

通过层层自组装制备的海泡石/柔性聚氨酯泡沫相关的阻燃数据如表 8-6 所示，处理后泡沫的 PHRR 值明显低于未处理样品的值。未经处理的泡沫点火后燃烧迅速，PHRR 为

表 8-6　层层自组装制备的海泡石/柔性聚氨酯泡沫相关的阻燃数据[328]

性能	海泡石	层数	TTI/s	PHRR/(kW/m²)	THR/(MJ/m²)	PSDR/(m²/s)	TSP/m²
PU-0	—		3.0±1.0	710±20	32.6±1.6	0.12±0.02	4.1±0.1
PU-1	—	3	2.0±1.0	530±40	31.0±2.1	0.08±0.01	3.7±0.2
PU-2	—	6	3.0±2.0	430±20	28.4±1.3	0.07±0.01	3.3±0.1
PU-3	0.5%	3	2.0±1.0	280±30	27.9±1.9	0.05±0.02	3.2±0.2
PU-4	0.5%	6	2.0±1.0	210±20	26.3±0.9	0.05±0.01	2.9±0.2
PU-5	1.0%	3	2.0±2.0	170±20	24.7±1.2	0.05±0.01	3.1±0.1
PU-6	1.0%	6	3.0±1.0	170±30	24.8±2.0	0.05±0.01	3.0±0.1

710kW/m²。PEI/海藻酸钠基涂层的 PHRR 值分别为 530kW/m² 和 430kW/m²，分别降低 25.6% 和 39.8%。海泡石引入后，PU-3、PU-4、PU-5 和 PU-6 的 PHRR 值显著降低，特别是对于 PU-6，其 PHRR 比 PU-0 降低了 76%，这种明显的减少可归因于表面涂层严重阻碍了热和可燃气体的传播。同时，PU-4、PU-5 和 PU-6 的 PHRR 值基本一致，表明当 PU-4、PU-5 和 PU-6 的增重率达到 16% 时，PHRR 的还原率达到上限[328]。

柔性聚氨酯泡沫的热分解产物通过焦烧层的裂纹从固相释放到气相。这些有机挥发物的减少导致了对烟雾的抑制，因为有机挥发物可能会分裂成更小的碳氢化合物分子和烟雾颗粒，从而进一步凝聚或聚集产生烟雾颗粒。总之，气体产物的减少会导致烟气的产生减少[328]。

大多数聚合物燃烧时，反应剧烈，伴随严重的边熔滴边燃烧的现象。纳米复合材料在没有添加阻燃剂的情况下燃烧时具有以下明显特征：难点燃、火焰小、燃烧慢、无熔滴、烟雾少。纳米复合材料本身还具有自熄性：将普通聚合物和纳米复合材料均置于火焰中 30s，火焰移走后纳米复合材料立即停止燃烧而保持完整性。普通聚合物则继续燃烧直到燃尽。

阻燃原因为：燃烧时剥离或插层结构坍塌而形成焦烧层、硅酸盐的层状结构起到了良好绝缘和质量传递阻隔层的作用，阻碍燃烧产生的挥发物挥发。可以利用具备此性能的高分子纳米复合材料制作各种容器、油箱及防火器材。

实际上普通树脂和纳米复合材料在燃烧过程中都会形成焦烧层，但是在燃烧过程中普通树脂形成的焦烧层较薄、较疏松，随着燃烧过程的延续，该炭层会很快破碎，甚至消失；纳米复合材料在燃烧初期生成的焦烧层，在燃烧过程中不仅不会破碎，随着燃烧过程的继续，反而得到进一步加强。纳米复合材料在燃烧过程中形成的焦烧层结构具有阻隔作用和增强作用，在聚合物表面形成非常好的隔绝作用，有效减少聚合物挥发性物质的产生，减少可燃物质的数量，从而抑制了聚合物的热裂解和燃烧。由于纳米复合材料在燃烧初期就能够快速生成具有一定强度的焦烧层，这对于提高材料的阻燃性能更加有效。

对于聚合物来讲，加入阻燃剂也可以实现阻燃性能，比如纯 PP/纯聚氨酯（TPU）共混物的 LOI 值为 18%，加入含溴阻燃剂后 LOI 提高到 32%，加入 5% 黏土再加入增溶剂马来酸酐改性聚丙烯（MA-g-PP）后 LOI 提高到 28.5%；但是相比于黏土阻燃剂，含溴阻燃剂降低了聚合物的力学性能，而黏土体系不仅提高了阻燃性能，还提高了力学性能。在 5% 黏土的最优条件下，200% 应变所需的拉伸应力增加了 120%，弯曲模量增加了 80%～90%[62]，具体性能如表 8-7 所示。

表 8-7　黏土对聚氨酯/聚丙烯性能的影响

样品	200％应变对应拉伸应力/MPa	弯曲模量/MPa	UL-94	LOI/%	燃烧速率/(mm/min)
TPU	4.3	61	V$_2$	17	20.93
TPU-PP	6.4	350	V$_2$	17	18.3
3％MMT/TPU-PP/MA-g-PP	10.3	605	V$_1$	23	16.3
5％MMT/TPU-PP/MA-g-PP	14.2	710	V$_0$	28.5	15.0

8.4.4　热稳定性

聚合物蒙脱土纳米复合材料具有优良的热稳定性及尺寸稳定性。MMT 片层与聚合物之间的强相互作用，包括共价键和氢键，在一定程度上限制了聚合物网络的运动，并导致 T_g 向更高温度转移。剥离良好的 OMMT 纳米粒子在纳米复合材料中提供了更大的界面区域和更强的相互作用，从而更有效地阻碍了聚合物的链迁移。有研究表明，MMT/PP-PPgMA 纳米复合材料在 65.7℃ 和 46.6℃ 的热降解率分别高于 PP-PPgMA 在 24.4℃ 和 32.3℃ 的起始热降解[364]。现已发现，六氯环磷酰胺等含磷组分与剥离的 MMT 纳米层的结合可提高 MMT/环氧纳米复合材料的热稳定性[365]。这种增强作用归因于环氧基体中磷腈和剥离的 MMT 纳米片层的正协同行为。这种协同行为主要是由于磷组分在低温下分解，进而在焦炭形成过程中产生高度稳定的氧化物。然而，值得注意的是，虽然 OMMT 纳米层在聚合物基体中的分散和剥离程度通常优于 MMT，但 OMMT 的热稳定性差，即有机改性剂分子或离子在加热过程中常常导致聚合物链降解[347]。

表 8-8 显示了用两种方法制备的纯 PA12 及其埃洛石纳米复合材料的 TGA 数据。纳米复合材料的损耗温度随埃洛石含量的增加而增加。密炼法和双螺杆复合法制备的 10％埃洛石纳米复合材料比纯 PA12 的热分解温度分别提高了 31℃、19℃。在相同的埃洛石含量下，双螺杆复合法制备的纳米复合材料的热学性能更优，说明该加工方法制备的埃洛石在基体中的分散效果更好[366]。

表 8-8　用密炼法和双螺杆复合法制备的纯 PA12 及其埃洛石纳米复合材料的 TGA 数据[366]

方法	HNT 含量/%	损失 5％时的温度/℃	损失 10％时的温度/℃	最大失重速率时的温度/℃
密炼法	0	391	403	460
	2	404	421	466
	5	406	425	468
	10	422	434	471
双螺杆复合法	0	404	419	461
	2	408	426	463
	5	420	436	466
	10	426	438	463

思 考 题

1. 什么是层状高分子纳米复合材料？列出制备方法有哪些，并画出示意图。

2. 作为层状高分子纳米复合材料的黏土具备什么性质？

3. 层状高分子纳米复合材料有什么特点？

4. 离子交换规律是什么？为什么要对黏土进行离子交换？

5. Na-MMT 的意思是什么？其与 OMMT 有何区别？

6. 什么是黏土的有机化？其目的是什么？

7. 什么是有机改性剂？用有机改性剂改性后，黏土发生了什么变化？

8. 黏土对有机化合物的吸附有哪些？

9. 什么是原位插层聚合？什么是蒙脱土的原位剥离？

10. 为什么层状高分子纳米复合材料具有很好的气体阻隔性？画出阻隔示意图。

11. 加入纳米材料尤其黏土后的聚合物为什么阻燃性能够得到较大程度的改善？为什么加入黏土后，再加入含有阻燃剂的聚合物阻燃性能会更好？

12. 层状高分子纳米复合材料有什么优缺点？

13. 什么是阳离子交换容量？

14. MMT 在聚合物中有什么样的结构？哪种结构性能更好？如何使该结构最大限度地出现在聚合物中？

15. 如何表征 MMT 在聚合物中的结构？

16. 如何让黏土有效地分散在聚合物中？

17. 可以用阴离子改性剂改性黏土吗？

第9章

高分子纳米复合材料的成型及表征

9.1 传统成型方式

9.1.1 螺杆纺丝

PA6 颗粒、阻燃剂颗粒、弹性体和黏土添加剂在挤压前采用混合器进行预混合。采用完全分段的同转双螺杆挤出机用于熔融复合和纤维纺丝，其高速剪切混合量足以在 PA6 基体中获得黏土片层的分散和剥离。其螺杆直径为 11mm，L/D 为 40，加工量为 20g/h～2.5kg/h。实验中，螺杆温度为 240℃，转速为 100r/min，进料速率保持在 35g/h 左右。长丝直接从直径为 0.5mm 的挤出机模具中收集到旋转绕线机上。采用两种类型的长丝卷绕机进行了两种独立纺纱试验，第一个是接收系统，该卷绕机的最大转速约为 300r/min（0.47m/s），用于对粗丝（约 100 旦）进行初步纺丝试验，初步表征纤维形态和添加剂分散性。第二台纤维卷绕机由兰德尔卡斯特挤压系统公司生产，被用来达到更高的拉伸比。它有一个 3.5 英寸（1 英寸＝2.539cm）直径的滚筒，使用转速为 1000r/min，可达到 4.7m/s 的速度。高的牵伸比使纺丝保持一致，细丝在 10～11 旦范围内进行机械表征和进一步的纺织加工。在纺丝过程中，所有的长丝都被空气冷却，如图 9-1 所示。

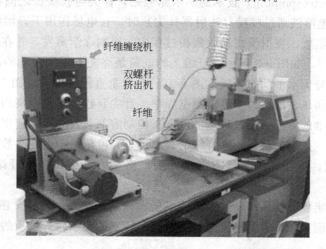

图 9-1 熔融纺丝设备[367]

9.1.2　注射成型

如图 9-2 所示，注射机的 4 个区的温度依次为 200℃、210℃、210℃、200℃，压力由微孔发泡控制台控制。当复合材料塑化完成后，超临界流体 N_2（通过压力泵加压超过 28MPa 后变成超临界流体）约 17MPa 注入到注射机中，注射时间为 3s，含量为 0.5%。在螺杆的混合作用下，纳米复合材料和超临界流向单相熔体转变。注塑机的注射压力为 80MPa，背压为 10MPa。由于压力和温度的降低，熔体注入模具后形成了泡沫纳米复合材料，样品冷却 20s 后完成[368]。

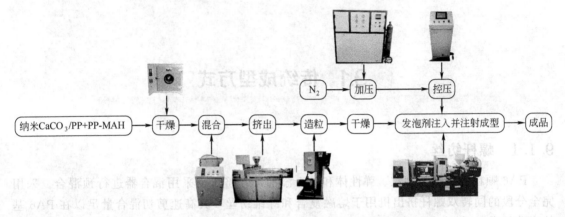

图 9-2　注射成型示意图[368]

9.2　静电纺丝成型

9.2.1　静电纺丝原理

静电纺丝（electrospinning）技术的基本原理是，针尖与收集板之间存在一个高压电场（7～32kV），当带电溶液通过喷嘴（注射器针尖）时，在电场作用下，溶液或熔融液射向带相反电荷的导电收集板。在射流射向收集板过程中，溶剂逐渐蒸发，并在收集板上形成一根带电的固体纤维[369]，如图 9-3 所示，纤维上的电荷最终随着周围环境的改变而消散。依据方向的不同，主要分为水平动态模式［图 9-3（a）］和垂直静态模式［图 9-3（b）］。通过溶液黏度、表面张力、高压、进料速率、溶液电导率、针尖到收集器的距离和孔口尺寸之间的距离等参数来控制纤维的直径，通过环境的温度来控制溶剂蒸发和冷却速率，实现从纳米到微米范围内制备纤维。产生的网状纳米纤维的最终形态高度依赖于上述参数，而形态最终也会影响到产品的性能，例如，由于形态上的差别，扁平的纤维比圆形纤维能够更快地释放药物[370]。

随着纤维在收集板上的不断铺装，形成了层次分明的纳米纤维毡［图 9-3（b）］，因此具有孔隙率高、比表面积大、空间连通性强等特点，特别适用于营养物质的传输、高效的细胞反应和细胞通信。

该技术是制备纳米纤维的简单、低成本的方法。使用的材料包括 TiO_2、ZnO、MnO_2、

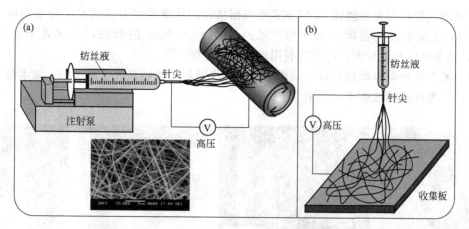

图 9-3　水平静电纺丝（a）和垂直静电纺丝技术及成型丝束（b）的示意图[371]

SnO_2、CuO、V_2O_5、WO_3、Fe_2O_3 和 HFO_2 等金属氧化物及 SiO_2 等非金属氧化物。静电纺丝技术提供了一种简单的方法来产生分层的纳米结构，而这些纳米结构很难用其它方法产生[372]。

9.2.2　静电纺丝的应用

静电纺丝达到了传统的超细纤维制造技术难以企及的纳米到微米的尺寸范围，所制得的纤维毡具有极高的比表面积、纤维间孔尺寸小、孔隙率高，在生物医学领域中的许多显著应用变得越来越有吸引力，包括过滤、透析膜、组织工程、固定化酶和催化剂、伤口敷料、人造血管和可控药物/基因输送等[373]。电纺丝基纳米复合材料具有轻质、超软、超薄的性能，并且通过有机或无机纳米组分的组合和调节，使静电纺丝纳米复合材料呈现出惊人的功能化、智能化和超细纤维的特点，使其具有许多优异的性能，并在许多领域得到了广泛的应用。静电纺丝纳米复合材料的应用领域主要集中在膜过滤、有害物质的吸附、光/化学/电催化、生物医学、电子纳米器件、储能转换、电磁干扰屏蔽和隐身材料等方面[370,374]。

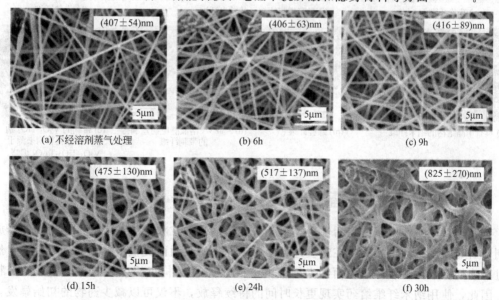

图 9-4　1‰ MWCNT/PAN-PVC 复合垫在不同溶剂暴露时间下的 SEM 图像[375]

溶剂蒸气处理与非功能化 MWCNT 增强相结合的纤维焊接方法提高了静电纺丝制备的 PAN-PVC 无纺布毡的强度（图 9-4），可过滤 25nm～5μm 的颗粒，过滤效率为 89%～100%，具备高压水通量大、可循环利用性和防污性能[375]。

通过静电纺丝可以得到具有不同微结构的一维材料，如纳米线、纳米管、纳米带、纳米纤维等，二维纤维膜或垫子，如图 9-5 所示。

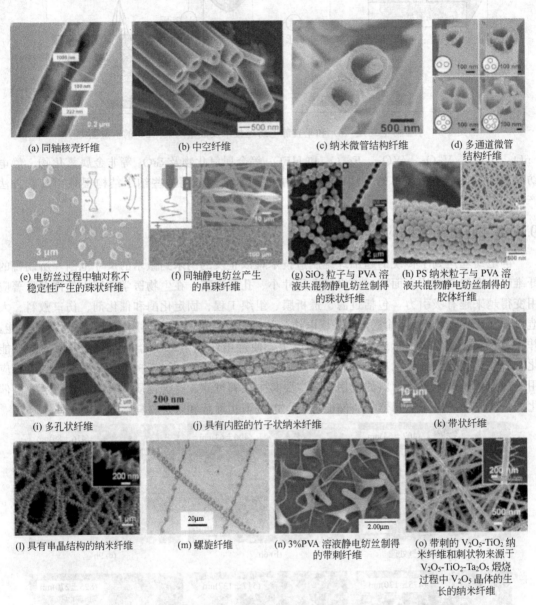

(a) 同轴核壳纤维　　(b) 中空纤维　　(c) 纳米微管结构纤维　　(d) 多通道微管结构纤维

(e) 电纺丝过程中轴对称不稳定性产生的珠状纤维　　(f) 同轴静电纺丝产生的串珠纤维　　(g) SiO$_2$ 粒子与 PVA 溶液共混物静电纺丝制得的珠状纤维　　(h) PS 纳米粒子与 PVA 溶液共混物静电纺丝制得的胶体纤维

(i) 多孔状纤维　　(j) 具有内腔的竹子状纳米纤维　　(k) 带状纤维

(l) 具有串晶结构的纳米纤维　　(m) 螺旋纤维　　(n) 3%PVA 溶液静电纺丝制得的带刺纤维　　(o) 带刺的 V$_2$O$_5$-TiO$_2$ 纳米纤维和刺状物来源于 V$_2$O$_5$-TiO$_2$-Ta$_2$O$_5$ 煅烧过程中 V$_2$O$_5$ 晶体的生长的纳米纤维

图 9-5　电纺纤维的结构多样性[376]

有文献以牛血清白蛋白为活性药物组分研究了纳米颗粒和电纺纳米纤维在药物的释放的差别，研究发现载药纳米颗粒在封装过程中由于药物的吸附而提供了初始的暴发释放，然后通过药物的扩散而持续释放；而纳米纤维由于核心-皮层结构仅提供了与扩散相关的药物释放。因此，使用纳米纤维给药实现更长时间的持续释放，不仅可以减少药物的初始暴发，而且可以提高抗癌细胞的效率，因而同轴静电纺丝制备的核鞘药物释放系统是安全的，对药物的装载和释放具有重要意义[377]。皮层厚度的增加降低了药物的扩散速率，从而减少了药物的突发释放。与混合纳米纤维相比，在保持其它参数如多孔性、形状、直径和孔径不变的情况下，核心-皮层的聚己内酯纳米纤维减少了药物释放。混合纤维释放约60％的乙酰水杨酸活性剂，而核心-皮层结构将释放降低到34％，同时观察到持续药物释放长达3个月。同样，随着壳聚糖浓度的增加，载抗癌药物阿霉素的PVA和壳聚糖的核心-皮层纳米纤维的药物释放量降低。这些纳米纤维对SKOV3卵巢癌细胞具有良好的体外细胞毒性[378]。因此，只要简单地调整静电纺丝参数，就可以通过控制所制备的纳米纤维的形态来调整药物的释放。

9.3　3D打印

3D打印能够制造结构极为复杂的物品，是传统工艺无法制造或是需要复杂的工序才能制造的，其基础是每一层的连续二维沉积。3D打印主要用于制造工程、珠宝、医疗器械的原型，例如牙科模具和专门为病人量身定制的医疗配件。目前，这些技术可以打印由聚合物、金属合金、陶瓷等一种主要材料组成的结构。使用3D打印方法合成新材料的核心是原料材料的可用性，这些原料不仅具有适合打印的性能，而且成型后还要具有相当的力学强度。

9.3.1　3D打印原理

3D打印技术分为基于液体的打印技术和基于固体的打印技术。它们被细分为几个类别，主要通过分层沉积的方法和所使用的材料来区别[379]。

在以液体为基础的方法中，材料挤出成型的应用最为广泛。熔融沉积成型（FDM）已被广泛应用于工业和科学领域，是3D打印技术中最常见和最经济的形式之一，常用来制造快速原型应用的结构[380]。这种方式让挤出喷嘴实时跟踪横截面层，同时沉积热塑性塑料，喷嘴处的层厚随之提高，并重复过程，直到得到所需的三维模型。3D打印的一个主要优点是广泛使用的热塑性聚合物，如PLA、ABS、尼龙、PET。该工艺简单、成本低、材料浪费少，但力学性能差，表面光泽度差。

另外的方法是电子束融化、选择性激光烧结、聚合物喷射和立体光刻[381]。用几个喷墨头喷射聚合物进行打印，通过使用不同的聚合物，打印出不同性能的区域，甚至形成由不同材料组成的体素。紫外光固化成型（SLA）又称光聚合，是目前应用最广泛的方法之一，由紫外光照射下沉积的光敏聚合物的连续固化层组成，如图9-6（a）所示。基于光敏树脂受紫

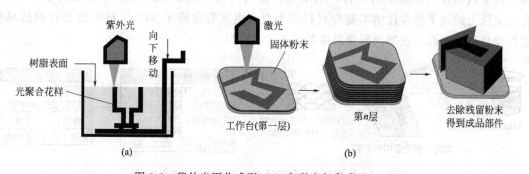

图9-6　紫外光固化成型（a）和激光打印成型（b）

外光照射凝固的原理，计算机控制激光逐层扫描固化液槽中的光敏树脂。每一层固化的截面都是由零件的三维 CAD 模型软件分层得到的，直至最后得到光敏树脂实物原型。

基于固体的技术是利用一种功能材料（塑料、陶瓷、金属）粉末，其沉积层被转化为连续固体。通过选择激光烧结法、电子束熔化法、在粉末床上打印黏合剂溶液使其凝固或印刷可固化的黏结剂液滴以形成所需的结构来实现的。激光可以使用高度准直的相干光束向目标持续精确地传送高热量，在激光 3D 打印过程中，照射将立即熔化、烧结或将化学转化功能材料变成不同的微观模式，如图 9-6(b) 所示。这种一步到位的方法通过非接触和无需遮罩的制造工艺提供可以是任意图案的高灵活性，省去了昂贵、耗时和劳动密集的光刻和相关的后处理操作。与其它 3D 打印技术相比，基于激光的 3D 打印有两个独特的特点：①这种方法允许广泛选择材料，包括聚合物、陶瓷和金属；②这种方法不需要制备可印刷油墨或印刷部件后处理（如热烧结）的复杂材料加工过程。任何热熔性粉末材料都可直接用于激光印刷[382]。这些优点使激光打印成为微器件首选的快速成型技术。

9.3.2　3D 打印应用

为了得到具有抗菌能力的 Ag 纳米复合材料，首先采用溶液混合法制备载 Ag 纳米线的聚乳酸纳米复合材料，再进行 3D 打印成型。Ag 纳米线在聚乳酸基体中有着良好的分散性，质量分数为 4% Ag 纳米线纳米复合材料在 2h 内可以杀灭 100% 的大肠杆菌和金黄色葡萄球菌，并在 24h 和 8h 内分别持续杀灭大肠杆菌和金黄色葡萄球菌[383]。虽然具有较高 Ag 纳米线负载量的纳米复合材料表现出了更好的结果，但少量的 Ag 纳米线负载到聚乳酸也具有低成本且合理的抗菌性能。结合 3D 打印的多功能性，抗菌的 3D 打印复合材料将成为公共卫生的重要组成部分。

MWCNT/PVDF 纳米复合材料被用作熔融沉积成型方式 3D 打印的一种新型长丝材料。采用分散的 MWCNT 网络降低了 PVDF 的高热膨胀和模膨胀，在保持 PVDF 的柔韧性等性能的同时，还实现了挤出和打印零件的功能。在这些复合材料中引入的网状 MWCNT 也有助于提高导电率。打印部件保持了快速（约 20s）和可再生（至少超过 25 个周期）检测挥发性有机化合物蒸气的能力[380]。

文献首先得到含有不同比例的有机蒙脱土-ABS 丙酮溶液，在 ABS 长丝上涂覆 0.1mm，微波辐照，促进黏土的剥落，如图 9-7 第一步所示。去除溶剂后，将长丝送入 3D 打印机进行加工，得到第二步所示产品。在带有修饰的长丝的 3D 打印过程中，纳米粒子和聚合物的融合网络在沉积光栅的周长上形成。在 3D 打印部分的整个横截面创造了一个独特的微观结构。由于纳米有机蒙脱土的存在，纳米复合材料的杨氏模量比原始聚合物提高了 10.8%。有机蒙脱土的离子特性使纳米复合材料的相对介电常数提高了 64%。纳米复合材料的热稳定性也得到了提高，玻璃化转变温度提高了 6.7℃[384]。

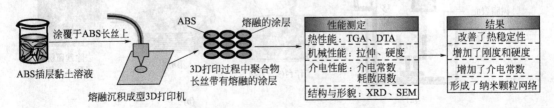

图 9-7　纳米复合材料长丝改性及测试过程流程图[384]

由于满足 3D 打印的高分子材料不多，为了拓展 3D 打印材料，有研究以 PLA 为基体，加入不同含量的 MWCNT 采用熔融沉积成型工艺制备了导电复合材料。实验结果表明，在含 5% MWCNT 的 3D 打印制品中，电导率为 (0.4 ± 0.2)S/cm，拉伸强度为 (78.4 ± 12.4) MPa，断裂伸长率为 (94.4 ± 14.3)%。它具有良好的熔体流动速度和热学性能，能够流畅打印，满足了所有 3D 打印对消耗品的要求[385]。

★【例 9-1】 石墨烯/聚二甲基硅氧烷墨水的配制及纳米复合材料的 3D 打印[386]。

制备的平均直径为 46μm 的石墨烯片层浸入乙酸乙酯中，超声处理 6h，制得剥离的石墨烯/乙酸乙酯分散液。PDMS 溶于乙酸乙酯中，再与上述分散液混合，混合物大力搅拌，同时升温至 70℃直到乙酸乙酯完全蒸发。冷却至室温后，以 PDMS/固化剂/缓蚀剂的质量比为 100∶10∶1 的比例加入固化剂和抑制剂，在 2000r/min 的行星混合机中混合 1min，得到均匀的石墨烯/PDMS 油墨。所使用的抑制剂是为了防止复合油墨在室温 3D 打印过程中快速固化，同时保证在 4℃的贮藏温度下能将保质期延长到 60 天。

墨水被装入 5mL 注射器中，以 8000r/min 离心 5min 以消除任何气泡。然后将装好的注射器安装在专门设计的 3D 直写打印机上，由计算机控制的三轴可移动平台、高压适配器和各种直径的微口组成。用含 1% 三氯（1H,1H,2H,2H-全氟辛基）硅烷的乙醇溶液，通过控制油墨在疏水性硅片衬底上的挤出，并伴随着沿 X 轴和 Y 轴的受控运动，可以制备出具有理想结构的多孔石墨烯/PDMS 纳米复合材料。每个体系结构的打印路径均被编译成参数化的代码脚本，并被设计成在每个打印层中最大限度地保持连续性。印刷样品在 150℃下固化 1h，冷却至室温后从基片上去除。可打印出的结构如图 9-8 所示。该多孔石墨烯/PDMS 纳米复合材料在灵敏度、耐久性和稳定性等方面的优异性能，使其在人造皮肤、机器人传感系统和复杂结构构件的各种外部变形模式的实时温度监测等领域具有巨大的应用潜力。

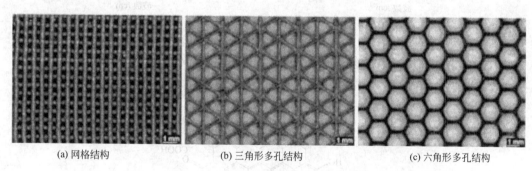

（a）网格结构　　　　　　　　（b）三角形多孔结构　　　　　　　　（c）六角形多孔结构

图 9-8　3D 打印石墨烯/PDMS 纳米复合材料的光学图像

9.4　高分子纳米复合材料的表征

高分子纳米复合材料的表征分为结构表征和性能表征，其中性能表征有力学性能表征、热稳定性表征、导电性能表征、疏水性能表征、阻燃性能表征等，用的仪器也千差万别。本章主要介绍的是高分子纳米复合材料的聚集结构表征，即纳米材料究竟以什么状态存在于高分子基体中，是否存在与基体的相互作用。

9.4.1 FTIR

通过比较纳米材料加入前后红外光谱谱图的变化，可验证纳米材料对基体的影响，从官能团的角度确认纳米材料在基体中的存在。比如文献对不同浓度的 GO 掺杂 PMMA/PANI 的共混物的红外光谱进行了图 9-9 的分析，985cm^{-1} 的峰由 C—O—C 拉伸振动和 O—CH$_3$ 摇摆振动耦合形成，N—Ph—N 和 N=Q=N 的伸缩振动带分别在 1485cm^{-1} 和 1144cm^{-1} 处，此处—Ph—和=Q=是指聚苯胺的苯基和醌基，证实了聚苯胺在 PMMA 基体中的形成，其中 N=Q=N 被用作电子离域化的一种测量手段。在 2991cm^{-1} 处的带可归属于—CH$_3$ 的 C—H 键伸缩振动。石墨烯氧化物纳米粒子掺杂后，1350～1500cm^{-1} 的强度发生了变化，1730cm^{-1} 处的羰基向高波数移动，这归因于 GO 与 PMMA/PANI 基体的相互作用 [图 9-9 (c)]，并且存在一些缺陷。它可能是头对头缺陷，被发现适合于 PMMA 基体中的极化子和/或双极化子的位置[266]。

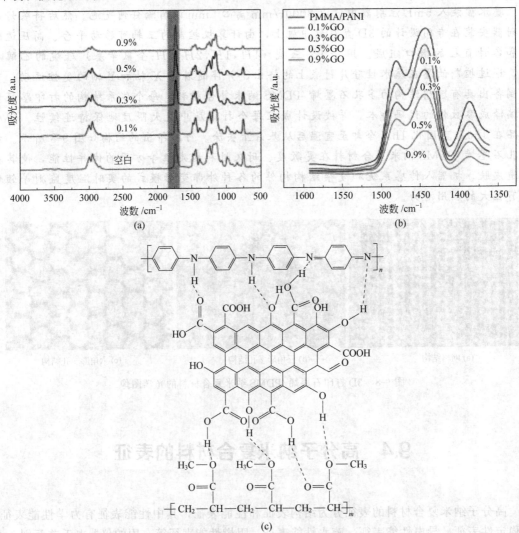

图 9-9　GO 不同含量的 PMMA 和 PANI 的混合物的红外谱图 (a)，
局部放大图 (b) 以及 GO 与 PMMA/PANI 基体的相互作用 (c)[266]

9.4.2 XRD

因无机纳米材料有晶体结构，所以 XRD 曲线的变化能从晶体的角度确认纳米材料的存在。有文献用 XRD 证实了 ZnO 在 PAN/ZnO 复合材料中的存在，如图 9-10 所示。ZnO 的强锐钛矿峰在 2θ 角度上出现在 31°、34°和 36°，分别对应于（100）、（002）和（101）晶面。此外，（102）、（110）、（103）和（201）面的衍射在 2θ 角上分别为 48°、57°、63°和 67°[262]。

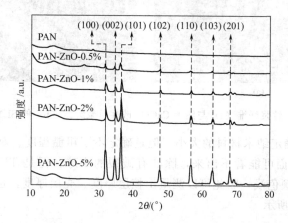

图 9-10　纳米 ZnO 在 PAN 基体中的 XRD 图[262]

此外 XRD 通过对比，可以确定黏土在高分子基体中的结构，如图 9-11 所示，插层的形貌导致与基准面距离相关的峰向角度较低位移，对应于最重要的片层之间的距离。剥离的形貌导致无衍射峰。

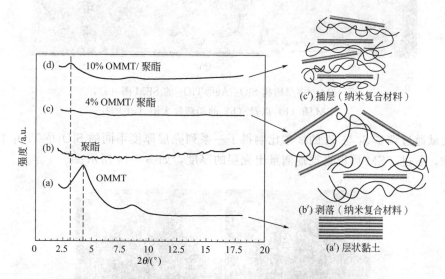

图 9-11　不同纳米材料的 XRD 图及三种纳米复合材料的原理图[387]

9.4.3 SEM、TEM

SEM 能够直观地看到纳米材料、纤维等的大小以及表面粗糙程度等，如图 6-9 所示，纯 PAN 表面光滑，直径在 135nm 左右，含有纳米 ZnO 的 PAN 表面粗糙，有褶皱，直径为

240nm 左右[262]。图 9-12 显示了纳米 CaCO₃ 改性竹浆纤维前后的 SEM 图，图 9-12(b) 纤维上附着有许多小颗粒，说明纳米 CaCO₃ 成功地对竹浆纤维进行了改性。

(a)   (b)

图 9-12　竹浆纤维（a）与纳米 CaCO₃ 改性竹浆纤维（b）的 SEM 图[388]

通过 TEM 可以确定纳米材料的大小，但是确定不了粗糙程度。对于封闭的核壳结构的纳米微球，SEM 从表面可能看不出来，除非有破裂的小球，但是 TEM 可以做到，实心的颜色深，边缘的壳层颜色浅，因此可以测量出核层厚度、壳层厚度，也可以用于判断小球是否为空心，如图 9-13 所示。

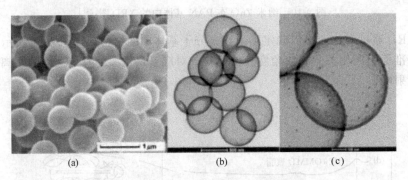

(a)   (b)   (c)

图 9-13　多层结构 SiO₂-Ag@TiO₂ 的 SEM 图（a），
TEM 图（b）以及（b）的局部放大图（c）[104]

有文献通过调整 Si 与 Ti 的摩尔比制得了一系列壳层厚度不同的 SiO₂@TiO₂ 核壳结构纳米微球，通过 TEM 可以直观地测量出壳层的厚度，如图 9-14 所示。

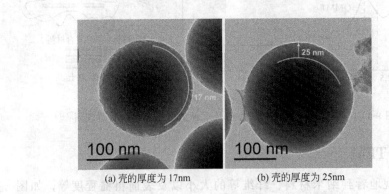

(a) 壳的厚度为 17nm   (b) 壳的厚度为 25nm

图 9-14　合成的 SiO₂@TiO₂ 核壳结构 TEM 图像[53]

9.4.4 EDS

能谱仪（energy dispersive spectrometer，EDS）是用来对材料微区成分元素种类与含量进行分析的。在现代的扫描电镜和透射电镜中，EDS 是一个重要的附件，它同主机共用一套光学系统，可对材料中感兴趣部位的化学成分进行点分析、面分析、线分析。

图 9-15 显示了聚 2,6-二甲基-1,4-苯氧基纤维（EPFM）-聚异丙基丙烯酰胺（PNIPAAm）-ZQD（ZnS 量子点）的 EDS 元素图。单个纤维的放大图显示了 C、O、N、Zn 和 S 的表面细节，因为这些元素是 PNIPAAm 接枝物和 ZQDs 的主要成分，证实了 PNIPAAm 纤维表面有 N 的存在。结果表明，纤维表面的 N 信号很高，说明纤维表面形成致密的 PNIPAAm 接枝物。此外，在纤维表面也出现了明显的 Zn 和 S，证实了 ZQDs 的吸附强度较高。因此，根据 TEM 的微观结构和化学表征结果，成功地合成了 EPFM-PNIPAAm-ZQD[389]。

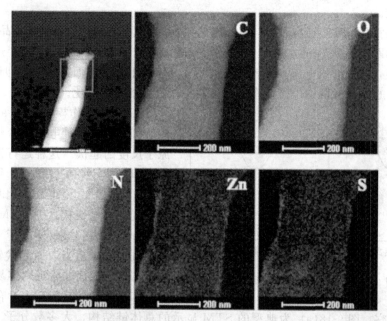

图 9-15　EPFM-PNIPAAm-ZQD 中对 C、O、N、Zn 和 S 的 EDS 元素分析结果[389]

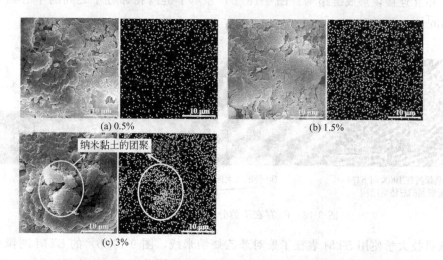

(a) 0.5%　　　　(b) 1.5%

纳米黏土的团聚

(c) 3%

图 9-16　三种用量 OMMT/UHMWPE 纳米复合材料的 SEM 图像及 Si 的 EDS 元素图[390]

用 SEM 和 EDS 图谱结合对黏土在超高分子量聚乙烯（UHMWPE）基体中的分散情况进行了观察，如图 9-16 所示。从 Si 的 EDS 图可以看出，黏土的质量分数为 0.5% 和 1.5% 时，没有发现团聚或者可以忽略。然而用量为 3% 时，在 UHMWPE 基体中产生了明显的团聚现象，表明在此用量下黏土在聚合物中的分散效果不佳[390]。

9.4.5　STM

1982 年，IBM 研制成功了世界上第一台新型的表面分析仪器——扫描隧道显微镜（scanning tunneling microscope，STM）。STM 的出现，使人类第一次能够实时地观察单个原子在物质表面的排列状态，研究与表面电子行为有关的物理化学性质，在表面科学、材料科学等领域研究中具有重大的意义和广阔的应用前景，被国际科学界公认为 20 世纪 80 年代世界十大科技成就之一。为表彰 STM 的发明者们对科学研究的杰出贡献，1986 年授予其诺贝尔物理学奖。

STM 是利用量子隧道效应工作的。若以金属针尖为一电极，被测固体样品为另一电极，当它们之间的距离小到 1nm 左右时，就会出现隧道效应，电子从一个电极穿过空间势垒到达另一个电极，从而形成电流。当针尖在被测样品表面上方做平面扫描时，即使表面有原子尺度的起伏，也会导致隧道电流非常显著，甚至接近数量级的变化。

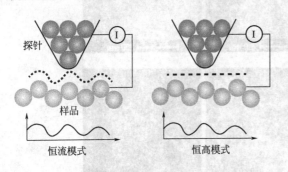

图 9-17　STM 的两种工作模式

STM 的工作模式如图 9-17 所示。这样就可以通过测量电流的变化来反映表面原子尺度的起伏。这种运行模式称为恒高模式即保持针尖高度恒定；另外一种工作模式，称为恒电流模式，此时主要保持电流恒定。恒电流模式是 STM 常用的工作模式，而恒高模式仅适用于对起伏不大的表面进行成像。当表面起伏较大时，由于针尖离样品表面非常近，容易发生相撞。

苏州大学使用 STM 对合成的样品进行了 STM 观察，图 9-18(a) 为典型的 STM 显示的总体链结构，大多数分子（>90%）以顺式构象相互连接，形成链结构。图 9-18(b) 显示了链内相邻分子之间的中心到中心距离为 2.35nm[391]。

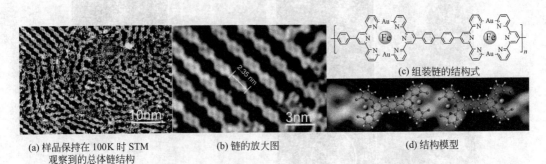

(a) 样品保持在 100K 时 STM　　　(b) 链的放大图　　　(d) 结构模型
　　　观察到的总体链结构

(c) 组装链的结构式

图 9-18　Fe 存在下的分子构象和组装结构[391]

华东科技大学使用 STM 表征了聚对苯乙炔纳米线，图 9-19(b) 的 STM 图像显示了在 Cu 表面上显示出面条状纳米线，大多数纳米线的末端附着到 Cu 的边缘。图 9-19(a) 显示了观察到标记的图中的白色圆圈的支链结构。图 9-19（b）中插图显示相邻纳米线之间的距离是 9Å。图 9-19（d）中纳米线显示周期特征，间距为（6.7±0.2）Å，与模拟聚对苯乙炔分子的 STM 图像相一致[392]。

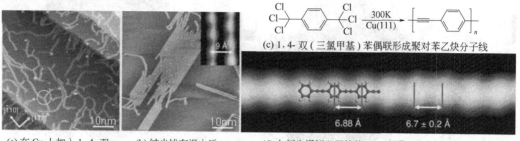

(a) 在 Cu 上加入 1,4- 双（三氯甲基）苯后的 STM 图　　(b) 纳米线在退火后的 STM 图　　(c) 1,4- 双（三氯甲基）苯偶联形成聚对苯乙炔分子线　　(d) 左侧为模拟分子线的 STM 图像，右侧为实验 STM 图

图 9-19　聚对苯乙炔分子线在 Cu（111）上的形成[392]

9.4.6　AFM

　　AFM 的基本原理与 STM 类似，在 AFM 中，使用对微弱力非常敏感的弹性悬臂上的针尖对样品表面做光栅式扫描。当针尖和样品表面的距离非常接近时，针尖尖端的原子与样品表面的原子之间存在极微弱的作用力（$10^{-12}\sim10^{-6}$N），此时，微悬臂就会发生微小的弹性形变。针尖与样品之间的力 F 与微悬臂的形变之间遵循胡克（Huck）定律：$F=-kx$，其中，k 为微悬臂的力常数。这些作用力可以是表面原子间的作用力，如表面弹性、塑性、硬度、黏着力、摩擦力等。

　　只要测出微悬臂形变量的大小，就可以获得针尖与样品之间作用力的大小。针尖与样品之间的作用力与距离有强烈的依赖关系，所以在扫描过程中利用反馈回路保持针尖与样品之间的作用力恒定，即保持为悬臂的形变量不变，针尖就会随样品表面的起伏上下移动，记录针尖上下运动的轨迹即可得到样品表面形貌的信息。这种工作模式被称为"恒力"模式，是使用最广泛的扫描方式。

　　AFM 的图像也可以使用"恒高"模式来获得，也就是在 X、Y 扫描过程中，不使用反馈回路，保持针尖与样品之间的距离恒定，通过测量微悬臂 Z 方向的形变量来成像。这种方式不使用反馈回路，可以采用更高的扫描速率，通常在观察原子、分子像时用得比较多，而对于表面起伏比较大的样品不适用。

　　虽然 AFM 与 STM 扫描方式有些类似，但是 STM 检测的是探针针尖与样品间因隧道效应形成的隧道电流，而 AFM 依靠的是针尖与样品间的作用力。AFM 还可以研究针尖与样品不形成电流的情况。AFM 的横向分辨率为 0.15nm，纵向为 0.05nm；STM 的横向分辨率为 0.1nm，纵向为 0.01nm。

　　为了进一步了解表面结构对疏水机理的影响，文献作者采用 AFM 对黏土/聚 N-异丙基丙烯酰胺纳米复合水凝胶过滤水后的表面粗糙度进行了定性测量。图 9-20（a）显示过滤后的表面保持着多山的地形，平均均方根粗糙度为 248nm，明显高于相对表面的 103nm。根据润湿理论，粗糙度的增加促进了 Cassie 状态的发生 [图 9-20（b）]。一方面，水凝胶本身由于其固有的三维网络结构而含有丰富的水。另一方面，由于黏土和聚 N-异丙基丙烯酰胺都具有亲水性，表面微米级山脉之间的峡谷可以捕集大量的水。被捕获的水分子排斥油滴，防止油滴进入峡谷，从而减小过滤表面与油滴之间的接触面积。相反，对于光滑的相对表面，没有像山一样的形态，疏油只是由水凝胶内的自身的水引起的。因此，与过滤表面相比，其疏油性能较差。

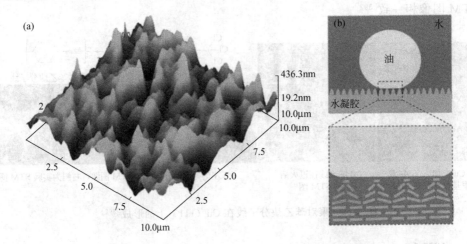

图 9-20　过滤后的黏土/聚 N-异丙基丙烯酰胺纳米复合水凝胶在水中的 AFM 图像，
显示了山区地形（a），以及过滤表面准球形油滴的 Cassie 状态润湿模型（b）[393]

思考题

1. 静电纺丝的原理是什么？通过调整哪些参数来改性纤维？
2. 3D 打印的原理是什么？给定一个模型，如何打印出来？
3. 纳米材料的结构表征需要哪些仪器？这些仪器得出什么信息？

第10章

高分子纳米复合材料的应用

10.1 疏水或疏油

10.1.1 油水分离

由于石油的频繁运输和使用，漏油的有效再循环是一大挑战。通常，理想的油水分离多孔材料的标准包括：①在石油扩散的情况下，高速清除溢油；②使油水分离具有较高的可循环利用性；③适用于腐蚀性环境；④成本低，对环境友好。石墨烯具有比表面积大、孔隙率高、疏水性/亲油性、质量轻等优点，受到人们的广泛关注[64]。有文献[394]制备了不同疏水

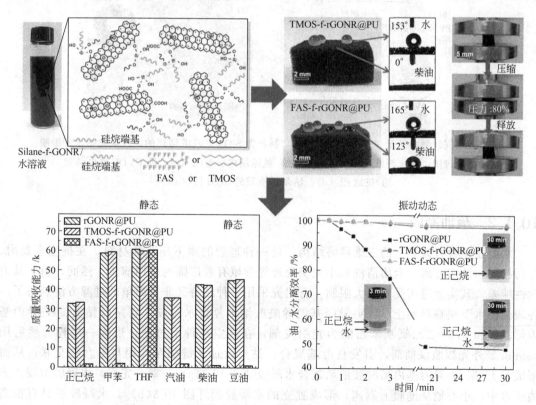

图 10-1 石墨烯纳米带/PU 海绵纳米复合材料的性能[394]

端基的硅烷分子功能化的石墨烯纳米带/PU海绵，如图10-1所示，石墨烯纳米带/PU海绵纳米复合材料的水接触角为137°±1.8°，TMOS和FAS表面修饰后对水的接触角分别为153°±2.0°和165°±2.5°，产生了超疏水表面。这种多孔硅烷-石墨烯纳米带/PU海绵复合材料具有良好的吸油/溶剂吸收能力，即使在动态振动状态下也有98%以上的吸油效率，对在不同环境条件下修复河流、湖泊或海洋的大规模油污或有机溢油具有很大的应用潜力。

为了分离油水混合物，有文献利用PVDF纳米纤维与SiO₂/PVDF微球同时进行静电纺丝和电喷涂的方法，制备了柔性杂化纳米纤维膜，如图10-2所示。纳米纤维膜结合了纳米纤维毡的柔韧性和微球的超疏水性，无论是静电纺丝还是电喷涂都无法单独实现。结果表明，纳米SiO₂含量增加，纳米粒子逐渐迁移到微球表面，形成一种分层的微纳米结构，显著地改善了PVDF微球表面的粗糙度，从而提高了纳米纤维膜的接触角。纳米纤维膜具有超疏水性、超亲油性和独特的多孔结构，可用于石油吸附和油水分离。与纯电纺PVDF纳米纤维毡相比，大部分纳米纤维膜具有较高的吸油能力。纳米纤维膜在重力作用下能快速分离油与水，在10次循环试验中分离效率保持在97%以上，更重要的是，纳米纤维膜既能将油与纯水分离，又能分离含盐、酸、碱等腐蚀性溶液[395]。

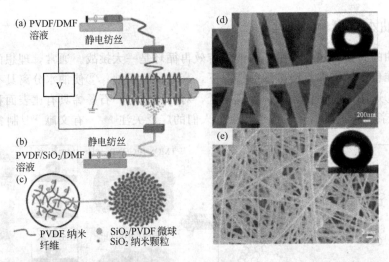

图10-2 同时静电纺丝（a）和电喷涂（b）制备含SiO₂/PVDF微球的柔性杂化纳米纤维膜的原理图，纳米纤维膜的分层纳米纤维/微球结构示意图（c），纯PVDF静电纺丝的SEM图（d），纳米纤维膜的SEM图（e）[395]

10.1.2　疏油凝胶

水凝胶是含有大量水的三维网络结构，是一种理想的水下超疏油材料，在抗生素黏附、防污涂层、油水分离、金属清洗和小液滴处理等领域有着广阔的应用前景。然而，由于其力学性能差，其实际应用受到很大限制。有研究采用一种独特又非常简单的过滤方法制备了一种较强的水下超临界黏土/聚 N-异丙基丙烯酰胺纳米复合水凝胶。它是以黏土、N-异丙基丙烯酰胺和 2,2′-二乙氧基苯乙酮为光引发剂，在真空条件下过滤，形成一层糊。然后用365nm紫外光辐照该糊剂，引发自由基聚合。黏土通过氢键相互作用与聚合物交联，从而形成黏土/聚 N-异丙基丙烯酰胺纳米复合水凝胶 [图10-3(a)]。聚合完后，水凝胶被浸入去离子水中，小心地从滤膜上剥离，形成独立的水凝胶膜 [图10-3(b)]。水凝胶膜具有很高的透明性，在550nm处透光率为88%，表明黏土在水凝胶中均匀分散。通过干燥和称重，

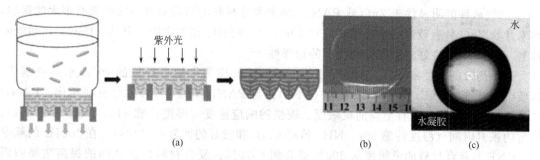

图 10-3　聚 N-异丙基丙烯酰胺-黏土纳米复合水凝胶的制备过程（a），
88%透光率的水凝胶照片（b）以及水下油滴在水凝胶的表面，接触角为 159°（c）[393]

测得水凝胶中含黏土和聚 N-异丙基丙烯酰胺的固体含量为 26.4%。对干燥固体的 TGA 分析表明，黏土与聚 N-异丙基丙烯酰胺的质量比约为 67∶33，水凝胶中黏土质量分数为 17.7%[393]。

　　接着，该研究者使用桌面机器人打孔系统穿孔水凝胶，水凝胶内部的平均孔径为 171μm。多孔水凝胶固定在两玻璃管之间，正己烷和水（体积比为 1∶3）的混合物连续倒入上玻璃管。水迅速通过穿孔水凝胶，而正己烷留在上玻璃管，如图 10-4 所示。在分离的水中几乎没有可见的油。用红外光谱仪测定其分离效率为 99.9%。除从水中分离正己烷外，还证明了原油与水的分离，分离效率为 99.3%。

(a) 正己烷 / 水混合物的分离　　　　(b) 原油 / 水混合液的分离

图 10-4　纳米复合水凝胶油水分离的照片[393]

10.2　传感、检测与吸附

　　导电高分子纳米复合材料具有良好的灵敏度、响应/恢复时间、稳定性、耐久性和选择性，具有潜在的传感方面的应用，其中的纳米材料大大提高了这些参数。掺杂碳材料的聚苯胺纳米复合材料在机械稳定性、纳米粒子分散、检测灵敏度和选择性等方面均优于纯组分，在化学传感器和生物传感器中发挥着重要作用。引入金属纳米粒子（Au、Ag、Pt 等）和金属氧化物纳米粒子（WO_3、TiO_2 等）也有助于改进基于聚苯胺（PANI）的传感器和生物传感器性能[396]。

　　有文献将 ZnO 纳米粒子、纳米棒和纳米片原位沉积在交叉金电极上，通过苯胺气相聚合或水分散 PANI 浸渍法制备 ZnO/PANI 纳米复合材料。发现在室温下纳米复合材料对

NH_3 的气敏性能明显优于 ZnO 或 PANI。纳米复合材料的形貌对其传感性能有很大的影响,纳米片状 ZnO 具有较高的响应强度(对 10mL/L 的 NH_3 相关电阻变化为 2150%)、超低限检测(5μL/L)、良好的重复性和优良的选择性[397]。

一种高效的湿度和 NH_3 监测传感器由 PANI 改性两种纳米纤维的 PVA 水溶液制成,即碳纳米纤维(CNF)和纳米纤维素(NFC)。与 PANI/NFC/PVA 复合材料相比,PANI/CNF/PVA 复合材料具有更高的灵敏度、较快的响应速度(湿度传感 41s、NH_3 传感 46s)、较短的恢复时间(湿度传感 50s、NH_3 传感 62s)和较好的回复率(46s)。在 100Hz 的频率下,CNF 基复合材料的灵敏度从 290% 提高到 6570%。复合材料传感性能的提高主要归因于孔径增大和氢键与水分子相互作用的增强[398]。

功能化 MWCNT-COOH、非功能化 MWCNT 与 PANI 制备的导电纳米复合材料,在室温下对 CH_4 具有良好的传感性能,室温下分别在 5s 左右记录到响应时间和恢复时间。PANI/MWCNT 基探测器比 PANI/MWCNT-COOH 探测器具有更快的响应时间(<1s)和更高的灵敏度(3.1%)。这是由于不导电的 MWCNT-COOH 导致纳米复合材料的灵敏度差。PANI/MWCNT-COOH 纳米复合材料在较高温度 60℃ 下的灵敏度是室温下的近10 倍[399]。

有文献采用 3D 打印及原位聚合法制备了 TiO_2/PANI 核壳纳米纤维传感器,在室温及紫外光照射下,用其检测了 NH_3。高分辨电镜发现,PANI 壳的平均厚度约为 20nm,按德拜长度的顺序排列。在高湿度条件下检测限低至 $5×10^{-2}$ μg/mL,展示了高灵敏度[400]。

★【例 10-1】 TiO_2/PANI 核壳纳米纤维传感器的制备[400]。

(1)TiO_2 纳米纤维的制备

为了制备静电纺丝溶胶,在混合 12h 的 12%(质量百分比)PVP/乙醇溶液中缓慢加入由 3mL 乙醇、3mL 乙酸和 1g 异丙醇钛组成的混合液,强力搅拌,得到一种澄清的黄色溶液。注射器吸入该溶液并放入注射泵。正极端子连接到注射器尖端,负极端子作为集电极连接到铝箔上。针尖与电极之间的距离为 11cm,电压保持在 10kV,纺丝速率在 0.5mL/h,室温存放 2h,保证水解。为了获得不同晶相的纳米纤维,分别在 650℃ 和 800℃ 下煅烧 4h。

(2)PANI 在 TiO_2 纳米纤维上的生长

将煅烧后的纳米纤维浸泡在含有 0.02mL 苯胺单体的 20mL 的 1mol/L 的盐酸溶液中15min,HCl 溶液中的 Cl^- 被静电吸附到纳米纤维上,从酸性溶液中获得质子并在其表面积累正电荷。纳米纤维上的 Cl^- 结合苯胺,再在冰浴条件下,逐滴加入 2mL 含有 0.055g $(NH_4)_2S_2O_8$ 引发剂的 1mol/L 的盐酸溶液,在纳米纤维表面引发聚合。24h 后,PANI 纳米粒子被包覆在纳米纤维表面,用乙醇清洗去除残留的单体和低聚物,60℃ 下真空干燥 8h。其制备过程如图 10-5 所示。

得到的纤维如图 10-6 所示。

使用 NH_4HCO_3 制备的 2% 石墨烯/聚二甲基硅氧烷纳米复合泡沫夹在柔性印刷电路的两层间可以实现对压力的传感,具有灵敏度高(2.2MHz/kPa)、工作范围宽(0~500kPa)、响应时间快(约 7ms)、检测限低(5Pa)、稳定性好、可回收性好和可重复性利用的特点,此外该压力传感器对手指弯曲和面部肌肉运动敏感,可通过无线电磁耦合传输微笑和皱眉,有望应用于智能机器人、仿生电子皮肤和可穿戴电子设备[401]。

★【例 10-2】 壳聚糖/Ag 纳米复合材料用于葡萄糖分子的比色检测[402]。

(1)壳聚糖/Ag 纳米复合材料的合成

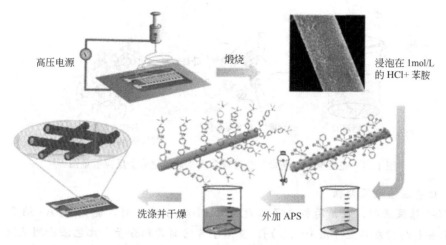

图 10-5　TiO₂/PANI 核壳纳米纤维制备示意图

图 10-6　电纺纤维（a）和（b），煅烧后的 TiO₂ 纳米纤维（c）和（d）
以及 TiO₂/PANI 核壳纳米纤维（e）和（f）

　　将 100mL 0.7% 的壳聚糖溶解在 0.1mol/L 冰醋酸，在溶液中加入 40mL 的 0.05mol/L 的 AgNO₃ 溶液搅拌。无色溶液在 90℃ 下加热 6h，得到橙色的壳聚糖/Ag 胶体，如图 10-7 所示。这一颜色变化表明壳聚糖/Ag 纳米复合材料的形成。室温下，离心去除不理想的壳聚糖/Ag 大颗粒。上清液是壳聚糖/Ag 纳米复合材料原液，在使用前用 90mL 蒸馏水稀释 10mL 原液。

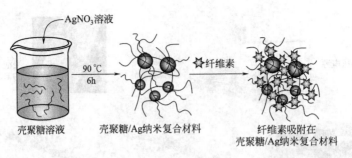

图 10-7　壳聚糖/Ag 纳米复合材料合成及葡萄糖分子反应示意图[402]

（2）比色法检测葡萄糖

图 10-8 结果表明，在葡萄糖分子浓度为 0～100μmol/L 时，壳聚糖/Ag 纳米复合材料混合色由黄灰向紫灰转变 [图 10-8(a)]。类似于其它葡萄糖分子，比色法检测范围在黄色和淡灰色之间。图 10-8(b) 显示随着葡萄糖分子的加入，复合材料的吸收峰在逐渐降低，归因于葡萄糖分子在纳米复合材料表面的吸附，吸收强度降低是由于葡萄糖分子受到纳米复合材料的激发。纳米复合材料对葡萄糖分子浓度的吸收显示为一条直线 [图 10-8(c)]，其检测限为 5μmol/L。在 5～100μmol/L 范围内纳米复合材料在 429nm 处的吸收与葡萄糖分子浓度有良好的线性关系。

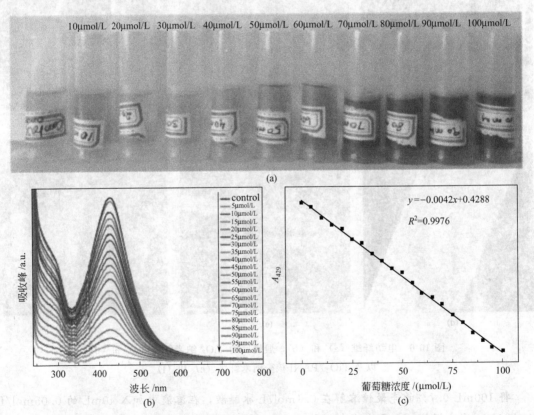

图 10-8　壳聚糖/Ag 纳米复合材料溶液在不同浓度葡萄糖中的颜色变化照片（a），
加入葡萄糖后吸收光谱的变化（b）及葡萄糖浓度吸光度相关校正图（c）[402]

通过与 N-羟基琥珀酰亚胺和 1,3-二氨基丙烷反应，将 GO 表面的羧基转化为氨基，并将自由基聚合引发剂固定在 GO 片上。采用原位自由基聚合的方法，在 GO 片上合成了聚丙烯酰胺聚合物刷。对重金属 Pb^{2+} 和苯类化合物亚甲基蓝的吸附量分别高达 1000mg/g 和 1530mg/g，表明 GO/聚丙烯酰胺高分子纳米复合材料是一种较好的吸附 Pb^{2+} 和亚甲基蓝的吸附剂[196]。为了吸附水中 Pb^{2+}，使用磁性 Fe_3O_4 对聚多巴胺进行修饰，其最佳吸附条件是 pH 为 5.8、接触时间为 5.4h、Pb^{2+} 浓度为 92mg/L，此时 Pb^{2+} 的最大吸附量是 297mg/g，由于有磁性可以在磁场下回收，达到可以重复使用的目的[403]。

10.3　光催化

高分子材料本身并不具备光催化性，最终还是要借助纳米材料实现光催化性能，聚合物的使用则拓展了使用范围。

用离子印迹技术将稀土金属离子固定在 TiO_2/埃洛石上。即 0.1g 邻苯二胺和不同稀土金属离子硝酸盐（0.005g、0.005g、0.01g、0.02g、0.03g 和 0.04g）溶于 50mL 二次蒸馏水中。溶解后，在混合溶液中加入 1.0g TiO_2/埃洛石。混合物在黑暗中放置 24h 后，在 30℃ 的 300W 汞灯的紫外光下磁力搅拌 30min。最后，用 0.04mol/L 的 Na_2CO_3、蒸馏水和乙醇对产品进行洗涤。真空干燥后，得到稀土金属/TiO_2/埃洛石-聚邻苯二胺，再以同样的方式制备稀土金属/TiO_2/埃洛石-聚间苯二胺，这两种产物就是光催化剂[324]。光催化剂中金属离子的浓度及对四环素的光催化效率如表 10-1 所示。

表 10-1　光催化剂中金属离子的浓度及对四环素的光催化效率[324]

样品	金属离子浓度/(mg/L)	降解率/%
Y/TiO_2/埃洛石-聚邻苯二胺	7.3575	78.80
Y/TiO_2/埃洛石-聚间苯二胺	6.8926	60.13
La/TiO_2/埃洛石-聚邻苯二胺	9.2229	77.00
La/TiO_2/埃洛石-聚间苯二胺	7.9365	60.72
Nd/TiO_2/埃洛石-聚邻苯二胺	12.1638	72.19
Nd/TiO_2/埃洛石-聚间苯二胺	10.5026	68.70
Ce/TiO_2/埃洛石-聚邻苯二胺	13.8927	65.42
Ce/TiO_2/埃洛石-聚间苯二胺	12.2494	60.51

由表 10-1 可见，不同的稀土金属离子对其光催化活性有不同的影响，不同的功能单体对金属离子的固定作用也不同。该数据表明：对于聚邻苯二胺系列，金属离子含量略高于聚间苯二胺系列，说明邻苯二胺可能更适合作为功能单体。对于这两种系列，不同的金属离子导致不同的降解速率，说明金属离子的类型和浓度对光催化活性起着至关重要的作用。以上结果表明，功能单体和金属离子均对其光催化活性有显著影响，在最佳条件下，光降解率可达 78.80%[324]。

★【例 10-3】表面改性 PAN/生物基纳米 SiO_2 复合纳米纤维光催化对孔雀石绿染料的降解[404]。

将聚丙烯腈（PAN）溶解于DMF中，配制质量分数为10%的溶液，并在50℃下搅拌4h。随后对溶液进行超声处理2h，直到PAN完全溶解。将上述溶液装入电压为25kV、流速为0.5mL/h的注射泵中进行静电纺丝。将静电纺丝制得的纤维收集在铝箔上，干燥以去除多余的溶剂，再将纳米纤维浸入到100mL戊二醛水溶液（质量浓度为2.5%）进行交联，然后在室温下机械摇动24h。之后，去除戊二醛，将2mL从稻草或硅藻土中制备的纳米SiO$_2$添加到纳米纤维中，继续摇动24h。用去离子水和乙醇清洗交联复合纳米纤维，然后在室温下干燥。

制备的纳米复合材料膜在可见光照射、较短的时间、相对较低的功率强度下，孔雀石绿染料完全光降解的效率得到了显著提高，因此孔雀石绿降解过程中的总体成本降低是毫无疑问的。结果表明，在分别用硅藻土制备的纳米SiO$_2$和稻草制备的纳米SiO$_2$处理15min和25min后，孔雀绿的光降解效率最高。在中性条件pH=7的最佳条件下，在不到10min的时间内实现了孔雀石绿98%的降解。

10.4 载药及药物释放

有研究制备了聚胺树状大分子修饰的埃洛石，并用作绿原酸、布洛芬和水杨酸三种典型治疗化合物的载体（图10-9）。与原药相比，对绿原酸（123.16mg/g）、布洛芬（182.72mg/g）、水杨酸（39.52mg/g）和KH550功能化埃洛石的吸附能力较强。树状大分子的存在对具有酸性性质的药物的吸附和释放都有利。体内毒性研究表明，树状大分子功能化的埃洛石对生物分析中使用的活生物体没有影响[405]。

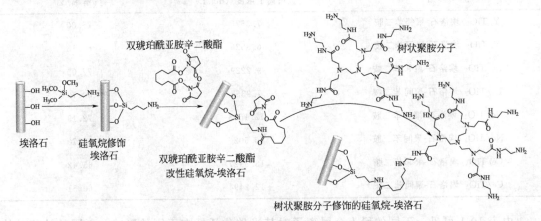

图10-9 聚胺修饰埃洛石纳米管示意图[405]

为了提高负载能力和控制低水溶性药物槲皮素的释放，在埃洛石的外表面接枝了六臂聚乙二醇胺。用碳量子点对接枝的埃洛石进行修饰，以提高其荧光性能，同时，生物素与PEG游离氨基团结合，可精确定位肿瘤组织，提高细胞摄取率。聚乙二醇接枝的埃洛石和修饰的环糊精和生物素纳米颗粒有望用作靶向药物的载体，并且可以通过体外和体外的成像能力来跟踪[406]。

电纺纳米纤维被用于不同的应用，包括组织工程（骨和皮肤）、伤口愈合及治疗和诊断癌细胞可行性的潜在应用，但不限于此。癌症治疗过程中通常需要化疗，用于癌症治疗的低特异性药物是一个主要障碍，它不仅杀死癌细胞，而且破坏正常细胞。为了减少这种对正常细胞的毒性，手术后局部区域应保持适当浓度的抗癌药物。纳米纤维中含有抗癌药物，可以在局部位置持续释放药物。因此，纳米纤维是降低术后局部癌症复发风险的主要有利工具之一[407]。此外，如果将纳米颗粒用于上述目的，则静脉注射时的胶体聚合物载体可在血液循环时被脾脏和肝脏捕获[408]，从而导致效率损失。另一方面，纳米纤维可以直接插入肿瘤部位进行治疗[409]。因此，可以说纳米纤维比纳米颗粒更适合用于癌症治疗。

纳米纤维的形状有扁平形、圆形和带状，对于同一种药物，纳米纤维的形态不同，由于扩散途径的差别，释放量也不同。例如，在扁平形态的纳米纤维中，药物与纳米纤维边缘的距离比圆形结构要小，扁平结构可增强最终药物释放。有报道称，双氯芬酸钠（抗炎症药）负载的扁平形和圆形纳米纤维分别表现出快速和缓慢的药物释放[410]。药物释放率的改变是由于扩散路径的不同，扁平纳米纤维比圆形纳米纤维更短，从而导致快速释放。

孔径是控制药物释放的另一个重要参数。由于药物易于扩散，更大的孔径可提供快速释放。与直径较小的纳米纤维相比，直径较大的纳米纤维具有较长的药物扩散路径。通过调整静电纺丝条件，可以获得不同直径的载药纳米纤维。聚乳酸纳米纤维中的四环素类药物的药物释放实验显示，该药物从大直径纳米纤维中释放较慢，纳米纤维变小后释放速率加快[411]。

10.5　弹性体

天然橡胶、聚异戊二烯、丁苯橡胶、丁基橡胶、丁腈橡胶、硅橡胶、氟橡胶等弹性体，广泛用于轮胎、内胎、汽车零部件、家电、建筑、设备。弹性体通常用炭黑或 SiO_2 作为填料来增强，以改善其性能。颗粒填料对弹性体的增强主要是通过填料与橡胶基体之间的物理相互作用来实现的。纳米粒子具有独特的高热学性能和高力学性能，在聚合物基体中加入黏土、纳米 $CaCO_3$、纳米 SiO_2 和纳米 Al_2O_3 等各种纳米级无机粒子作为增韧剂，以提高聚合物基体的性能。其中，纳米 $CaCO_3$ 是市场上最便宜的，并具有低高宽比和大比表面积的优点，可用来增强橡胶复合材料。

有文献报道使用 5% 的 $40\sim70nm$ $CaCO_3$ 增强聚丁烯橡胶后，初始降解温度由纯橡胶的 $303℃$ 提高到 $318℃$，说明纳米 $CaCO_3$ 的加入显著地提高了橡胶的稳定性。对于橡胶的撕裂能来说，纯橡胶为 $8kJ/m^2$，加入纳米 $CaCO_3$ 后最高可达 $12kJ/m^2$，提高了 50%。同时拉伸强度和断裂伸长率都增加了 10% 左右，进一步说明 $CaCO_3$ 在橡胶基体中产生良好的分散，增加了纳米 $CaCO_3$ 颗粒与橡胶基体之间的接触面积，增强了橡胶链与 $CaCO_3$ 表面的分子间相互作用，破坏这种相互作用需要更高的能量，从而提高了橡胶基体的力学性能、热学性能[412]。

汽车燃料有一部分能量来克服轮胎的滚动阻力，如果滚动阻力降低 10%，相当于燃料消耗下降 2%，以美国的汽车使用量来说，每年消耗的燃料将减少 10 亿～20 亿加仑。从材料的角度来看，降低轮胎滚动阻力的关键瓶颈在于设计一种新型动态迟滞损耗非常低的胎面弹性聚合物纳米复合材料，北京化工大学张立群教授课题组[413]开发了一种以纳米粒子作为网络节点，以聚合物链端基为牵引，通过化学键连接到纳米粒子的弹性体网络，表现出了优异的超低动态迟滞损耗的静态和动态力学性能，与传统的轮胎面用 SiO_2 纳米材料填充弹性体相比，动态迟滞损耗降低了 50%。其内在机制是由于纳米材料经过表面改性以化学键与基体材料进行作用，从而在整个基体中稳定均匀分布，而且这种方式也可以扩展到 CNT 和石墨烯作为网络节点。

为了改善纳米 SiO₂ 在橡胶中的分散，增强纳米 SiO₂ 与橡胶基体的界面相互作用，文献用含氢硅油对纳米 SiO₂ 进行表面改性，将含氢硅油中的 Si—H 转化为 Si—OH 后，通过与硅烷偶联剂反应后制备的新型偶联剂来增强与橡胶基体的界面结合，反应示意图如图 10-10 所示。改性后的橡胶纳米复合材料的力学性能如模量提高了 116%，动态性能如湿牵引力提高了 116%、滚动阻力降低了 26%，性能得到了显著改善，有望用于高性能轮胎的生产[414]。

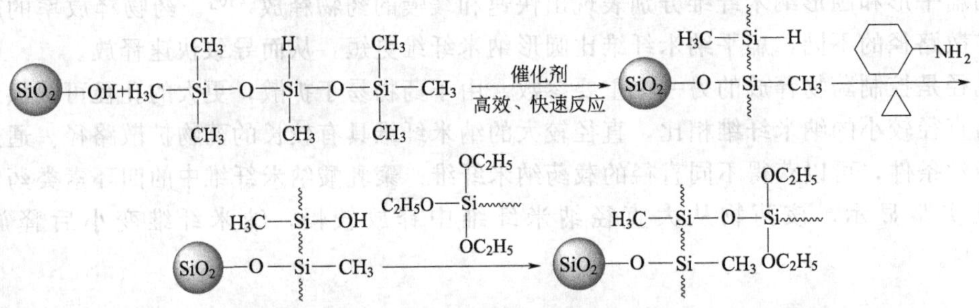

图 10-10 纳米 SiO₂ 改性成偶联剂的示意图[414]

有研究采用熔融混合法在氯丁橡胶中加入了棒状的 Al(OH)₃ 纳米粒子，制备 Al(OH)₃/氯丁橡胶纳米复合材料。当加入 10 份 Al(OH)₃ 时，纳米复合材料的拉伸强度和模量提高了 27%。Al(OH)₃ 的加入提高了热稳定性，最高降解温度提高了 31℃，玻璃化转变温度略微增加了 3℃。由于基体与填料颗粒之间的极性相互作用，Al(OH)₃ 的加入改善了纳米复合材料的性能，从而证明 Al(OH)₃ 是一种有效的氯丁橡胶增强填料[415]。

有文献采用共凝聚法制备了羧基丁二烯-苯乙烯橡胶（xSBR）/埃洛石纳米复合材料，结果表明，较低的埃洛石含量会延缓 xSBR/埃洛石胶料的硫化，而较高的埃洛石用量则会促进硫化。埃洛石的加入显著提高了力学性能，特别是模量和硬度，是因为埃洛石的增强作用与共凝聚过程和通过氢键形成的界面相互作用密切相关。表 10-2 显示了纳米复合材料的力学性能。与纯 xSBR 硫化胶相比，添加 5 份埃洛石可显著提高硫化胶的模量[358]。

表 10-2 xSBR/埃洛石纳米复合材料的力学性能[358]

纳米复合材料	100%伸长率模量/MPa	拉伸强度/MPa	撕裂强度/(kN/m²)	断裂伸长率/%	邵氏硬度
xSBR	1.52	10.0	19.4	372	55
2%埃洛石	2.37	10.4	25.2	236	62
5%埃洛石	2.92	11.4	26.0	277	70
10%埃洛石	3.48	12.4	32.0	279	75
20%埃洛石	5.08	13.6	36.0	259	78
30%埃洛石	5.56	15.3	32.0	267	80

采用熔融混合法制备了含 P-N 阻燃剂和 OMMT 的热塑性聚酯醚弹性体纳米复合材料，进行了 LOI 和 UL94 评价。结果表明，含磷氮的阻燃剂使材料的 LOI 从 17.3% 提高到了 27%。但含 P-N 阻燃剂的弹性体纳米复合材料仅能够达到 UL94V-2 级，导致了燃烧滴落现

象。而含 P-N 阻燃剂和 OMMT 的弹性体纳米复合材料因其特殊的微观结构而达到 UL94V-0级。XRD 和 TEM 确认纳米复合材料形成了多维有序的结构，限制了链段在有机-无机界面上的运动，使黏土矿物层与聚合物链之间的相互作用更强。TGA 和 SEM 分析表明，OMMT 提高了炭的产率，形成了热稳定的炭[416]。

有人以天然橡胶和树状大分子改性有机蒙脱土为原料，制备了一系列阻燃纳米复合材料。XRD、SEM 和 TEM 分析表明，添加不同量的改性蒙脱土可以实现天然橡胶基体中的剥离、插层或聚集状态，20 份的改性蒙脱土纳米复合材料的拉伸强度最高，这是层状硅酸盐与弹性体复杂相互作用的结果。锥形量热仪分析可明显降低天然橡胶的可燃性参数，如 HRR、发烟面积和 CO 浓度[417]。

10.6 生物、医用

生物活性玻璃纳米粒子通常由硅酸盐或磷硅酸盐与不同比例的玻璃改性剂如 Na_2O 和 CaO 组成，粒径依据制备方法的不同而有差别，比如溶胶-凝胶法的微粒在 $10\sim100nm$ 间，燃烧法在 $20\sim80nm$，微乳液法则在 $10\sim40nm$[418]。作为生物活性玻璃，它们具有很高的生物活性和良好的骨结合性能，其应用如表 10-3 所示。

表 10-3　基于生物活性玻璃纳米粒子和天然聚合物的聚合物纳米复合材料的应用[418]

聚合物	纳米粒子	结构	生产方法	应用
海藻酸钠	$SiO_2\text{-}CaO\text{-}P_2O_5$	支架	冷冻干燥	牙周组织再生
海藻酸钠/明胶	$SiO_2\text{-}CaO\text{-}P_2O_5\text{-}Na_2O$	膜	浇注成型	骨组织工程
壳聚糖	$SiO_2\text{-}CaO$	薄膜	溶液浇注	引导组织再生
壳聚糖/透明质酸	$SiO_2\text{-}CaO\text{-}P_2O_5\text{-}Ag_2O$	膜	层层叠加	骨科植入物抗菌涂层
明胶/壳聚糖	$SiO_2\text{-}CaO\text{-}P_2O_5$	支架	冷冻干燥	牙槽骨再生
结兰胶	$SiO_2\text{-}CaO$	支架	冷冻干燥	骨组织工程

壳聚糖是甲壳素脱乙酰制得的一种生物聚合物，可溶于水溶液，从而具有较高的加工性能。壳聚糖具有生物相容性，可生物降解成无害以及非抗原性产品，因此，已广泛用于生物医学研究。为了提高壳聚糖基结构的生物活性和力学性能，人们也在研究将壳聚糖和生物活性玻璃纳米粒子结合在一起制备高分子纳米复合材料。以壳聚糖-甘油磷酸盐配方与生物活性玻璃纳米粒子相结合而制备出的具有生物活性的温敏水凝胶，胶凝温度约为 36.8℃，适用于室内用途[419]。水凝胶具有生物活性，随着生物活性玻璃纳米粒子的加入，磷灰石镀层的密度增加。该系统可作为一种热敏水凝胶用于骨科康复，因为纳米尺寸的生物活性玻璃纳米粒子保证了纳米复合材料通过小针有效注射到骨缺损。壳聚糖/生物活性玻璃纳米粒子复合膜的纳米结构膜显示了更优的弹性模量，因此该膜比壳聚糖膜和含生物活性玻璃超细微粒的壳聚糖膜具有更好的力学性能和更高的生物活性[420]。

有文献基于 PAMAM 树枝状聚合物固定在多巴胺上并涂层在纳米 Fe_3O_4 上，形成了多功能的混合纳米结构，是一种有前途的癌症治疗智能药物输送系统，具有高载药量的特点，并且在低纳米颗粒浓度下对肝癌细胞进行化疗和光热联合治疗时显示出附加效应；该研究结果在 PAMAM 修饰的多功能磁性纳米颗粒领域具有重要意义，为其合成和在高级癌症治疗中的应用提供了新的思路[421]。

10.7 纤 维

有文献以静电纺丝的方式，制备了负载磁性纳米 Fe_3O_4 的羧甲基纤维素/聚乙烯醇共混物纤维材料，如图 10-11 所示，其实验结果表明，由于这些磁性纳米粒子减弱了羧甲基纤维素与聚乙烯醇分子之间的相互作用，提高了它们的可纺性，因此纳米纤维的直径随磁性纳米 Fe_3O_4 的增加而减小。此外，磁性纳米 Fe_3O_4 在纤维中的空间分布为合成纳米纤维材料提供了一种新的室温软铁磁响应。这一现象归因于纳米粒子聚集体的形成，这些聚集体分散地分布在纳米纤维中[115]。

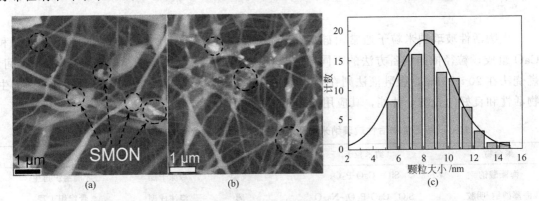

图 10-11　制备不同纳米 Fe_3O_4（SMON）含量的羧甲基纤维素/聚乙烯醇
纳米纤维（a）和（b），制备纳米 Fe_3O_4 的粒径分布（c）[115]

有文献先用静电纺丝制备出聚偏氟乙烯-六氟丙烯纳米纤维膜，再通过溶胶-凝胶法在该膜上接枝纳米 SiO_2 用于 Cu^{2+} 的吸附，通过改变纤维的直径可以调节膜的孔隙率。纳米纤维膜具有较小的粒径和较大的孔隙率，利用所构建的多晶结构和高效的纤维形态调控，不仅使纳米纤维膜由疏水变为超亲水，而且增加了膜的孔隙率，表现出较高的 Cu^{2+} 吸附能力。该膜的吸附量约为 21.9mg/g，高于纤维直径大（孔隙率小）和光滑的膜的吸附量[422]。

对于由纳米 Fe_2O_3/PA-6 纳米复合材料通过熔融纺丝制成的纤维，当 Fe_2O_3 纳米粒子含量为 15％时，可使复合材料的热稳定性提高 16℃（从 440℃提高到 456℃）。纳米复合材料的拉伸模量比纯 PA-6 提高了 21.2％，弹性模量提高了 112％。通过原位聚合可以使纳米粒子均匀分散在 PA-6 中。此外，该纤维具有紫外-可见光吸收特性[423]。

颗粒物污染已成为世界范围内一个巨大的健康和经济负担，大多数现有的空气过滤器不可避免地遇到去除效率和透气性之间的矛盾，有文献使用静电纺丝制备了蓬松双网络结构聚丙烯腈纳米纤维网的新型超薄、高性能空气过滤器。通过调整带电液体的喷射和相分离，使二维超细（约 20nm）纳米网与蓬松的伪三维纳米纤维支架紧密结合，形成如图 10-12 所示的双网络结构，具有可控的孔径和大规模堆积密度。所制备的纳米纤维/网络过滤器具有小孔径（<300nm）、高孔隙率（93.9％）、低填充密度、结合理想的表面化学（4.3D 偶极矩）的综合特性，实现高效去除 PM0.3（>99.99％）、低空气阻力（仅小于大气压力的 0.11％）的效果[424]，有希望长期净化 PM2.5。

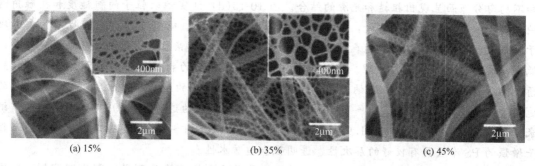

(a) 15%　　　　　　　(b) 35%　　　　　　　(c) 45%

图 10-12　不同相对湿度下聚丙烯腈纳米纤维膜的 SEM 图像[424]

10.8　涂　层

由于防腐、防冰、防雾、自清洁、防污、药物传递等领域的需要，高分子纳米复合材料做的超疏水涂层得到了广泛的研究和应用；聚合物包埋 Ag 纳米粒子喷涂在产品表面，使产品具备杀菌功能；聚合物插层黏土材料喷涂在易燃材料表面形成防火纳米涂层，能够明显降低易燃材料的阻燃性；将片状材料如石墨烯、黏土等经过多层自组装喷涂在包装材料表面，能够明显改善包装材料的氧气渗透性，可以用于更好地保存食品。

★【例 10-4】　透明和超疏水涂层的制备[425]。

首先用三甲基氯硅烷对纳米 ZnO 进行功能化，干燥后再用 3-巯基丙基三甲氧基硅烷进行功能化。在 PS 和四氢呋喃中加入 1%～25% 的双官能团化的 ZnO，搅拌 30min。最后用 4000r/min 在玻璃基板上旋涂 1min，制得透明、超疏水的涂料。

图 10-13(a) 样品呈光滑的纳米孔形貌，颗粒分布均匀。纳米孔的存在起到了二次织构的作用，有助于形成微米结构。造成这种情况的主要原因是四氢呋喃的蒸发。将部分空气包裹在纳米孔中，形成一层气垫，以减小水滴与涂层的液固接触面积，提高涂层的疏水性。此外，图 10-13(b) 比较粗糙，团聚体分布均匀。然而图 10-13(c) 由于纳米粒子的明显聚类

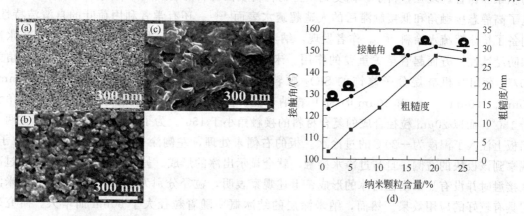

图 10-13　ZnO 为 1% 时的 SEM 图（a），ZnO 为 20% 时的 SEM 图（b），ZnO 为 25% 时的 SEM（c）以及纳米粒子浓度对粗糙度和接触角的影响（d）[425]

和不均匀分布而呈现出粗糙和光滑的结合。图 10-13(d) 证实纳米粒子的粗糙度和接触角随纳米粒子浓度增加而单调增大，质量分数达到 20% 以上后，略有下降。表面性质主要取决于涂层表面的粗糙度，粗糙的表面可以是疏水的，也可以是亲水的，这取决于表面是不是用低表面能材料进行适当的处理。因此，低表面能处理表面的粗糙度值的增加可以增加接触角，但存在极限值。PS/ZnO 纳米复合涂层玻璃与裸露玻璃的透光率对比发现，涂覆玻璃的透明度略低于裸玻璃。在 400~800nm 范围内，裸露玻璃的透光率为 93.8%~91.4%，纳米复合涂层玻璃的透光率为 91.9%~89.8%，降低了 1.6%~4%，说明二次功能化纳米粒子增强的 PS 涂层具有较好的层次性、透明性和超疏水性。

为了让天然橡胶表面更疏水，以纳米 SiO_2 分散体和氯丁橡胶型黏结剂为增溶剂。采用喷雾涂敷或浸渍涂覆的方法将该纳米 SiO_2 涂层应用于天然橡胶手套的表面，纳米涂层的水接触角大于 $150°$，滑动角为 $7°$。与未涂覆手套相比，涂层手套具有相似的力学性能和更好的耐酒精性能[426]。

采用自组装和原位溶胶-凝胶技术制备了由 0.5%~2.0% 聚磷酸铵、1.2% Na-MMT、1.0% 乙烯基三甲氧基硅烷和水组成的纳米涂料，并将其应用于棉织物上，获得了优异的疏水性和阻燃性能（表 10-4）。在膨胀型阻燃剂体系中，聚磷酸铵作为乙烯基三甲氧基硅烷水解缩合催化剂和发泡剂，具有良好的疏水性和阻燃性能。与对照棉织物相比，涂层棉织物的热释放速率分别降低了 78.2%、87.1% 和 91.1%。这一重大变化表明，涂层通过在棉织物损坏前建立热障和释放惰性气体，有效地保护了棉织物，最终改变了棉织物的燃烧行为[427]。

表 10-4 纳米涂层在阻燃方面的表现[427]

性能	最大热释放速率/(W/g)	峰值热释放速率温度/℃	释放热/(kJ/g)	释放速率降低值/%
棉花织物	199.0	377.1	10.1	—
0.5% 聚磷酸铵	50.81	307.0	2.2	78.2
1.0% 聚磷酸铵	26.35	296.9	1.3	87.1
2.0% 聚磷酸铵	19.37	287.1	0.9	91.1

地面上的结冰和积冰会给飞机、公路、电力线、船舶等的工作带来困难。目前，超疏水表面因其优良的拒水性能而被推荐在防冰领域进行开发，可以延缓湿雪、冰或霜冻在地面上的积累和黏着。现在，科学家们受到了生物材料表面材料的启发——利用不同的合成机制制造了高静态接触角和低接触滞后的人造超疏水表面[428]。还有学者利用荷叶的自清洁特性，制备了抗冰超疏水涂料[429]。作者发现，纳米粒子的尺寸及是否改性在决定涂层的超疏水性和防结冰性能方面起着至关重要的作用。未改性 SiO_2/聚丙烯酸纳米复合材料的接触角为 $107°$，而用有机硅烷分子修饰的 SiO_2 颗粒的接触角较高，接近 $150°$。以粒径为 20nm、50nm、100nm、1μm 和 10μm 的 SiO_2 微纳米粒子合成的复合材料具有超疏水性，接触角大于 $150°$。而以 20μm 粒径合成的复合材料的接触角小于 $150°$。为了测试其抗冰性能，在两个铝板上注入了温度为 $-20℃$ 的过冷水。板的右侧未处理，左侧涂有 50nm 尺寸的纳米粒子。观察到该板块的右侧一旦与过冷水接触，就会显示出冰的形成。另一方面，板的左侧与过冷水接触时并没有显示出任何冰的形成。上述观察表明，粒径分别为 20nm 和 50nm 的纳米涂层具有较好的应用效果。然而，纳米涂层的结冰概率随着粒径大于 50nm 而增大。研究表明，当水与表面颗粒接触时，过冷水结冰是通过非均质成核过程发生的。这是一个复杂的现象，它取决于冰的黏附、水动力条件、水膜在表面的结构以及纳米粒子的大小。

超疏水聚合物纳米涂层已被应用于医疗领域的药物传递、自我清洁和牙科。比如三维超疏水聚（ε-己内酯）电纺网格，其中含有聚（甘油单硬脂酸酯-Co-ε-己内酯）作为疏水聚合物掺杂剂。利用这种超疏水网状结构，通过置换空气来调节药物释放活性，以控制药物的释放速率。超疏水网中包封的空气层在血清中表现出长期的稳定性，在体外对癌细胞的杀伤作用超过 60d[428]。

将树枝状纤维纳米 SiO_2 与分散良好的 Ag 纳米粒子部分包埋在 PMMA 聚合物玻璃表面，经有机蒸气处理制备了一系列单层纳米涂层，最优包覆 PMMA 对革兰阳性金黄色葡萄球菌和革兰氏阴性大肠埃希菌均表现出良好的抗菌活性，至少杀灭 80% 的细菌，透光率最高达 94.5%。此外，长期超声处理和铅笔硬度测试都证明了粒子在 PMMA 基体上由于部分嵌入而具有很强的附着力。该研究为在聚合物基片上构建多功能纳米涂层提供了一种探索途径，可用于各种光学器件和日用触摸塑料玻璃[430]。

开发一种高效、环保和通用的可燃聚合物防火涂层是至关重要的，也是具有挑战性的。

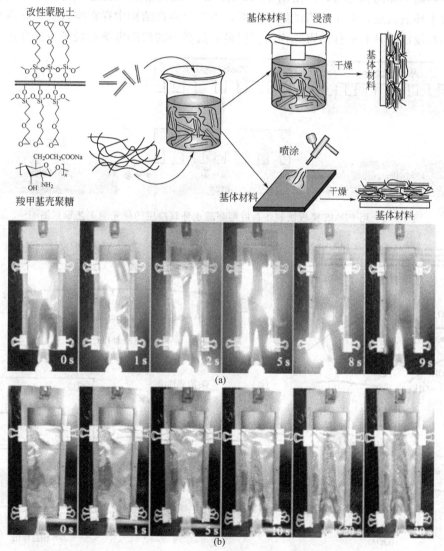

图 10-14　聚合物基 MMT/CCS 纳米涂层的制备方法及 PET 薄膜（a）和 PET 薄膜涂层
（PET-MMT/CCS-d/6）（b）的垂直燃烧试验过程[431]

在珍珠层的启发下，有文献采用一步自组装的方法，研制了一种基于羧甲基壳聚糖和改性蒙脱土的高效防火纳米涂层（图 10-14）。该纳米涂层具有排列良好的珍珠状分层微结构，具有较高的透明性和独特的珍珠状彩虹状结构。更重要的是，纳米涂料通过浸渍涂层或喷漆赋予了许多大型聚合物基底如聚酯薄膜、棉织物和聚氨酯泡沫超级高效的防火性。所有涂层基片在燃烧试验中都是自熄性的，同时，它们的放热量和发烟量也显著降低。聚氨酯泡沫塑料的峰值放热率、总放热率、峰值产烟率和总发烟量分别下降了 84.1%、89.4%、84.4% 和 95.2%。垂直燃烧试验中未经处理的 PET 薄膜燃烧剧烈，火焰迅速蔓延到顶部 [图 10-14(a)]。该膜只需 7s 就被完全烧毁了，相比之下涂膜后的薄膜在 30s 的垂直燃烧试验中得到了很好的保护 [图 10-14(b)]。与火焰接触的区域迅速发生表面炭化反应，从而有效地阻止了火焰的扩散。此外，由于不涉及有机溶剂、卤素和磷元素，这也为防火聚合物提供了一种高效、经济、通用和绿色的制造策略[431]。

为了提高产品防腐能力，采用图 10-15 所示的软光刻技术，制备了具有荷叶状表面微结构的超疏水环氧涂层，电化学测试结果表明，由于表面微结构中存在空气膜，超疏水涂层比常规涂层在浸没时具有更强的阻隔作用。但是，盐雾中的超细电解质粒子容易穿透这些微观

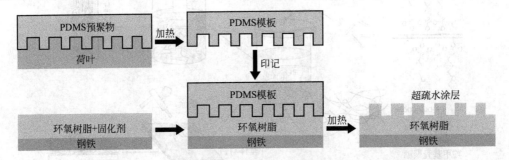

图 10-15　用 PDMS 模板法制备荷叶型超疏水环氧涂层的软光刻工艺示意图[432]

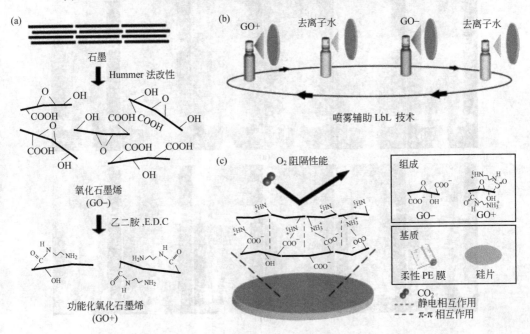

图 10-16　两种 GO 的制备示意图（a），喷雾辅助自组装示意图（b）
以及 GO 片层间的相互作用示意图（c）[433]

结构并沉积在涂层表面，从而导致超疏水涂层的快速劣化[432]。

　　氧气阻隔性能对于保存易腐食品的食品包装系统至关重要。有文献基于合成的氧化石墨烯（GO−）、正电荷氧化石墨烯（GO＋）[图 10-16(a)]，利用喷雾辅助层层自组装技术[图 10-16(b)]，即电荷之间的相互作用和石墨烯片层间的 π-π 相互作用 [图 10-16(c)]，将上述两种相反电荷的 GO 交替沉积在柔性聚乙烯基板上，形成沉积厚度仅为 60nm 的 GO 膜，透氧率由聚乙烯薄膜的 $3511.5mL/(m^2 \cdot d)$ 明显下降到 $1091mL/(m^2 \cdot d)$。镀膜后，在可见光范围内的透光率没有明显降低，从而保证了聚乙烯包装应用的透明度[433]。

10.9　透明材料

　　无机粒子与聚合物基体的结合通常会引起复合材料透明度的损失，这种透明度的损失可以通过使用尺寸比光波长小得多的纳米粒子来减少散射现象，但是由于纳米材料的易团聚性，在聚合物中加入纳米颗粒而不影响聚合物的透明性是一个巨大的挑战。复合材料的透射率取决于许多因素，这些因素要么与固有特性有关，如颗粒尺寸和各组分的折射率，要么与复合材料制造有关，如复合材料厚度、表面粗糙度、填料用量及分散状态[307]。依据纳米材料和聚合物的成型方式，透明纳米复合材料的制备方式有以下 5 种。

（1）直接混合法

　　纳米颗粒与聚合物基体的直接混合（熔融或溶液混合）是合成纳米复合材料的最为简单的方法。熔融混合物可以通过挤出、高剪切混合和热喷涂等工艺来制备纳米复合材料。该优点在于纳米复合材料可以大量购买，缺点是由于高温熔融加工会产生比较差的分散及聚合物基或纳米颗粒改性剂的降解。机器的加工温度、螺杆的特点和速度等工艺参数对纳米材料的分散性和纳米复合材料的性能有很大影响。通过此方法加工成型为透明的高分子纳米复合材料的文献很多，比如表面改性 SiO_2/PC[434]、$TiO_2/PMMA$[435]，用诸如 TiO_2、ZnO 和 SiO_2 颗粒填充低密度聚乙烯和聚乙烯共聚丙烯酸丁酯[436]；也有用黏土填充聚合物，如 PC[437,438]、PMMA[439,440]、PVC[441]、PLA[442]和低密度聚乙烯[443~445]等，通过熔融挤出制备透明的高分子纳米复合材料。

　　如果用来制备薄膜，特别是填充有纤维的纳米复合材料，首选的应该是溶液混合的工艺，因为此方法并不需要施加多大的压力，相反，挤出机的高剪切工艺会破坏纤维并减小其尺寸。将溶液混合与印刷、溶液浇铸、浸涂、旋涂等工艺相结合，很容易获得薄膜。自旋涂层法是将混合溶液滴到基板上，在基板高速旋转下，聚合物/纳米颗粒溶液受到离心力作用而铺展开，溶剂快速蒸发后，得到厚度为 1~100nm 的较为均匀的纳米复合膜。溶液混合的缺点是溶剂的成本及其蒸发的潜在毒性。上述成膜方法得到了广泛应用，比如掺杂改性 TiO_2[446]或改性 Al_2O_3[447]的 PVA 乙醇溶液的溶液浇铸法制备透明纳米复合材料，溶液浇注法制备 GO/聚醚亚胺透明薄膜[448]，浸涂法制备 TiO_2/PVA 和 $TiO_2/PMMA$ 透明复合膜[449]，旋涂法制备 rGO/导电聚合物的可伸缩透明导电电极[450]，另外还有在光学级 PET基板上浇注聚乙烯吡咯烷酮（PVP）通过高速搅拌稳定纳米氧化铟锡，制备了机械和导电性优良的透明纳米复合材料薄膜[451]。

（2）原位填充聚合

　　此方法是纳米颗粒与单体进行混合，通过对纳米材料的改性如果能够引入与单体相反应或是参与聚合的官能团，就能明显改善纳米颗粒在最终产品中的分散。由于这种工艺容易分散颗粒，原位聚合法已被广泛应用于制备透明纳米复合材料。其制备过程与 6.3.1 是相同的。很多填充不同纳米材料的环氧树脂透明纳米复合材料就是用该方法制备的，如填充表面改性的掺铝 $ZnO^{[452]}$、改性的 $ZrO_2^{[453]}$、$ZnO^{[454\sim456]}$、$ZrO_2\text{-}TiO_2^{[457]}$ 和介孔 $SiO_2^{[458]}$，同样也有 TiO_2 分散在硅树脂[459]、聚酯树脂[460]中通过原位聚合实现透明纳米复合材料的报道。

为提高有机聚合物的耐磨性，有文献研制了由 3-甲基丙烯氧基丙基三甲氧基硅烷（MEMO）对纳米 SiO_2 表面改性而后与丙烯酸酯树脂共聚组成的透明紫外光固化纳米复合涂层，反应方程式如图 10-17 所示。结果表明，随着 MEMO 用量的增加，MEMO 改性的 SiO_2 颗粒在丙烯酸酯树脂中的分散性、相容性和交联密度得到改善，耐磨性得到提高，超过 1.5 倍时耐磨性反而降低[461]。

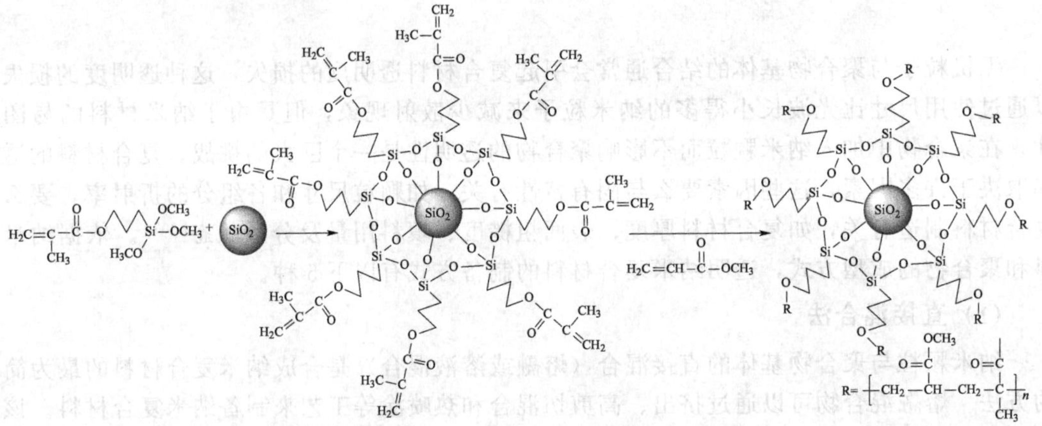

图 10-17　纳米 SiO_2 的改性及与丙烯酸酯的共聚[461]

(3) 纳米颗粒在聚合物中原位生成

粒子的形成可通过各种合成技术进行，例如溶胶-凝胶过程、化学还原、光还原和粒子前体的热分解、沉淀（或共沉淀），无论是在聚合物存在下还是直接在单体中都可以。粒子和聚合物基体同时形成导致了高度均匀的纳米复合材料。原位粒子成型的挑战是在合成过程中避免有机相和无机相之间的相分离。不同的相互作用更有利于增加相容性，例如氢键相互作用、离子相互作用、配位作用和共价键。

溶胶-凝胶法是合成各种无机氧化物颗粒的有效方法，有机金属前驱体被水解并缩聚形成最终的无机粒子。大多数情况下，溶胶-凝胶过程在水/醇溶剂中进行，但也可在 THF、DMF、DMSO 和 DMAC 等有机溶剂中进行。在溶胶-凝胶过程中，常用酸和碱催化剂来提高金属醇盐的活性。酸催化溶胶-凝胶法具有快速水解步骤，从而形成开放的弱分支无机网络。相反，碱催化的溶胶-凝胶过程经历了缓慢的水解和快速的冷凝步骤，从而形成致密颗粒[462]。通过原位溶胶-凝胶制备透明纳米复合材料的方法已经得到了广泛的研究，尤其是对 SiO_2 纳米复合材料的研究。透明纳米复合材料可以通过 TEOS 或 TMOS 前驱体在接受氢键的聚合物基体（$PVA^{[463]}$、聚酰胺 $66^{[464]}$ 等）中进行水解、缩聚的方式广泛制备。所用的聚合物是一种具有良好的溶解性和热稳定性的混合异构体芳香族聚酰胺，四甲氧基硅烷的水解和缩合反应形成的 SiO_2 构成了无机相。相之间的键合涉及氨基苯基三甲氧基硅烷，其中氨基可以与聚合物的邻苯二甲酰氯端基反应。由硅含量相对较高的材料浇铸而成的薄膜不透明且坚硬，但硅含量较低的薄膜柔韧且透明[465]。

除了硅基以外，其它金属烷氧化合物也可以以相同的方式制备透明的纳米复合材料，如钛前驱体在聚酰胺酰亚胺[466]、$TiCl_4$ 在 PVA 中原位溶胶-凝胶成型制备透明薄膜[467]，甲基丙烯酸三甲氧基硅丙基酯与甲基丙烯酸甲酯的共聚物[298]、苯乙烯与马来酸酐的共聚物[468]等不同聚合物基体中原位水解缩聚得到不同的透明纳米复合材料；ZrO_2 的前驱体在 PMMA 中原位成型得到 ZrO_2/PMMA 透明的纳米复合材料[469]；ZnO 的前驱体在 PVP 中原位成型得到透明 ZnO/PVP 纳米复合材料[470]。

聚合物与纳米颗粒产生配位作用也有利于原位成型的纳米颗粒在聚合物中的分散，图 10-18 所示的 MgO 前驱体在聚酰胺酸中原位成型，浇注成膜后再经过酰亚胺化，制得透明的 MgO/含氟聚酰亚胺纳米复合膜，由于聚合物的羰基与镁原子的配合作用，MgO 纳米粒子在聚合物基体中得到了很好的分散，制备的纳米复合膜在可见光区具有良好的光学透明性，在紫外区具有良好的紫外屏蔽性能[471]。

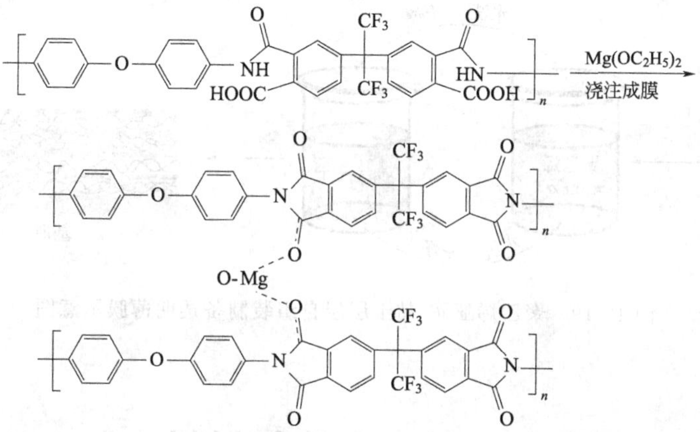

图 10-18　MgO 的原位成型及与含氟聚酰亚胺的配位作用示意图[471]

（4）纳米颗粒和单体的原位生成及原位聚合

相比于前面的 3 种制备方法，纳米颗粒原位生成的同时单体进行原位聚合是制备均匀纳米复合材料最为有效的方法。整个过程涉及三个方面之间的竞争：①无机粒子形成的动力学；②单体聚合的动力学；③有机相与无机相分离的热力学。当粒子和聚合物同时快速形成时，可以避免相分离；有机相和无机相之间存在相互作用更有利于避免相分离的发生。通过 3-缩水甘油氧基丙基三甲氧基硅烷与二苯基硅二醇的缩合反应制备了纳米环氧低聚硅氧烷，通过环氧树脂的热固化可以制备透明环氧基薄膜[472]。透明纳米复合材料是粒子通过溶胶-凝胶过程原位形成和不同聚合方法原位聚合实现的，如表 10-5 所示。

表 10-5　纳米颗粒原位生成的同时单体进行原位聚合过程[307]

聚合物	纳米颗粒	纳米颗粒原位成形方法和原位聚合方法
PMMA	SiO_2	溶胶-凝胶/自由基聚合
环氧树脂	SiO_2	溶胶-凝胶/逐步聚合
PMMA	CdS	Cd^{2+} 和 S^{2-} 在反相微乳液中反应/自由基聚合
PMMA	ZnO	原位热降解/自由基聚合
PMMA	ZnO	溶胶-凝胶/自由基聚合

（5）层层自组装

层层自组装是一种通过将基底交替为水性阳离子和阴离子混合物来构建多功能薄膜的方

法，每对互补的阳离子和阴离子层称为双层，通常厚度为 $1\sim100nm$。在许多情况下，一种或多种沉积成分是带电的纳米粒子。把量子点[473]、黏土[474]、纳米 SiO_2[475] 和 CNT[476] 沉积在自组装组件中，可分别赋予光电行为、强度、抗反射性和导电性。聚氨酯泡沫是由正电荷壳聚糖和阴离子聚乙烯醇磺酸钠盐组成的有机涂层。这种涂层可以阻止泡沫熔体从接触丁烷火焰时滴下。与未经处理的柔性聚氨酯泡沫相比，10 层上述双层有机涂层的热释放速率降低了 52%[328]。

有文献采用逐层组装的方法，将 Na-MMT 和支化聚乙烯亚胺（PEI）薄层沉积在基底上，如图 10-19 所示。具有 40 个 PEI/黏土层的薄膜含有超过 84% 的黏土，硬度高达 1GPa，并且完全透明，通过这些过滤器后，氧气传输率降低。在将 70 个 PEI/黏土层沉积到 $179\mu m$ 厚的 PET 薄膜上后，所得 231nm 组件的氧气传输率低于商用仪器的检测极限［＜0.005mL/ $(m^2\cdot d\cdot atm)$］[477]。

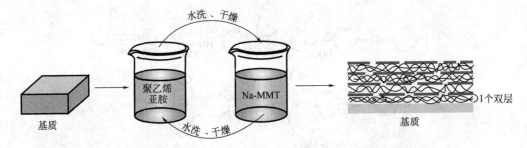

图 10-19　聚乙烯亚胺-黏土层层自组装制备透明薄膜示意图

10.10　自修复材料

聚合物材料受到损伤后，其损伤部位在一定条件下能够自行修复是科技人员追求的目

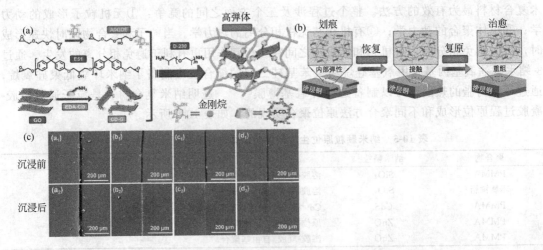

图 10-20　纳米复合材料的制备示意图（a），自修复机理（b）以及 24h 的自修复表现（c）
其中（a_1）为纯环氧树脂，（b_1）为弹性体，（c_1）、（d_1）依次为
含有 0.5% 和 1% β-环糊精改性石墨烯[478]

标，比如使用动态共价键修复被切断的水凝胶，使其达到或接近原来的强度；使用具有形成动态共价键功能的橡胶，其制备的轮胎受损后，通过特定波长的光照或是在自然光照条件下，自己修复受损部位，避免爆胎的产生。有文献研究了在潮湿条件下或水中，石墨烯-环氧纳米复合材料受损后的自我修复功能如图 10-20 所示[478]，该纳米复合材料使用 β-环糊精改性石墨烯作为"宏观交联剂"，通过石墨烯表面的环糊精与聚合物链上的金刚烷之间的动态主客体识别，可以很容易地修复人工损伤。该纳米复合材料具有高效的自愈合和优异的抗渗透性能，同时赋予复合涂层以智能防腐性能。

10.11 电池与超级电容器

　　质子交换膜燃料电池相当于电解水的逆装置，包含气体扩散层、催化层和质子交换层。其中，气体扩散层允许气体扩散、电子传导和传质，其性能直接影响燃料电池的整体性能。由冷冻铸造生产的碳纳米管泡沫具有高导电性、导热性和机械强度，可作为气体扩散层。以壳聚糖/MWCNT 大孔泡沫材料制备的气体扩散层能够显著地提高燃料电池的性能。与纯泡沫的 $0.21W/(m \cdot K)$ 相比，负载 CNT 泡沫的热导率提高了 $0.39W/(m \cdot K)$[479]。因此，负载 CNT 可以提高泡沫材料的热导率，从而提高了燃料电池的性能。研究表明，与传统的碳材料相比，聚合物/CNT 泡沫材料具有更好的气体扩散性能，此外，CNT 含量和冷冻干燥条件也影响燃料电池的性能。

　　高效的储能装置一直是电子行业、便携式系统和电动汽车的研究重点，人们努力实现具有低成本、高功率密度、循环稳定性、物理化学特性以及即使在高温下也具有优异性能的超级电容器，纳米碳材料已被用作超级电容器的重要元件。用三嵌段共聚物制备的 3D 多孔CNT 泡沫具有 $1286m^2/g$ 的高比表面积和尺寸为 $2.7\sim5.1nm$ 的大双峰介孔，其中的 CNT改善了器件的导电性；该超级电容器具有高比电容、循环稳定性和速率性能，有望成为高性能储能器件[480]。基于聚苯胺、聚吡咯和聚（亚乙基二氧噻吩）的 CNT 泡沫，具有 $743m^2/g$的高比表面积和 $286F/g$ 的比电容；作为超级电容器，其能量密度为 $39.72W \cdot h/kg$，功率密度为 $154.67kW/kg$，具有高稳定性、高比电容、高功率密度和可回收性；该超级电容器在充放电循环次数超过 85000 次后，电容保持率可达 99.34%[481]。

　　聚苯胺具有化学稳定性好、可逆性好、赝电容高等优点，在超级电容器方面引起了广泛关注。然而，聚苯胺基材料性能差，限制了其大规模应用。有文献报道在堆积的 GO 片上吸附单体苯胺，随后通过原位聚合来制备限制在 GO 结构中的聚苯胺纳米纤维。由于聚苯胺纳米纤维和 GO 片的协同作用，该高分子纳米复合材料具有稳定的结构骨架、高效的电子/离子转移途径。结果表明，其电极在 $0.5A/g$ 条件下的电容为 $780F/g$，在 $50A/g$ 时电容达到$521F/g$，而聚苯胺对应的电容为 $323F/g$、$120F/g$。值得注意的是，组装的 GO/聚苯胺超级电容器在功率密度为 $216W/kg$ 时达到了 $30W \cdot h/kg$ 的高能量密度[482]。

思 考 题

1. 高分子纳米复合材料的表征方法有哪些？这些表征方法都用来表征什么内容？
2. 如果采用溶胶-凝胶法制备具有一定力学性能的高分子纳米复合材料，需要进行什么样的表征？

3. 如果购买了一种纳米材料，通过填充的方式制备阻燃性能的高分子纳米复合材料，需要进行什么样的表征？

4. 如果购买了 Na-MMT，通过有机化改性制备了层状高分子纳米复合材料，需要进行什么样的表征？

5. 油水分离的本质是什么？如何保证高分子纳米复合材料能用于油水分离？

6. 超疏水的本质是什么？如何保证高分子纳米复合材料具备超疏水性能？除了课本上列举的以外，超疏水材料还有什么用处？

7. 如何使高分子纳米复合材料具备光催化功能？

8. 如何提高高分子纳米复合材料的力学性能、阻燃性能？如何验证？

9. 如何制备透明的高分子纳米复合材料？

英语专业名词

纳米 nanometer

纳米材料 nanomaterial

纳米颗粒 nanoparticle

复合材料 composite

纳米复合材料 nanocomposite

聚合物基复合材料 polymer composite

高分子纳米复合材料 polymer nanocomposite

黏土 clay

蒙脱土 montmorillonite（MMT）

有机蒙脱土 organic montmorillonite（OMMT）

阳离子交换容量 cation-exchange capacity（CEC）

碳纳米管 carbon nanotube（CNT）

单壁碳纳米管 single-walled carbon nanotube（SWCNT）

多壁碳纳米管 multi-walled carbon nanotube（MWCNT）

石墨烯 graphene

氧化石墨烯 graphene oxide（GO）

还原氧化石墨烯 reduced graphene oxide（rGO）

单层石墨烯 single-layer graphene，monolayer graphene

双层石墨烯 bilayer graphene

三层石墨烯 trilayer graphene

少层石墨烯 few-layer graphene

量子点 quantum dot（QD）

磁性纳米颗粒 magnetic nanoparticle

点燃时间 time to ignition（TTI）

热释放总量 total heat release（THR），kJ/g

峰值热释放速率 peak heat release rate（PHRR），W/g

峰值产烟速率 peak smoke production rate（PSPR）

产烟总量 total smoke production（TSP）

极限氧指数 limit oxygen index（LOI），%

热释放能力 heat release capacity（HRC），J/(g·K)

正硅酸乙酯 tetraethoxysilane（TEOS）

层状双氢氧化物 layered double hydroxide（LDH）

参 考 文 献

[1] 中国国家标准化管理委员会．GB/T 19619—2004：纳米材料术语［S］．北京：中国标准出版社，2004．

[2] Rufan Zhang, Yingying Zhang, Qiang Zhang, et al. Growth of Half-Meter Long Carbon Nanotubes Based on Schulz-Flory Distribution［J］. ACS Nano, 2013, 7（7）: 6156-6161.

[3] Alan P Kauling, Andressa T Seefeldt, Diego P Pisoni, et al. The Worldwide Graphene Flake Production［J］. Adv Mater, 2018, 30（44）: 1803784.

[4] Lun Li, Jie Sun, Xiaoran Li, et al. Controllable synthesis of monodispersed silver nanoparticles as standards for quantitative assessment of their cytotoxicity［J］. Biomaterials, 2012, 33（6）: 1714-1721.

[5] Chang-Sik Ha. Polymer Based Hybrid Nanocomposites: A Progress Toward Enhancing Interfacial Interaction and Tailoring Advanced Applications［J］. Chem Rec, 2018, 18（7-8）: 759-775.

[6] Sandeep Kumar, Sarita, Monika Nehra, et al. Recent advances and remaining challenges for polymeric nanocomposites in healthcare applications［J］. Prog Polym Sci, 2018, 80: 1-38.

[7] T D Fornes, D R Paul. Modeling properties of nylon 6/clay nanocomposites using composite theories［J］. Polymer, 2003, 44（17）: 4993-5013.

[8] C Damm, H Münstedt, A Rösch. The antimicrobial efficacy of polyamide 6/silver-nano- and microcomposites［J］. Mater Chem Phys, 2008, 108（1）: 61-66.

[9] L F Sun, S S Xie, W Liu, et al. Creating the narrowest carbon nanotubes［J］. Nature, 2000, 403（6768）: 384.

[10] Yuan Cao, Valla Fatemi, Ahmet Demir, et al. Correlated insulator behaviour at half-filling in magic-angle graphene superlattices［J］. Nature, 2018, 556: 80-84.

[11] Yuan Cao, Valla Fatemi, Shiang Fang, et al. Unconventional superconductivity in magic-angle graphene superlattices［J］. Nature, 2018, 556: 43-50.

[12] Suping Li, Qiao Jiang, Shaoli Liu, et al. A DNA nanorobot functions as a cancer therapeutic in response to a molecular trigger in vivo［J］. Nat Biotechnol, 2018, 36: 258.

[13] 王本力．石墨烯技术突破与市场前景分析［J］．中国工业评论，2016，4：72-80．

[14] Aimin Zhang, Guoqun Zhao, Yanjin Guan. Effect of surface modifiers and surface modification methods on properties of acrylonitrile-butadiene-styrene/poly（methyl methacrylate)/nano-calcium carbonate composites［J］. J Appl Polym Sci, 2013, 127（4）: 2520-2528.

[15] D Devaprakasam, P V Hatton, G Möbus, et al. Nanoscale Tribology, Energy Dissipation and Failure Mechanisms of Nano- and Micro-silica Particle-filled Polymer Composites［J］. Tribol Lett, 2009, 34（1）: 11-19.

[16] 徐国财，张立德．纳米复合材料［M］．北京：化学工业出版社，2002．

[17] S W Shang, J W Williams, K J M Söderholm. How the work of adhesion affects the mechanical properties of silica-filled polymer composites［J］. J Mater Sci, 1994, 29（9）: 2406-2416.

[18] 熊传溪．超微细 Al_2O_3 增韧增强聚苯乙烯的研究［J］．高分子材料科学与工程，1994，10（4）：69-72．

[19] S S Sonawane, S Mishra, N G Shimpi. Effect of nano-$CaCO_3$ mechanical and thermal properties of polyamide Nanocomposites［J］. Polym Plast Technol Eng, 2010, 49（1）: 38-44.

[20] F V Ferreira, F S Brito, W Franceschi, et al. Functionalized graphene oxide as reinforcement in epoxy based nanocomposites［J］. Surf Interfaces, 2018, 10: 100-109.

[21] 杨伏生．聚合物增强增韧机理研究进展［J］．中国塑料，2001，15（8）：6-10．

[22] XiaoLin Xie, QingXi Liu, Robert KwokYiu Li, et al. Rheological and mechanical properties of PVC/$CaCO_3$ nanocomposites prepared by in situ polymerization［J］. Polymer, 2004, 45（19）: 6665-6673.

[23] Jingjing Jia, Xinying Sun, Xiuyi Lin, et al. Exceptional Electrical Conductivity and Fracture Resistance of 3D Interconnected Graphene Foam/Epoxy Composites［J］. ACS Nano, 2014, 8（6）: 5774-5783.

[24] Qingyu Peng, Yibin Li, Xiaodong He, et al. Graphene Nanoribbon Aerogels Unzipped from Carbon Nanotube Sponges［J］. Adv Mater, 2014, 26（20）: 3241-3247.

[25] Mangala Joshi, Satyajit Brahma, Anasuya Roy, et al. Nano-calcium carbonate reinforced polypropylene and propylene-ethylene copolymer nanocomposites: Tensile vs. impact behavior［J］. Fibers Polym, 2017, 18（11）: 2161-2169.

［26］ Jun Zhang, Bing Han, NingLin Zhou, et al. Preparation and characterization of nano/micro-calcium carbonate particles/polypropylene composites [J]. J Appl Polym Sci, 2011, 119 (6): 3560-3565.

［27］ S D F Mihindukulasuriya, L T Lim. Nanotechnology development in food packaging: A review [J]. Trends Food Sci Technol, 2014, 40 (2): 149-167.

［28］ Prashant S Khobragade, D P Hansora, Jitendra B Naik, et al. Flame retarding performance of elastomeric nanocomposites: A review [J]. Polym Degrad Stab, 2016, 130: 194-244.

［29］ Lei Qiu, Yanshan Gao, Peng Lu, et al. Synthesis and properties of polypropylene/layered double hydroxide nanocomposites with different LDHs particle sizes [J]. J Appl Polym Sci, 2018, 135 (18): 1-12.

［30］ Xin Wang, Ehsan Naderi Kalali, JinTao Wan, et al. Carbon-family materials for flame retardant polymeric materials [J]. Prog Polym Sci, 2017, 69: 22-46.

［31］ Yi Zhu, Xianli Liu, Yali Hu, et al. Behavior, remediation effect and toxicity of nanomaterials in water environments [J]. Environ Res, 2019, 174: 54-60.

［32］ Petra Jackson, Nicklas Raun Jacobsen, Anders Baun, et al. Bioaccumulation and ecotoxicity of carbon nanotubes [J]. Chem Cent J, 2013, 7 (1): 154.

［33］ Yuan Ge, John H Priester, Monika Mortimer, et al. Long-Term Effects of Multiwalled Carbon Nanotubes and Graphene on Microbial Communities in Dry Soil [J]. Environ Sci Technol, 2016, 50 (7): 3965-3974.

［34］ Clarisse Liné, Camille Larue, Emmanuel Flahaut. Carbon nanotubes: Impacts and behaviour in the terrestrial ecosystem-A review [J]. Carbon, 2017, 123: 767-785.

［35］ Liujun Zhang, Changwei Hu, Weili Wang, et al. Acute toxicity of multi-walled carbon nanotubes, sodium pentachlorophenate, and their complex on earthworm Eisenia fetida [J]. Ecotoxicol Environ Saf, 2014, 103: 29-35.

［36］ H Lahiani Mohamed, Dervishi Enkeleda, Ivanov Ilia, et al. Comparative study of plant responses to carbon-based nanomaterials with different morphologies [J]. Nanotechnology, 2016, 27 (26): 265102.

［37］ Parvin Begum, Bunshi Fugetsu. Phytotoxicity of multi-walled carbon nanotubes on red spinach (Amaranthus tricolor L) and the role of ascorbic acid as an antioxidant [J]. J Hazard Mater, 2012, 243: 212-222.

［38］ Helmi Hamdi, Roberto De La Torre-Roche, Joseph Hawthorne, et al. Impact of non-functionalized and amino-functionalized multiwall carbon nanotubes on pesticide uptake by lettuce (Lactuca sativa L.) [J]. Nanotoxicology, 2015, 9 (2): 172-180.

［39］ Shigeru Yamada, Daiju Yamazaki, Yasunari Kanda. Silver nanoparticles inhibit neural induction in human induced pluripotent stem cells [J]. Nanotoxicology, 2018, 12 (8): 836-846.

［40］ E Haque, A C Ward. Zebrafish as a Model to Evaluate Nanoparticle Toxicity [J]. Nanomaterials, 2018, 8 (7): 1-18.

［41］ Chi Huang, Tian Xia, Junfeng Niu, et al. Transformation of ^{14}C-Labeled Graphene to ^{14}CO$_2$ in the Shoots of a Rice Plant [J]. Angew Chem Int Ed, 2018, 57 (31): 9759-9763.

［42］ A Sukhanova, S Bozrova, P Sokolov, et al. Dependence of Nanoparticle Toxicity on Their Physical and Chemical Properties [J]. Nanoscale Res Lett, 2018, 13: 44-65.

［43］ X Yao, B G Falzon, S C Hawkins, et al. Aligned carbon nanotube webs embedded in a composite laminate: A route towards a highly tunable electro-thermal system [J]. Carbon, 2018, 129: 486-494.

［44］ Kumar Varoon Agrawal, Steven Shimizu, Lee W Drahushuk, et al. Observation of extreme phase transition temperatures of water confined inside isolated carbon nanotubes [J]. Nat Nanotechnol, 2016, 12: 267.

［45］ Steliana Aldea, Mathias Snare, Kari Eranen, et al. Crystallization of Nano-Calcium Carbonate: The Influence of Process Parameters [J]. Chem Ing Tech, 2016, 88 (11): 1609-1616.

［46］ Wei Ye, Qianqian Chi, Han Zhou, et al. Ball-milling preparation of titanium/graphene composites and its enhanced hydrogen storage ability [J]. Int J Hydrogen Energy, 2018, 43 (41): 19164-19173.

［47］ Najme Ahmadi, Reza Poursalehi, Andrei Kirilyuk, et al. Effect of gold plasmonic shell on nonlinear optical characteristics and structure of iron based nanoparticles [J]. Appl Surf Sci, 2019, 479: 114-118.

［48］ Gopinath Kasi, Jongchul Seo. Influence of Mg doping on the structural, morphological, optical, thermal, and visible-light responsive antibacterial properties of ZnO nanoparticles synthesized via co-precipitation [J]. Mater Sci Eng, C, 2019, 98: 717-725.

［49］ Virginia Mututu, A K Sunitha, Riya Thomas, et al. An Investigation on Structural, Electrical and Optical properties of GO/ZnO Nanocomposite [J]. Int J Electrochem Sci, 2019, 14 (4): 3752-3763.

[50] Yanhui Hou, Huili Yuan, Hang Chen, et al. The preparation and lithium battery performance of core-shell SiO_2@ Fe_3O_4@C composite [J]. Ceram Int, 2017, 43 (14): 11505-11510.

[51] Pawan Kumar, Chetan Joshi, Alexandre Barras, et al. Core-shell structured reduced graphene oxide wrapped magnetically separable rGO@CuZnO@Fe_3O_4 microspheres as superior photocatalyst for CO_2 reduction under visible light [J]. Appl Catal, B, 2017, 205: 654-665.

[52] Yuanling Sun, Jianbo Li, Yanhui Wang, et al. A chemiluminescence biosensor based on the adsorption recognition function between Fe_3O_4@SiO_2@GO polymers and DNA for ultrasensitive detection of DNA [J]. Spectrochim Acta, Part A, 2017, 178: 1-7.

[53] Di Wang, Yun Tan, Huaxiu Xu, et al. A tough and fluorescent dual nanocomposite hydrogel based on SiO_2@TiO_2 core-shell nanoparticles [J]. Appl Surf Sci, 2019, 467-468: 588-595.

[54] Rijia Liu, Shuaiyong Dou, Meiqing Yu, et al. Oxidative desulfurization of fuel oil catalyzed by magnetically recoverable nano-Fe_3O_4/SiO_2 supported heteropoly compounds [J]. J Cleaner Prod, 2017, 168: 1048-1058.

[55] Gye Seok An, Jin Soon Han, Jae Rok Shin, et al. In situ synthesis of Fe_3O_4@SiO_2 core-shell nanoparticles via surface treatment [J]. Ceram Int, 2018, 44 (11): 12233-12237.

[56] Hao peng Feng, Lin Tang, Guang ming Zeng, et al. Core-shell nanomaterials: Applications in energy storage and conversion [J]. Adv Colloid Interface Sci, 2019, 267: 26-46.

[57] Gashaw Beyene, Teshome Senbeta, Belayneh Mesfin. Size dependent optical properties of ZnO@Ag core/shell nanostructures [J]. Chin J Phys, 2019, 58: 235-243.

[58] M V Kanani, Davit Dhruv, H K Rathod, et al. Investigations on structural, optical and electrical property of ZnO-CuO core-shell nano-composite [J]. Scr Mater, 2019, 165: 25-28.

[59] Haoliang Ping, Sufang Wu. Preparation of cage-like nano-$CaCO_3$ hollow spheres for enhanced CO_2 sorption [J]. RSC Adv, 2015, 5 (80): 65052-65057.

[60] Yangziwan Weng, Shanyue Guan, Li Wang, et al. Hollow carbon nanospheres derived from biomass by-product okara for imaging-guided photothermal therapy of cancers [J]. J Mater Chem B, 2019, 7 (11): 1920-1925.

[61] A Leszczyńska, J Njuguna, K Pielichowski, et al. Polymer/montmorillonite nanocomposites with improved thermal properties: Part Ⅰ. Factors influencing thermal stability and mechanisms of thermal stability improvement [J]. Thermochim Acta, 2007, 453 (2): 75-96.

[62] Murugasamy Kannan, Sabu Thomas, Kuruvilla Joseph. Flame-retardant properties of nanoclay-filled thermoplastic polyurethane/polypropylene nanocomposites [J]. J Vinyl Add Tech, 2017, 23: E72-E80.

[63] A H Korayem, N Tourani, M Zakertabrizi, et al. A review of dispersion of nanoparticles in cementitious matrices: Nanoparticle geometry perspective [J]. Constr Build Mater, 2017, 153: 346-357.

[64] Li Zhi Guan, Li Zhao, Yan Jun Wan, et al. Three-dimensional graphene-based polymer nanocomposites: preparation, properties and applications [J]. Nanoscale, 2018, 10 (31): 14788-14811.

[65] Pawan Kumar, Ki-Hyun Kim, Vasudha Bansal, et al. Nanostructured materials: A progressive assessment and future direction for energy device applications [J]. Coord Chem Rev, 2017, 353: 113-141.

[66] S S Batool, Z Imran, Safia Hassan, et al. Enhanced adsorptive removal of toxic dyes using SiO_2 nanofibers [J]. Solid State Sci, 2016, 55: 13-20.

[67] Vilas G Pol, G Wildermuth, J Felsche, et al. Sonochemical Deposition of Au Nanoparticles on Titania and the Significant Decrease in the Melting Point of Gold [J]. J Nanosci Nanotechnol, 2005, 5 (6): 975-979.

[68] 瞿金蓉, 胡明安, 陈敬中, 等. 纳米粒子的熔点与粒径的关系 [J]. 地球科学, 2005, 30 (2): 195-198.

[69] Jun Sun, Longbing He, YuChieh Lo, et al. Liquid-like pseudoelasticity of sub-10-nm crystalline silver particles [J]. Nat Mater, 2014, 13: 1007.

[70] FengHsi Huang, Chao-Ching Chang, Tai-Yueh Oyang, et al. Preparation of almost dispersant-free colloidal silica with superb dispersibility in organic solvents and monomers [J]. J Nanopart Res, 2011, 13 (9): 3885-3897.

[71] Long Jiang, Jinwen Zhang, Michael P Wolcott. Comparison of polylactide/nano-sized calcium carbonate and polylactide/montmorillonite composites: Reinforcing effects and toughening mechanisms [J]. Polymer, 2007, 48 (26): 7632-7644.

[72] Mahmoud A Sliem, Ahmed Youssef Salim, Gehad Genidy Mohamed. Photocatalytic degradation of anthracene in a-

queous dispersion of metal oxides nanoparticles: Effect of different parameters [J]. J Photochem Photobiol, A, 2019, 371: 327-335.

[73] Guoheng Yin, Xieyi Huang, Tianyuan Chen, et al. Hydrogenated Blue Titania for Efficient Solar to Chemical Conversions: Preparation, Characterization, and Reaction Mechanism of CO_2 Reduction [J]. ACS Catal, 2018, 8 (2): 1009-1017.

[74] Beata Szczepanik. Photocatalytic degradation of organic contaminants over clay-TiO_2 nanocomposites: A review [J]. Appl Clay Sci, 2017, 141: 227-239.

[75] N R Khalid, A Majid, M Bilal Tahir, et al. Carbonaceous-TiO_2 nanomaterials for photocatalytic degradation of pollutants: A review [J]. Ceram Int, 2017, 43 (17): 14552-14571.

[76] Gaurav K Upadhyay, Jeevitesh K Rajput, Trilok K Pathak, et al. Synthesis of ZnO: TiO_2 nanocomposites for photocatalyst application in visible light [J]. Vacuum, 2019, 160: 154-163.

[77] Mieko Takagi. Electron-Diffraction Study of Liquid-Solid Transition of Thin Metal Films [J]. J Phys Soc Jpn, 1954, 9 (3): 359-363.

[78] Kimberly Dick, T Dhanasekaran, Zhenyuan Zhang, et al. Size-Dependent Melting of Silica-Encapsulated Gold Nanoparticles [J]. J Am Chem Soc, 2002, 124 (10): 2312-2317.

[79] S L Lai, J Y Guo, V Petrova, et al. Size-Dependent Melting Properties of Small Tin Particles: Nanocalorimetric Measurements [J]. Phys Rev Lett, 1996, 77 (1): 99-102.

[80] W Liu, E Setijadi, L Crema, et al. Carbon nanostructures/Mg hybrid materials for hydrogen storage [J]. Diamond Relat Mater, 2018, 82: 19-24.

[81] R Akbarzadeh, M Ghaedi, S N Kokhdan, et al. Remarkably improved electrochemical hydrogen storage by multi-walled carbon nanotubes decorated with nanoporous bimetallic Fe-Ag/TiO_2 nanoparticles [J]. Dalton Trans, 2019, 48 (3): 898-907.

[82] Alexey G Klechikov, Guillaume Mercier, Pilar Merino, et al. Hydrogen storage in bulk graphene-related materials [J]. Microporous Mesoporous Mater, 2015, 210: 46-51.

[83] C Y Zhou, J A Szpunar. Hydrogen Storage Performance in Pd/Graphene Nanocomposites [J]. ACS Appl Mater Interfaces, 2016, 8 (39): 25933-25940.

[84] G L Xia, Y B Tan, F L Wu, et al. Graphene-wrapped reversible reaction for advanced hydrogen storage [J]. Nano Energy, 2016, 26: 488-495.

[85] Wei Dai, Bassem Kheireddin, Hong Gao, et al. Roles of nanoparticles in oil lubrication [J]. Tribol Int, 2016, 102: 88-98.

[86] Hongxing Wu, Xing Li, Xingliang He, et al. An investigation on the lubrication mechanism of MoS_2 nanoparticles in unidirectional and reciprocating sliding point contact: The flow pattern effect around contact area [J]. Tribol Int, 2018, 122: 38-45.

[87] Leander Reinert, Michael Varenberg, Frank Muecklich, et al. Dry friction and wear of self-lubricating carbon-nanotube-containing surfaces [J]. Wear, 2018, 406: 33-42.

[88] Bhavana Gupta, Kalpataru Panda, Niranjan Kumar, et al. Chemically grafted graphite nanosheets dispersed in poly (ethylene-glycol) by gamma-radiolysis for enhanced lubrication [J]. RSC Adv, 2015, 5 (66): 53766-53775.

[89] L Reinert, I Green, S Gimmler, et al. Tribological behavior of self-lubricating carbon nanoparticle reinforced metal matrix composites [J]. Wear, 2018, 408: 72-85.

[90] Hongxing Wu, Liping Wang, Blake Johnson, et al. Investigation on the lubrication advantages of MoS_2 nanosheets compared with ZDDP using block-on-ring tests [J]. Wear, 2018, 394: 40-49.

[91] Wenhui Yao, Kwang-Jin Bae, Myung Yung Jung, et al. Transparent, conductive, and superhydrophobic nanocomposite coatings on polymer substrate [J]. J Colloid Interface Sci, 2017, 506: 429-436.

[92] Kung-Chin Chang, Hsin-I Lu, Chih-Wei Peng, et al. Nanocasting Technique to Prepare Lotus-leaf-like Superhydrophobic Electroactive Polyimide as Advanced Anticorrosive Coatings [J]. ACS Appl Mater Interfaces, 2013, 5 (4): 1460-1467.

[93] Xu Deng, Lena Mammen, Hans-Jürgen Butt, et al. Candle Soot as a Template for a Transparent Robust Superamphiphobic Coating [J]. Science, 2012, 335 (6064): 67-70.

[94] Gang Wen, ZhiGuang Guo, Weimin Liu. Biomimetic polymeric superhydrophobic surfaces and nanostructures:

from fabrication to applications [J]. Nanoscale, 2017, 9 (10): 3338-3366.

[95] Sidra Sabir, Muhammad Arshad, Sunbal Khalil Chaudhari. Zinc oxide nanoparticles for revolutionizing agriculture: synthesis and applications [J]. TheScientificWorldJournal, 2014, 2014: 925494.

[96] Sanjeev K Sharma, Gajanan S Ghodake, Deuk Young Kim, et al. Synthesis and characterization of hybrid Ag-ZnO nanocomposite for the application of sensor selectivity [J]. Curr Appl Phys, 2018, 18 (4): 377-383.

[97] Sanjeev K Sharma, Narinder Kaur, Jasminder Singh, et al. Salen decorated nanostructured ZnO chemosensor for the detection of mercuric ions (Hg^{2+}) [J]. Sens Actuators, B, 2016, 232: 712-721.

[98] Deming Liu, Xiaoxue Xu, Yi Du, et al. Three-dimensional controlled growth of monodisperse sub-50nm heterogeneous nanocrystals [J]. Nat Commun, 2016, 7: 10254.

[99] Lining Sun, Ruoyan Wei, Jing Feng, et al. Tailored lanthanide-doped upconversion nanoparticles and their promising bioapplication prospects [J]. Coord Chem Rev, 2018, 364: 10-32.

[100] Pawan K Mishra, Harshita Mishra, Adam Ekielski, et al. Zinc oxide nanoparticles: a promising nanomaterial for biomedical applications [J]. Drug Discovery Today, 2017, 22 (12): 1825-1834.

[101] Khizar Hayat, M A Gondal, Mazen M Khaled, et al. Nano ZnO synthesis by modified sol gel method and its application in heterogeneous photocatalytic removal of phenol from water [J]. Appl Catal, A, 2011, 393 (1): 122-129.

[102] Mukta V Limaye, Shashi B Singh, Sadgopal K Date, et al. High Coercivity of Oleic Acid Capped CoFe$_2$O$_4$ Nanoparticles at Room Temperature [J]. J Phys Chem B, 2009, 113 (27): 9070-9076.

[103] Mukta V. Limaye, Shashi B. Singh, Raja Das, et al. Magnetic studies of SiO$_2$ coated CoFe$_2$O$_4$ nanoparticles [J]. J Magn Mater, 2017, 441: 683-690.

[104] Ying Zhang, Juanrong Chen, Hua Tang, et al. Hierarchically-structured SiO$_2$-Ag@TiO$_2$ hollow spheres with excellent photocatalytic activity and recyclability [J]. J Hazard Mater, 2018, 354: 17-26.

[105] Christophe Laurent, Emmanuel Flahaut, Alain Peigney, et al. Metal nanoparticles for the catalytic synthesis of carbon nanotubes [J]. New J Chem, 1998, 22 (11): 1229-1237.

[106] Marc Monthioux, Philippe Serp, Emmanuel Flahaut, et al. Introduction to Carbon Nanotubes [M]//BHUSHAN B. Springer Handbook of Nanotechnology. Berlin, Heidelberg: Springer Berlin Heidelberg. 2007: 43-112.

[107] Shaoqian Yin, Xuewei Zhang, Chen Xu, et al. Chemical vapor deposition growth of scalable monolayer polycrystalline graphene films with millimeter-sized domains [J]. Mater Lett, 2018, 215: 259-262.

[108] Q Zhang, Z N Wu, N Li, et al. Advanced review of graphene-based nanomaterials in drug delivery systems: Synthesis, modification, toxicity and application [J]. Mater Sci Eng C, 2017, 77: 1363-1375.

[109] Rong Tu, Yao Liang, Chitengfei Zhang, et al. Fast synthesis of high-quality large-area graphene by laser CVD [J]. Appl Surf Sci, 2018, 445: 204-210.

[110] Yingchao Yang, Weibing Chen, Emily Hacopian, et al. Unveil the Size-Dependent Mechanical Behaviors of Individual CNT/SiC Composite Nanofibers by In Situ Tensile Tests in SEM [J]. Small, 2016, 12 (33): 4486-4491.

[111] Peiying Liu, Tingting Yan, Liyi Shi, et al. Graphene-based materials for capacitive deionization [J]. J Mater Chem A, 2017, 5 (27): 13907-13943.

[112] Hui Wang, Liyi Shi, Tingting Yan, et al. Design of graphene-coated hollow mesoporous carbon spheres as high performance electrodes for capacitive deionization [J]. J Mater Chem A, 2014, 2 (13): 4739-4750.

[113] Bala Hari, Xuefeng Ding, Yiming Guo, et al. Multigram scale synthesis and characterization of monodispersed cubic calcium carbonate nanoparticles [J]. Mater Lett, 2006, 60 (12): 1515-1518.

[114] Yanfeng Ge, Wenning Shen, Xu Wang, et al. Synthesis and bactericidal action of Fe$_3$O$_4$/AgO bifunctional magnetic-bactericidal nanocomposite [J]. Colloids Surf, A, 2019, 563: 160-169.

[115] J G Duran-Guerrero, M A Martinez-Rodriguez, M A Garza-Navarro, et al. Magnetic nanofibrous materials based on CMC/PVA polymeric blends [J]. Carbohydr Polym, 2018, 200: 289-296.

[116] Ehsan Nourafkan, Maryam Asachi, Hui Gao, et al. Synthesis of stable iron oxide nanoparticle dispersions in high ionic media [J]. J Ind Eng Chem, 2017, 50: 57-71.

[117] Hongyun Niu, Yixuan Wang, Xiaole Zhang, et al. Easy Synthesis of Surface-Tunable Carbon-Encapsulated Magnetic Nanoparticles: Adsorbents for Selective Isolation and Preconcentration of Organic Pollutants [J]. ACS Appl Mater Interfaces, 2012, 4 (1): 286-295.

[118] Chao Luo, Zhang Tian, Bo Yang, et al. Manganese dioxide/iron oxide/acid oxidized multi-walled carbon nanotube magnetic nanocomposite for enhanced hexavalent chromium removal [J]. Chem Eng J, 2013, 234: 256-265.

[119] M T H Siddiqui, Sabzoi Nizamuddin, Humair Ahmed Baloch, et al. Fabrication of advance magnetic carbon nano-materials and their potential applications: A review [J]. J Environ Chem Eng, 2019, 7 (1): 1-11.

[120] Enqi Su, Wensheng Gao, Xinjun Hu, et al. Preparation of Ultrahigh Molecular Weight Polyethylene/Graphene Nanocomposite In situ Polymerization via Spherical and Sandwich Structure Graphene/SiO_2 Support [J]. Nanoscale Res Lett, 2018, 13 (1): 105.

[121] Onur Parlak, Anı İncel, Lokman Uzun, et al. Structuring Au nanoparticles on two-dimensional MoS_2 nanosheets for electrochemical glucose biosensors [J]. Biosens Bioelectron, 2017, 89: 545-550.

[122] Yi Shi, Jiong Wang, Chen Wang, et al. Hot Electron of Au Nanorods Activates the Electrocatalysis of Hydrogen Evolution on MoS_2 Nanosheets [J]. J Am Chem Soc, 2015, 137 (23): 7365-7370.

[123] Chen Li, Xiong Zhang, Kai Wang, et al. Scalable Self-Propagating High-Temperature Synthesis of Graphene for Supercapacitors with Superior Power Density and Cyclic Stability [J]. Adv Mater, 2017, 29 (7): 1604690.

[124] Nan Lu, Gang He, Jiaxi Liu, et al. Combustion synthesis of graphene for water treatment [J]. Ceram Int, 2018, 44 (2): 2463-2469.

[125] T V Surendra, Selvaraj Mohana Roopan, Naif Abdullah Al-Dhabi, et al. Vegetable Peel Waste for the Production of ZnO Nanoparticles and its Toxicological Efficiency, Antifungal, Hemolytic, and Antibacterial Activities [J]. Nanoscale Res Lett, 2016, 11 (1): 546.

[126] Sangeetha Gunalan, Rajeshwari Sivaraj, Venckatesh Rajendran. Green synthesized ZnO nanoparticles against bac-terial and fungal pathogens [J]. Prog Nat Sci-Mater, 2012, 22 (6): 693-700.

[127] Matthias Treier, Carlo Antonio Pignedoli, Teodoro Laino, et al. Surface-assisted cyclodehydrogenation provides a synthetic route towards easily processable and chemically tailored nanographenes [J]. Nat Chem, 2010, 3: 61.

[128] Jing Zhang, Zhiyuan Yang, Li Sun, et al. Preparation of bilayer graphene utilizing CuO as nucleation sites by CVD method [J]. J Mater Sci-Mater Electron, 2018, 29 (6): 4495-4502.

[129] S Kamrani, D Penther, A Ghasemi, et al. Microstructural characterization of Mg-SiC nanocomposite synthesized by high energy ball milling [J]. Adv Powder Technol, 2018, 29 (7): 1742-1748.

[130] Dacheng Zhang, Xiong Zhang, Xianzhong Sun, et al. High performance supercapacitor electrodes based on deoxy-genated graphite oxide by ball milling [J]. Electrochim Acta, 2013, 109: 874-880.

[131] Hongmei Ji, Song Hu, Zeyuan Jiang, et al. Directly scalable preparation of sandwiched MoS_2/graphene nanocom-posites via ball-milling with excellent electrochemical energy storage performance [J]. Electrochim Acta, 2019, 299: 143-151.

[132] Lu Li, Sanxu Pu, Yuhang Liu, et al. High-purity disperse α-Al_2O_3 nanoparticles synthesized by high-energy ball milling [J]. Adv Powder Technol, 2018, 29 (9): 2194-2203.

[133] Yusheng Liu, Shimou Chen, Lei Zhong, et al. Preparation of high-stable silver nanoparticle dispersion by using sodium alginate as a stabilizer under gamma radiation [J]. Radiat Phys Chem, 2009, 78 (4): 251-255.

[134] Archana Maurya, Pratima Chauhan. Synthesis and characterization of sol-gel derived PVA-titanium dioxide (TiO_2) nanocomposite [J]. Polym Bull, 2012, 68 (4): 961-972.

[135] D Papoulis. Halloysite based nanocomposites and photocatalysis: A Review [J]. Appl Clay Sci, 2019, 168: 164-174.

[136] Amirah Ahmad, Mohd Hasmizam Razali, Mazidah Mamat, et al. Adsorption of methyl orange by synthesized and functionalized-CNTs with 3-aminopropyltriethoxysilane loaded TiO_2 nanocomposites [J]. Chemosphere, 2017, 168: 474-482.

[137] Qi Zhou, Yong-Hui Zhong, Xing Chen, et al. Mesoporous anatase TiO_2/reduced graphene oxide nanocomposites: A simple template-free synthesis and their high photocatalytic performance [J]. Mater Res Bull, 2014, 51: 244-250.

[138] Xingye Zeng, Xinyan Xiao, Weiping Zhang, et al. Interfacial charge transfer and mechanisms of enhanced photoca-talysis of an anatase TiO_2(001)-MoS_2-graphene nanocomposite: A first-principles investigation [J]. Comput Mater Sci, 2017, 126: 43-51.

[139] Qin Li, Beidou Guo, Jiaguo Yu, et al. Highly efficient visible-light-driven photocatalytic hydrogen production of

CdS-cluster-decorated graphene nanosheets [J]. J Am Chem Soc, 2011, 133 (28): 10878-10884.

[140] Seokhoon Choi, Changyeon Kim, Jun Min Suh, et al. Reduced graphene oxide-based materials for electrochemical energy conversion reactions [J]. Carbon Energy, 2019: 1-24.

[141] Kaushik Kuche, Rahul Maheshwari, Vishakha Tambe, et al. Carbon nanotubes (CNTs) based advanced dermal therapeutics: current trends and future potential [J]. Nanoscale, 2018, 10 (19): 8911-8937.

[142] Nargis A. Chowdhury, Ahmed M. Al-Jumaily. Regenerated cellulose/polypyrrole/silver nanoparticles/ionic liquid composite films for potential wound healing applications [J]. Wound Medicine, 2016, 14: 16-18.

[143] Sathish Sundar Dhilip Kumar, Naresh Kumar Rajendran, Nicolette Nadene Houreld, et al. Recent advances on silver nanoparticle and biopolymer-based biomaterials for wound healing applications [J]. Int J Biol Macromol, 2018, 115: 165-175.

[144] Sneha Paul, Aiswarya Jayan, Changam Sheela Sasikumar. Physical, chemical and biological studies of gelatin/chitosan based transdermal films with embedded silver nanoparticles [J]. Asian Pacific Journal of Tropical Disease, 2015, 5 (12): 975-986.

[145] Vichayarat Rattanaruengsrikul, Nuttaporn Pimpha, Pitt Supaphol. In vitro efficacy and toxicology evaluation of silver nanoparticle-loaded gelatin hydrogel pads as antibacterial wound dressings [J]. J Appl Polym Sci, 2012, 124 (2): 1668-1682.

[146] Zhong Lu, Jingting Gao, Qingfeng He, et al. Enhanced antibacterial and wound healing activities of microporous chitosan-Ag/ZnO composite dressing [J]. Carbohydr Polym, 2017, 156: 460-469.

[147] Jian Wu, Yudong Zheng, Wenhui Song, et al. In situ synthesis of silver-nanoparticles/bacterial cellulose composites for slow-released antimicrobial wound dressing [J]. Carbohydr Polym, 2014, 102: 762-771.

[148] Partha Ghosh, Gang Han, Mrinmoy De, et al. Gold nanoparticles in delivery applications [J]. Adv Drug Delivery Rev, 2008, 60 (11): 1307-1315.

[149] Sohyoung Her, David A Jaffray, Christine Allen. Gold nanoparticles for applications in cancer radiotherapy: Mechanisms and recent advancements [J]. Adv Drug Delivery Rev, 2017, 109: 84-101.

[150] Habib Ghaznavi, Samira Hosseini-Nami, S Kamran Kamrava, et al. Folic acid conjugated PEG coated gold-iron oxide core-shell nanocomplex as a potential agent for targeted photothermal therapy of cancer [J]. Artif Cells Nanomed Biotechnol, 2018, 46 (8): 1594-1604.

[151] Xiaoming Liu, Huijuan Chen, Xiaodong Chen, et al. Low frequency heating of gold nanoparticle dispersions for non-invasive thermal therapies [J]. Nanoscale, 2012, 4 (13): 3945-3953.

[152] Jinjin Shi, Zhaoyang Chen, Lei Wang, et al. A tumor-specific cleavable nanosystem of PEG-modified C60@Au hybrid aggregates for radio frequency-controlled release, hyperthermia, photodynamic therapy and X-ray imaging [J]. Acta Biomater, 2016, 29: 282-297.

[153] Xiaoran Deng, Kai Li, Xuechao Cai, et al. A Hollow-Structured CuS@Cu$_2$S@Au Nanohybrid: Synergistically Enhanced Photothermal Efficiency and Photoswitchable Targeting Effect for Cancer Theranostics [J]. Adv Mater, 2017, 29 (36): 1701266.

[154] Monica Camerin, Michela Magaraggia, Marina Soncin, et al. The in vivo efficacy of phthalocyanine-nanoparticle conjugates for the photodynamic therapy of amelanotic melanoma [J]. Eur J Cancer, 2010, 46 (10): 1910-1918.

[155] Chiara Brazzale, Roberto Canaparo, Luisa Racca, et al. Enhanced selective sonosensitizing efficacy of ultrasound-based anticancer treatment by targeted gold nanoparticles [J]. Nanomedicine, 2016, 11 (23): 3053-3070.

[156] Yanjing Yang, Shian Zhong, Kemin Wang, et al. Gold nanoparticle based fluorescent oligonucleotide probes for imaging and therapy in living systems [J]. Analyst, 2019, 144 (4): 1052-1072.

[157] Jaber Beik, Maziar Khateri, Zohreh Khosravi, et al. Gold nanoparticles in combinatorial cancer therapy strategies [J]. Coord Chem Rev, 2019, 387: 299-324.

[158] Wenpei Fan, Bryant Yung, Peng Huang, et al. Nanotechnology for Multimodal Synergistic Cancer Therapy [J]. Chem Rev, 2017, 117 (22): 13566-13638.

[159] Huanjun Chen, Xiaoshan Kou, Zhi Yang, et al. Shape- and Size-Dependent Refractive Index Sensitivity of Gold Nanoparticles [J]. Langmuir, 2008, 24 (10): 5233-5237.

[160] Yongfeng Zhao, Deborah Sultan, Lisa Detering, et al. Facile synthesis, pharmacokinetic and systemic clearance evaluation, and positron emission tomography cancer imaging of ^{64}Cu-Au alloy nanoclusters [J]. Nanoscale, 2014,

6 (22): 13501-13509.

[161] Steven D Perrault, Carl Walkey, Travis Jennings, et al. Mediating Tumor Targeting Efficiency of Nanoparticles Through Design [J]. Nano Lett, 2009, 9 (5): 1909-1915.

[162] Leo Y T Chou, Warren C W Chan. Fluorescence-Tagged Gold Nanoparticles for Rapidly Characterizing the Size-Dependent Biodistribution in Tumor Models [J]. Adv Healthcare Mater, 2012, 1 (6): 714-721.

[163] Rakesh K Jain, Triantafyllos Stylianopoulos. Delivering nanomedicine to solid tumors [J]. Nat Rev Clin Oncol, 2010, 7: 653-664.

[164] Kebede K Kefeni, Bhekie B Mamba, Titus A M Msagati. Application of spinel ferrite nanoparticles in water and wastewater treatment: A review [J]. Sep Purif Technol, 2017, 188: 399-422.

[165] Kamyar Khoshnevisan, Faezeh Vakhshiteh, Mohammad Barkhi, et al. Immobilization of cellulase enzyme onto magnetic nanoparticles: Applications and recent advances [J]. Molecular Catalysis, 2017, 442: 66-73.

[166] Lavanya Khanna, N K Verma, S K Tripathi. Burgeoning tool of biomedical applications-Superparamagnetic nanoparticles [J]. J Alloys Compd, 2018, 752: 332-353.

[167] JinYun Liu, XueXue Li, JiaRui Huang, et al. Three-dimensional graphene-based nanocomposites for high energy density Li-ion batteries [J]. J Mater Chem A, 2017, 5 (13): 5977-5994.

[168] Sonali Das, Mohammad Jobayer Hossain, Siu-Fung Leung, et al. A leaf-inspired photon management scheme using optically tuned bilayer nanoparticles for ultra-thin and highly efficient photovoltaic devices [J]. Nano Energy, 2019, 58: 47-56.

[169] Song Jiang, PengXiang Hou, MaoLin Chen, et al. Ultrahigh-performance transparent conductive films of carbon-welded isolated single-wall carbon nanotubes [M]. 2018.

[170] Maher F El-Kady, Yuanlong Shao, Richard B Kaner. Graphene for batteries, supercapacitors and beyond [J]. Nat Rev Mater, 2016, 1 (7): 16033.

[171] Ankita Sinha, Dhanjai, Bing Tan, et al. MoS_2 nanostructures for electrochemical sensing of multidisciplinary targets: A review [J]. Trends Anal Chem, 2018, 102: 75-90.

[172] Hai Hu, Xiaoxia Yang, Xiangdong Guo, et al. Gas identification with graphene plasmons [J]. Nat Commun, 2019, 10 (1): 1131-1137.

[173] Xiaoru Wen, Dengsong Zhang, Tingting Yan, et al. Three-dimensional graphene-based hierarchically porous carbon composites prepared by a dual-template strategy for capacitive deionization [J]. J Mater Chem A, 2013, 1 (39): 12334-12344.

[174] Yanbing Yang, Xiangdong Yang, Ling Liang, et al. Large-area graphene-nanomesh/carbon-nanotube hybrid membranes for ionic and molecular nanofiltration [J]. Science, 2019, 364 (6445): 1057-1062.

[175] Shalini Rajput, Charles U Pittman, Dinesh Mohan. Magnetic magnetite (Fe_3O_4) nanoparticle synthesis and applications for lead (Pb^{2+}) and chromium (Cr^{6+}) removal from water [J]. J Colloid Interface Sci, 2016, 468: 334-346.

[176] Junxia Peng, Qingxia Liu, Zhenghe Xu, et al. Novel Magnetic Demulsifier for Water Removal from Diluted Bitumen Emulsion [J]. Energy Fuels, 2012, 26 (5): 2705-2710.

[177] Haiyan Xu, Weihong Jia, Sili Ren, et al. Magnetically responsive multi-wall carbon nanotubes as recyclable demulsifier for oil removal from crude oil-in-water emulsion with different pH levels [J]. Carbon, 2019, 145: 229-239.

[178] Juan Liu, Huanjiang Wang, Xiaocheng Li, et al. Recyclable magnetic graphene oxide for rapid and efficient demulsification of crude oil-in-water emulsion [J]. Fuel, 2017, 189: 79-87.

[179] Hooman Abbasi, Marcelo Antunes, José Ignacio Velasco. Recent advances in carbon-based polymer nanocomposites for electromagnetic interference shielding [J]. Prog Mater Sci, 2019, 103: 319-373.

[180] Nature Nanotechnology. The graphene times [J]. Nat Nanotechnol, 2019, 14 (10): 903-903.

[181] L J Chen, J Liu, Y L Zhang, et al. The toxicity of silica nanoparticles to the immune system [J]. Nanomedicine, 2018, 13 (15): 1939-1962.

[182] Shadpour Mallakpour, Mina Naghdi. Polymer/SiO_2 nanocomposites: Production and applications [J]. Prog Mater Sci, 2018, 97: 409-447.

[183] S M El-Sheikh, S El-Sherbiny, A Barhoum, et al. Effects of cationic surfactant during the precipitation of calcium

carbonate nano-particles on their size, morphology, and other characteristics [J]. Colloids Surf, A, 2013, 422: 44-49.

[184] Yash Boyjoo, Vishnu K Pareek, Jian Liu. Synthesis of micro and nano-sized calcium carbonate particles and their applications [J]. J Mater Chem A, 2014, 2 (35): 14270-14288.

[185] Wanying Sun, Jie Shi, Cheng Chen, et al. A review on organic-inorganic hybrid nanocomposite membranes: a versatile tool to overcome the barriers of forward osmosis [J]. RSC Adv, 2018, 8 (18): 10040-10056.

[186] Su Wu, Peiqiang Lan. Method for preparing a nano-calcium carbonate slurry from waste gypsum as calcium source, the product and use thereof [P]. 2014.

[187] Shang Qing Lu, Pei Qiang Lan, Su Fang Wu. Preparation of Nano-CaCO₃ from Phosphogypsum by Gas-Liquid-Solid Reaction for CO₂ Sorption [J]. Ind Eng Chem Res, 2016, 55 (38): 10172-10177.

[188] Mosab Kaseem, Kotiba Hamad, Young Gun Ko. Fabrication and materials properties of polystyrene/carbon nano-tube (PS/CNT) composites: A review [J]. Eur Polym J, 2016, 79: 36-62.

[189] Zdenko Spitalsky, Dimitrios Tasis, Konstantinos Papagelis, et al. Carbon nanotube-polymer composites: Chemistry, processing, mechanical and electrical properties [J]. Prog Polym Sci, 2010, 35 (3): 357-401.

[190] Ashraful Alam, Yongjun Zhang, Hsu-Chiang Kuan, et al. Polymer composite hydrogels containing carbon nano-materials—Morphology and mechanical and functional performance [J]. Prog Polym Sci, 2018, 77: 1-18.

[191] Yunxiang Bai, Rufan Zhang, Xuan Ye, et al. Carbon nanotube bundles with tensile strength over 80 GPa [J]. Nat Nanotechnol, 2018, 13 (7): 589-595.

[192] International Organization for Standardization (ISO). In Nanotech-nologies-Vocabulary-Part13: Graphene and Related Two-Dimen-sional (2D) Materials [S]. BSI Standards Publication: London, UK, 2017.

[193] P H Tan, W P Han, W J Zhao, et al. The shear mode of multilayer graphene [J]. Nat Mater, 2012, 11: 294.

[194] 中国国家标准化管理委员会. GB/T 30544.13—2018 纳米科技术语第 13 部分: 石墨烯及相关二维材料 [S]. 北京: 中国标准出版社, 2018.

[195] Hannes C Schniepp, Je-Luen Li, Michael J McAllister, et al. Functionalized Single Graphene Sheets Derived from Splitting Graphite Oxide [J]. J Phys Chem B, 2006, 110 (17): 8535-8539.

[196] Yongfang Yang, Yulei Xie, Lichuan Pang, et al. Preparation of Reduced Graphene Oxide/Poly (acrylamide) Nanocomposite and Its Adsorption of Pb(Ⅱ) and Methylene Blue [J]. Langmuir, 2013, 29 (34): 10727-10736.

[197] Tapas Kuilla, Sambhu Bhadra, Dahu Yao, et al. Recent advances in graphene based polymer composites [J]. Prog Polym Sci, 2010, 35 (11): 1350-1375.

[198] A K Geim, K S Novoselov. The rise of graphene [J]. Nat Mater, 2007, 6: 183.

[199] Yuxi Xu, Kaixuan Sheng, Chun Li, et al. Self-Assembled Graphene Hydrogel via a One-Step Hydrothermal Process [J]. ACS Nano, 2010, 4 (7): 4324-4330.

[200] Rohit Sharma, Vikas Mahto, Hari Vuthaluru. Synthesis of PMMA/modified graphene oxide nanocomposite pour point depressant and its effect on the flow properties of Indian waxy crude oil [J]. Fuel, 2019, 235: 1245-1259.

[201] Alison Y W Sham, Shannon M Notley. A review of fundamental properties and applications of polymer-graphene hybrid materials [J]. Soft Matter, 2013, 9 (29): 6645-6653.

[202] Yan Jun Wan, Long Cheng Tang, Dong Yan, et al. Improved dispersion and interface in the graphene/epoxy composites via a facile surfactant-assisted process [J]. Compos Sci Technol, 2013, 82: 60-68.

[203] Terrance Barkan. Graphene: the hype versus commercial reality [J]. Nat Nanotechnol, 2019, 14 (10): 904-906.

[204] Li Lin, Hailin Peng, Zhongfan Liu. Synthesis challenges for graphene industry [J]. Nat Mater, 2019, 18 (6): 520-524.

[205] Wei Kong, Hyun Kum, Sang-Hoon Bae, et al. Path towards graphene commercialization from lab to market [J]. Nat Nanotechnol, 2019, 14 (10): 927-938.

[206] Caibao Chen, Jing Li, Run Li, et al. Synthesis of superior dispersions of reduced graphene oxide [J]. New J Chem, 2013, 37 (9): 2778-2783.

[207] Harshal P Mungse, Kanika Gupta, Raghuvir Singh, et al. Alkylated graphene oxide and reduced graphene oxide: Grafting density, dispersion stability to enhancement of lubrication properties [J]. J Colloid Interface Sci, 2019, 541: 150-162.

[208] Xin Gao, Huibiao Liu, Dan Wang, et al. Graphdiyne: synthesis, properties, and applications [J]. Chem Soc

Rev, 2019, 48 (3): 908-936.

[209] Nailiang Yang. Photocatalytic Properties of Graphdiyne and Graphene Modified TiO₂: From Theory to Experiment [M]. The Preparation of Nano Composites and Their Applications in Solar Energy Conversion. Berlin, Heidelberg: Springer Berlin Heidelberg. 2017: 93-110.

[210] J Kang, Z M Wei, J B Li. Graphyne and Its Family: Recent Theoretical Advances [J]. ACS Appl Mater Interfaces, 2019, 11 (3): 2692-2706.

[211] Chong Li, Jingbo Li, Fengmin Wu, et al. High Capacity Hydrogen Storage in Ca Decorated Graphyne: A First-Principles Study [J]. J Phys Chem C, 2011, 115 (46): 23221-23225.

[212] Enzuo Liu, Yan Gao, Naiqin Zhao, et al. Adsorption of hydrogen atoms on graphene with TiO₂ decoration [J]. J Appl Phys, 2013, 113 (15): 153708.

[213] Yanhua Guo, Kun Jiang, Bo Xu, et al. Remarkable Hydrogen Storage Capacity In Li-Decorated Graphyne: Theoretical Predication [J]. J Phys Chem C, 2012, 116 (26): 13837-13841.

[214] Hu Qiu, Minmin Xue, Chun Shen, et al. Graphynes for Water Desalination and Gas Separation [J]. Adv Mater, 2019, 1803772.

[215] Jingkun Jiang, Gunter Oberdorster, Pratim Biswas. Characterization of size, surface charge, and agglomeration state of nanoparticle dispersions for toxicological studies [J]. J Nanopart Res, 2009, 11 (1): 77-89.

[216] Jie Ding, Junnan Shangguan, Weihua Ma, et al. Foaming behavior of microcellular foam polypropylene/modified nano calcium carbonate composites [J]. J Appl Polym Sci, 2013, 128 (6): 3639-3651.

[217] Y L Liang, R A Pearson. Toughening mechanisms in epoxy-silica nanocomposites (ESNs) [J]. Polymer, 2009, 50 (20): 4895-4905.

[218] 曾戎, 容敏智, 章明秋, 等. 纳米银粒子/有机溶剂的界面作用、分散性及光学性能 [J]. 材料研究学报, 2000, 5: 475-480.

[219] 芦永红, 吴瑞, 周泉竹, 等. 石墨烯量子点在化学溶剂中的分散性能研究 [J]. 化工新型材料, 2018, 46 (06): 202-205.

[220] Yongbin Yan, Longhai Piao, Sang-Ho Kim, et al. Effect of Pluronic block copolymers on aqueous dispersions of graphene oxide [J]. RSC Adv, 2015, 5 (50): 40199-40204.

[221] Sheng Zhen Zu, Bao Hang Han. Aqueous Dispersion of Graphene Sheets Stabilized by Pluronic Copolymers: Formation of Supramolecular Hydrogel [J]. J Phys Chem C, 2009, 113 (31): 13651-13657.

[222] Aolin Ye, Songjie Wang, Qian Zhao, et al. Poly (ethylene oxide) -promoted dispersion of graphene nanoplatelets and its effect on the properties of poly (lactic acid) /poly (butylene adipate-co-terephthalate) based nanocomposites [J]. Mater Lett, 2019, 253: 34-37.

[223] Xintao Zhang, Shizhen Wang, Jianxun Qiu, et al. Dispersion of Graphene Oxide in Polyvinylidene Difluoride and Its Improvement of Photoresponse Properties of Nanocomposite [J]. Adv Funct Mater, 2018, 805-815.

[224] J I Paredes, S Villar Rodil, A Martinez Alonso, et al. Graphene oxide dispersions in organic solvents [J]. Langmuir, 2008, 24 (19): 10560-10564.

[225] ChihJen Shih, Shangchao Lin, Michael S Strano, et al. Understanding the Stabilization of Liquid-Phase-Exfoliated Graphene in Polar Solvents: Molecular Dynamics Simulations and Kinetic Theory of Colloid Aggregation [J]. J Am Chem Soc, 2010, 132 (41): 14638-14648.

[226] Prerna Bansal, Ajay Singh Panwar, Dhirendra Bahadur. Molecular-Level Insights into the Stability of Aqueous Graphene Oxide Dispersions [J]. J Phys Chem C, 2017, 121 (18): 9847-9859.

[227] 路菊. 不同制样溶剂及基底对纳米银线扫描电镜观测效果的影响 [J]. 第三军医大学学报, 2015, 9 (37): 934-935.

[228] Samaneh Rezaee, Khalil Ranjbar, A R Kiasat. The effect of surfactant on the sol-gel synthesis of alumina-zirconia nanopowders [J]. Ceram Int, 2018, 44 (16): 19963-19969.

[229] Ji Xiong, Sujian Xiong, Zhixing Guo, et al. Ultrasonic dispersion of nano TiC powders aided by Tween 80 addition [J]. Ceram Int, 2012, 38 (3): 1815-1821.

[230] Richa Rastogi, Rahul Kaushal, S K Tripathi, et al. Comparative study of carbon nanotube dispersion using surfactants [J]. J Colloid Interface Sci, 2008, 328 (2): 421-428.

[231] Xiaoran Zhang, Kaihong Song, Junfeng Liu, et al. Sorption of triclosan by carbon nanotubes in dispersion: The

importance of dispersing properties using different surfactants [J]. Colloids Surf，A，2019，562：280-288.

[232] Qian Gao，Weixiao Chen，Yin Chen，et al. Surfactant removal with multiwalled carbon nanotubes [J]. Water Res，2016，106：531-538.

[233] Soheila Javadian，Ali Motaee，Maryam Sharifi，et al. Dispersion stability of multi-walled carbon nanotubes in catanionic surfactant mixtures [J]. Colloids Surf，A，2017，531：141-149.

[234] K Anand，Siby Varghese. Role of surfactants on the stability of nano-zinc oxide dispersions [J]. Part Sci Technol，2017，35 (1)：67-70.

[235] RuiJun Gao，Yan Yao，Hao Wu，et al. Effect of amphoteric dispersant on the dispersion properties of nano-SiO$_2$ particles [J]. J Appl Polym Sci，2017，134 (29)：1-8.

[236] Md Elias Uddin，Tapas Kuila，Ganesh Chandra Nayak，et al. Effects of various surfactants on the dispersion stability and electrical conductivity of surface modified graphene [J]. J Alloys Compd，2013，562：134-142.

[237] Faezeh Azhari，Nemkumar Banthia. Cement-based sensors with carbon fibers and carbon nanotubes for piezoresistive sensing [J]. Cem Concr Compos，2012，34 (7)：866-873.

[238] 刘吉延，孙晓峰，邱骥，等. 纳米 SiO$_2$ 水中分散性能的影响因素研究 [J]. 硅酸盐通报，2010，29 (06)：1447-1450.

[239] Sven Pegel，Petra Poetschke，Gudrun Petzold，et al. Dispersion，agglomeration，and network formation of multi-walled carbon nanotubes in polycarbonate melts [J]. Polymer，2008，49 (4)：974-984.

[240] Dan Li，Marc B Mueller，Scott Gilje，et al. Processable aqueous dispersions of graphene nanosheets [J]. Nat Nanotechnol，2008，3 (2)：101-105.

[241] Bharathi Konkena，Sukumaran Vasudevan. Understanding Aqueous Dispersibility of Graphene Oxide and Reduced Graphene Oxide through pKa Measurements [J]. J Phys Chem Lett，2012，3 (7)：867-872.

[242] Meng Wang，Yang Niu，Jihan Zhou，et al. The dispersion and aggregation of graphene oxide in aqueous media [J]. Nanoscale，2016，8 (30)：14587-14592.

[243] Wenlong Yang，Jie Wang，Ming Li，et al. Aggregation level and interfacial interactions of nano-Sb$_2$O$_3$/PBT composites：effect of high energy ball milling and amount of the nanofiller [J]. Compos Interfaces，2019，26 (5)：449-463.

[244] Jiajie Liang，Yi Huang，Long Zhang，et al. Molecular-Level Dispersion of Graphene into Poly (vinyl alcohol) and Effective Reinforcement of their Nanocomposites [J]. Adv Funct Mater，2009，19 (14)：2297-2302.

[245] Daoyang Han，Hui Mei，Shanshan Xiao，et al. A review on the processing technologies of carbon nanotube/silicon carbide composites [J]. J Eur Ceram Soc，2018，38 (11)：3695-3708.

[246] Ashraful Alam，Chaoying Wan，Tony McNally. Surface amination of carbon nanoparticles for modification of epoxy resins：plasma-treatment vs. wet-chemistry approach [J]. Eur Polym J，2017，87：422-448.

[247] Chuanjin Huang，Qunfeng Cheng. Learning from nacre：Constructing polymer nanocomposites [J]. Compos Sci Technol，2017，150：141-166.

[248] Yanfeng Jiang，Hao Song，Rui Xu. Research on the dispersion of carbon nanotubes by ultrasonic oscillation，surfactant and centrifugation respectively and fiscal policies for its industrial development [J]. Ultrason Sonochem，2018，48：30-38.

[249] Shaohui Liu，Jiao Wang，Haoshan Hao，et al. Discharged energy density and efficiency of nanocomposites based on poly (vinylidene fluoride) and core-shell structured BaTiO$_3$ @ Al$_2$O$_3$ nanoparticles [J]. Ceram Int，2018，44 (18)：22850-22855.

[250] Toby Sainsbury，Sam Gnaniah，Steve J Spencer，et al. Extreme mechanical reinforcement in graphene oxide based thin-film nanocomposites via covalently tailored nanofiller matrix compatibilization [J]. Carbon，2017，114：367-376.

[251] Xiuying Qiao，Mingyu Na，Ping Gao，et al. Halloysite nanotubes reinforced ultrahigh molecular weight polyethylene nanocomposite films with different filler concentration and modification [J]. Polym Test，2017，57：133-140.

[252] Shifeng Hou，Shujun Su，Marc L Kasner，et al. Formation of highly stable dispersions of silane-functionalized reduced graphene oxide [J]. Chem Phys Lett，2010，501 (1)：68-74.

[253] Wenlong Yang，Jianlin Xu，Lei Niu，et al. Dispersion stability of nano-Sb$_2$O$_3$ particles modified with polyethylene glycol [J]. Part Sci Technol，2018，36 (7)：844-849.

[254] Koichi Suematsu, Masashi Arimura, Naoyuki Uchiyama, et al. Transparent BaTiO₃/PMMA Nanocomposite Films for Display Technologies: Facile Surface Modification Approach for BaTiO₃ Nanoparticles [J]. ACS Appl Nano Mater, 2018, 1 (5): 2430-2437.

[255] C Lü, Y Cheng, Y Liu, et al. A Facile Route to ZnS-Polymer Nanocomposite Optical Materials with High Nanophase Content via γ-Ray Irradiation Initiated Bulk Polymerization [J]. Adv Mater, 2006, 18 (9): 1188-1192.

[256] H Althues, P Simon, F Philipp, et al. Integration of Zinc Oxide Nanoparticles into Transparent Poly (butanediol-monoacrylate) via Photopolymerisation [J]. J Nanosci Nanotechnol, 2006, 6 (2): 409-413.

[257] Chieh Ming Tsai, Sheng Hao Hsu, Chun Chih Ho, et al. High refractive index transparent nanocomposites prepared by in situ polymerization [J]. J Mater Chem C, 2014, 2 (12): 2251-2258.

[258] Fan Zhang, Hongchang Qian, Luntao Wang, et al. Superhydrophobic carbon nanotubes/epoxy nanocomposite coating by facile one-step spraying [J]. Surf Coat Technol, 2018, 341: 15-23.

[259] Wei Wu, Taobo He, Jian feng Chen, et al. Study on in situ preparation of nano calcium carbonate/PMMA composite particles [J]. Mater Lett, 2006, 60 (19): 2410-2415.

[260] Dorel Feldman. Poly (vinyl chloride) nanocomposites [J]. J Macromol Sci Part A Pure Appl Chem, 2014, 51 (8): 659-667.

[261] Gulsen Albayrak Ari, Ismail Aydin. A study on fusion and rheological behaviors of PVC/SiO₂ microcomposites and nanocomposites: The effects of SiO₂ particle size [J]. Polym Eng Sci, 2011, 51 (8): 1574-1579.

[262] Mustafa Y Haddad, Hamad F Alharbi. Enhancement of heavy metal ion adsorption using electrospun polyacrylonitrile nanofibers loaded with ZnO nanoparticles [J]. J Appl Polym Sci, 2019, 136 (11): 47209.

[263] Yinghui Zhou, Liang Lei, Bo Yang, et al. Preparation and characterization of polylactic acid (PLA) carbon nanotube nanocomposites [J]. Polym Test, 2018, 68: 34-38.

[264] Majid Kiaei, Behzad Kord, Ahmad Samariha, et al. Mechanical, flammability, and morphological properties of nano-composite plastic based on hardwood flour high-density polyethylene embedding by nano-zinc oxide [J]. BioResources, 2017, 12 (3): 6518-6528.

[265] Mingrui Liu, Hammad Younes, Haiping Hong, et al. Polymer nanocomposites with improved mechanical and thermal properties by magnetically aligned carbon nanotubes [J]. Polymer, 2019, 166: 81-87.

[266] M M Abutalib. Insights into the structural, optical, thermal, dielectric, and electrical properties of PMMA/PANI loaded with graphene oxide nanoparticles [J]. Physica B, 2019, 552: 19-29.

[267] Carlo Naddeo, Luigi Vertuccio, Giuseppina Barra, et al. Nano-charged polypropylene application: Realistic perspectives for enhancing durability [J]. Materials, 2017, 10 (8): 943-965.

[268] Dimitrios G Papageorgiou, Eleftheria Roumeli, Zoe Terzopoulou, et al. Polycaprolactone/multi-wall carbon nanotube nanocomposites prepared by in situ ring opening polymerization: Decomposition profiling using thermogravimetric analysis and analytical pyrolysis-gas chromatography/mass spectrometry [J]. J Anal Appl Pyrolysis, 2015, 115: 125-131.

[269] Zoe Terzopoulou, Dimitrios N Bikiaris, Konstantinos S Triantafyllidis, et al. Mechanical, thermal and decomposition behavior of poly (ε-caprolactone) nanocomposites with clay-supported carbon nanotube hybrids [J]. Thermochim Acta, 2016, 642: 67-80.

[270] Quanxiao Dong, Chong Gao, Yanfen Ding, et al. A polycarbonate/magnesium oxide nanocomposite with high flame retardancy [J]. J Appl Polym Sci, 2012, 123 (2): 1085-1093.

[271] Haiming Liu, Rui Wang, Xi Xu. Static and dynamic mechanical properties of flame-retardant copolyester/nano-ZnCO₃ Composites [J]. J Appl Polym Sci, 2011, 121 (6): 3131-3136.

[272] D X Peng, Y Kang, R M Hwang, et al. Tribological properties of diamond and SiO₂ nanoparticles added in paraffin [J]. Tribol Int, 2009, 42 (6): 911-917.

[273] Imran Ali, Al Arsh Basheer, Anastasia Kucherova, et al. Advances in carbon nanomaterials as lubricants modifiers [J]. J Mol Liq, 2019, 279: 251-266.

[274] Jakob Schiøtz, Karsten W Jacobsen. A Maximum in the Strength of Nanocrystalline Copper [J]. Science, 2003, 301 (5638): 1357-1359.

[275] G J Fan, H Choo, P K Liaw, et al. A model for the inverse Hall-Petch relation of nanocrystalline materials [J].

Mater Sci Eng, A, 2005, 409 (1): 243-248.

[276] Seung Hoon Jhi, Steven G Louie, Marvin L Cohen, et al. Vacancy Hardening and Softening in Transition Metal Carbides and Nitrides [J]. Phys Rev Lett, 2001, 86 (15): 3348-3351.

[277] Nicola M Pugno. Young's modulus reduction of defective nanotubes [J]. Appl Phys Lett, 2007, 90 (4): 1-3.

[278] Yaoyu Jiao, Sizhe Liu, Yulong Sun, et al. Bioinspired Surface Functionalization of Nanodiamonds for Enhanced Lubrication [J]. Langmuir, 2018, 34 (41): 12436-12444.

[279] Bhavana Gupta, Niranjan Kumar, Kalpataru Panda, et al. Effective Noncovalent Functionalization of Poly (ethylene glycol) to Reduced Graphene Oxide Nanosheets through gamma-Radiolysis for Enhanced Lubrication [J]. J Phys Chem C, 2016, 120 (4): 2139-2148.

[280] Isabel Claveria, Daniel Elduque, Aleida Lostale, et al. Analysis of self-lubrication enhancement via PA66 strategies: Texturing and nano-reinforcement with ZrO_2 and graphene [J]. Tribol Int, 2019, 131: 332-342.

[281] M Arab, S P H Marashi. Graphene Nanoplatelet (GNP) -Incorporated AZ31 Magnesium Nanocomposite: Microstructural, Mechanical and Tribological Properties [J]. Tribol Lett, 2018, 66 (4): 1-11.

[282] Jiraporn Nomai, Alois K Schlarb. Effects of nanoparticle size and concentration on optical, toughness, and thermal properties of polycarbonate [J]. J Appl Polym Sci, 2019, 136 (23): 1-7.

[283] Naziha Suliman Alghunaim, H M Alhusaiki-Alghamdi. Role of ZnO nanoparticles on the structural, optical and dielectric properties of PVP/PC blend [J]. Physica B, 2019, 560: 185-190.

[284] Wissal Jilani, Najla Fourati, Chouki Zerrouki, et al. Optical, Dielectric Properties and Energy Storage Efficiency of ZnO/Epoxy Nanocomposites [J]. J Inorg Organomet Polym Mater, 2019, 29 (2): 456-464.

[285] Byeongmoon Jeong, Sung Wan Kim, You Han Bae. Thermosensitive sol-gel reversible hydrogels [J]. Adv Drug Delivery Rev, 2012, 64: 154-162.

[286] Shasha Hao, Tao Lin, Shaohuan Ning, et al. Research on cracking of SiO_2 nanofilms prepared by the sol-gel method [J]. Mater Sci Semicond Process, 2019, 91: 181-187.

[287] Zhouyuan Li, Hui Xu, Datong Wu, et al. Electrochemical Chiral Recognition of Tryptophan Isomers Based on Nonionic Surfactant-Assisted Molecular Imprinting Sol-Gel Silica [J]. ACS Appl Mater Interfaces, 2019, 11: 2840-2848.

[288] Madhumita Bhaumik, Taile Yvonne Leswifi, Arjun Maity, et al. Removal of fluoride from aqueous solution by polypyrrole/Fe_3O_4 magnetic nanocomposite [J]. J Hazard Mater, 2011, 186 (1): 150-159.

[289] Yang Si, Jianyong Yu, Xiaomin Tang, et al. Ultralight nanofibre-assembled cellular aerogels with superelasticity and multifunctionality [J]. Nat Commun, 2014, 5: 1-9.

[290] Jinfeng Sun, Kai Xu, Chaoqi Shi, et al. Influence of core/shell TiO_2@SiO_2 nanoparticles on cement hydration [J]. Constr Build Mater, 2017, 156: 114-122.

[291] Jun Wang, Ying Guo, Wei Yu, et al. Linear and nonlinear viscoelasticity of polymer/silica nanocomposites: an understanding from modulus decomposition [J]. Rheol Acta, 2016, 55 (1): 37-50.

[292] Chao Ching Chang, Jo Hui Lin, Liao Ping Cheng. Preparation of solvent-dispersible nano-silica powder by sol-gel method [J]. Journal of Applied Science and Engineering, 2016, 19 (4): 401-408.

[293] 李仲伟. 聚合物驱原油破乳剂的研究及应用 [D]. 山东大学, 2017.

[294] Ryo Tamaki, Yoshiki Chujo. Synthesis of Polystyrene and Silica Gel Polymer Hybrids Utilizing Ionic Interactions [J]. Chem Mater, 1999, 11 (7): 1719-1726.

[295] Ryo Tamaki, Ken Samura, Yoshiki Chujo. Synthesis of polystyrene and silica gel polymer hybrids via π-π interactions [J]. Chem Commun, 1998, 10: 1131-1132.

[296] Ging Ho Hsiue, Jem Kun Chen, Ying Ling Liu. Synthesis and characterization of nanocomposite of polyimide-silica hybrid from nonaqueous sol-gel process [J]. J Appl Polym Sci, 2000, 76 (11): 1609-1618.

[297] S P Nunes, K V Peinemann, K Ohlrogge, et al. Membranes of poly (ether imide) and nanodispersed silica [J]. J Membr Sci, 1999, 157 (2): 219-226.

[298] Yen Wei, Wei Wang, Jui Ming Yeh, et al. Vinyl-Polymer-Modified Hybrid Materials and Photoacid-Catalyzed Sol-Gel Reactions [M]. Hybrid Organic-Inorganic Composites. American Chemical Society. 1995: 125-141.

[299] Ging Ho Hsiue, Wen Jang Kuo, Yuan Pin Huang, et al. Microstructural and morphological characteristics of PS-SiO_2 nanocomposites [J]. Polymer, 2000, 41 (8): 2813-2825.

[300] Linh Nguyen, Markus Doblinger, Tim Liedl, et al. DNA-Origami-Templated Silica Growth by Sol-Gel Chemistry [J]. Angew Chem Int Ed, 2019, 58 (3): 912-916.

[301] Bo Qiu, Xiong feng Xu, Rong hui Deng, et al. Construction of chitosan/ZnO nanocomposite film by in situ precipitation [J]. Int J Biol Macromol, 2019, 122: 82-87.

[302] Zehao Wang, Ping Wei, Yong Qian, et al. The synthesis of a novel graphene-based inorganic-organic hybrid flame retardant and its application in epoxy resin [J]. Composites Part B, 2014, 60: 341-349.

[303] Reza Behnam, Hossein Roghani Mamaqani, Mehdi Salami Kalajahi. Preparation of carbon nanotube and polyurethane-imide hybrid composites by sol-gel reaction [J]. Polym Compos, 2018: 1-7.

[304] L Wahba, M D′ Arienzo, R Donetti, et al. In situ sol-gel obtained silica-rubber nanocomposites: Influence of the filler precursors on the improvement of the mechanical properties [J]. RSC Adv, 2013, 3 (17): 5832-5844.

[305] Xiguang Liu, Xuejun Cui, Chunxu Zhang, et al. Effects of different silanization followed via the sol-gel growing of silica nanoparticles onto carbon fiber on interfacial strength of silicone resin composites [J]. Chem Phys Lett, 2018, 707: 1-7.

[306] Bruce M Novak. Hybrid Nanocomposite Materials—between inorganic glasses and organic polymers [J]. Adv Mater, 1993, 5 (6): 422-433.

[307] Julien Loste, José Marie Lopez Cuesta, Laurent Billon, et al. Transparent polymer nanocomposites: An overview on their synthesis and advanced properties [J]. Prog Polym Sci, 2019, 89: 133-158.

[308] Yuan Qing Li, Shao Yun Fu, Yang Yang, et al. Facile Synthesis of Highly Transparent Polymer Nanocomposites by Introduction of Core-Shell Structured Nanoparticles [J]. Chem Mater, 2008, 20 (8): 2637-2643.

[309] H Suzuki, M Taira, K Wakasa, et al. Refractive-index-adjustable Fillers for Visible-light-cured Dental Resin Composites: Preparation of TiO_2-SiO_2 Glass Powder by the Sol-gel Process [J]. J Dent Res, 1991, 70 (5): 883-888.

[310] Yuan Qing Li, Yang Yang, Chang Q Sun, et al. Significant Enhancements in the Fluorescence and Phosphorescence of ZnO Quantum Dots/SiO_2 Nanocomposites by Calcination [J]. J Phys Chem C, 2008, 112 (44): 17397-17401.

[311] Yang Yang, Yuan Qing Li, Han Qiao Shi, et al. Fabrication and characterization of transparent ZnO-SiO_2/silicone nanocomposites with tunable emission colors [J]. Composites Part B, 2011, 42 (8): 2105-2110.

[312] H Schulz, L Mädler, S E Pratsinis, et al. Transparent Nanocomposites of Radiopaque, Flame-Made Ta_2O_5/SiO_2 Particles in an Acrylic Matrix [J]. Adv Funct Mater, 2005, 15 (5): 830-837.

[313] Akbar Eshaghi, Abbas Ali Aghaei. Transparent hydrophobic micro-nano silica-silica nano-composite thin film with environmental durability [J]. Mater Chem Phys, 2019, 227: 318-323.

[314] Qi Feng, Xiaoliang Wang, Qianfei Zhou. PEA/V-SiO_2 core-shell structure for superhydrophobic surface with high abrasion performance [J]. Surf Interfaces, 2018, 12: 196-201.

[315] Weiping Liu, Suong V Hoa, Martin Pugh. Fracture toughness and water uptake of high-performance epoxy/nanoclay nanocomposites [J]. Compos Sci Technol, 2005, 65 (15): 2364-2373.

[316] Ke Wang, Ling Chen, Jingshen Wu, et al. Epoxy Nanocomposites with Highly Exfoliated Clay: Mechanical Properties and Fracture Mechanisms [J]. Macromolecules, 2005, 38 (3): 788-800.

[317] Omid Zabihi, Mojtaba Ahmadi, Saeid Nikafshar, et al. A technical review on epoxy-clay nanocomposites: Structure, properties, and their applications in fiber reinforced composites [J]. Composites Part B, 2018, 135: 1-24.

[318] Yoon H Lee, Takashi Kuboki, Chul B Park, et al. The effects of clay dispersion on the mechanical, physical, and flame-retarding properties of wood fiber/polyethylene/clay nanocomposites [J]. J Appl Polym Sci, 2010, 118 (1): 452-461.

[319] Zohre Karami, Omid Moini Jazani, Amir H Navarchian, et al. State of cure in silicone/clay nanocomposite coatings: The puzzle and the solution [J]. Prog Org Coat, 2018, 125: 222-233.

[320] C Branca, G D′Angelo, C Crupi, et al. Role of the OH and NH vibrational groups in polysaccharide-nanocomposite interactions: A FTIR-ATR study on chitosan and chitosan/clay films [J]. Polymer, 2016, 99: 614-622.

[321] Mohamed Karamane, Mustapha Raihane, Mehmet Atilla Tasdelen, et al. Preparation of fluorinated methacrylate/clay nanocomposite via in-situ polymerization: Characterization, structure, and properties [J]. J Polym Sci, Part A: Polym Chem, 2017, 55 (3): 411-418.

[322] Xin Ge, Zhijian Zhang, Huitao Yu, et al. Study on viscoelastic behaviors of bentonite/nitrile butadiene rubber

nanocomposites compatibilized by different silane coupling agents [J]. Appl Clay Sci, 2018, 157: 274-282.

[323] Sagheer Gul, Ayesha Kausar, Bakhtiar Muhammad, et al. Research progress on properties and applications of polymer/clay nanocomposite [J]. Polym Plast Technol Eng, 2016, 55 (7): 684-703.

[324] Xiuna Yu, Ziyang Lu, Naichao Si, et al. Preparation of rare earth metal ion/TiO$_2$ Hal-conducting polymers by ions imprinting technique and its photodegradation property on tetracycline [J]. Appl Clay Sci, 2014, 99: 125-130.

[325] Meriem Fizir, Pierre Dramou, Kai Zhang, et al. Polymer grafted-magnetic halloysite nanotube for controlled and sustained release of cationic drug [J]. J Colloid Interface Sci, 2017, 505: 476-488.

[326] D Papoulis, D Panagiotaras, P Tsigrou, et al. Halloysite and sepiolite-TiO$_2$ nanocomposites: Synthesis characterization and photocatalytic activity in three aquatic wastes [J]. Mater Sci Semicond Process, 2018, 85: 1-8.

[327] Ayesha Kausar. Review on Polymer/Halloysite Nanotube Nanocomposite [J]. Polym Plast Technol Eng, 2018, 57 (6): 548-564.

[328] Ying Pan, Longxiang Liu, Wei Cai, et al. Effect of layer-by-layer self-assembled sepiolite-based nanocoating on flame retardant and smoke suppressant properties of flexible polyurethane foam [J]. Appl Clay Sci, 2019, 168: 230-236.

[329] T Dhanushka Hapuarachchi, Ton Peijs. Multiwalled carbon nanotubes and sepiolite nanoclays as flame retardants for polylactide and its natural fibre reinforced composites [J]. Composites Part A, 2010, 41 (8): 954-963.

[330] Mehran Sadeghalvaad, Erfan Dabiri, Sara Zahmatkesh, et al. Preparation and properties evaluation of nitrile rubber nanocomposites reinforced with organo-clay, CaCO$_3$, and SiO$_2$ nanofillers [J]. Polym Bull, 2018: 1-21.

[331] Benalia Kouini, Aicha Serier. Combustion behavior of polypropylene/polyamide66/clay nanocomposites [J]. J Vinyl Add Tech, 2017, 23: E68-E71.

[332] Victor H Campos Requena, Bernabe L Rivas, Monica A Perez, et al. Short- and long-term loss of carvacrol from polymer/clay nanocomposite film-A chemometric approach [J]. Polym Int, 2016, 65 (5): 483-490.

[333] Omid Zabihi, Mojtaba Ahmadi, Hamid Khayyam, et al. Fish DNA-modified clays: Towards highly flame retardant polymer nanocomposite with improved interfacial and mechanical performance [J]. Sci Rep, 2016, 6: 38194.

[334] Soo Ling Bee, M A A Abdullah, Mazidah Mamat, et al. Characterization of silylated modified clay nanoparticles and its functionality in PMMA [J]. Composites Part B, 2017, 110: 83-95.

[335] Tie Lan, Padmananda D Kaviratna, Thomas J Pinnavaia. Mechanism of Clay Tactoid Exfoliation in Epoxy-Clay Nanocomposites [J]. Chem Mater, 1995, 7 (11): 2144-2150.

[336] Xiang Wang, Qiang Su, Jiahui Shan, et al. The effect of clay modification on the mechanical properties of poly (methyl methacrylate) /organomodified montmorillonite nanocomposites prepared by in situ suspension polymerization [J]. Polym Compos, 2016, 37 (6): 1705-1714.

[337] Daniel Briesenick, Wolfgang Bremser. Synthesis of polyamide-imide-montmorillonite-nanocomposites via new approach of in situ polymerization and solvent casting [J]. Prog Org Coat, 2015, 82: 26-32.

[338] M I Beltrán, V Benavente, V Marchante, et al. Characterisation of montmorillonites simultaneously modified with an organic dye and an ammonium salt at different dye/salt ratios. Properties of these modified montmorillonites EVA nanocomposites [J]. Appl Clay Sci, 2014, 97/98: 43-52.

[339] Shanshan Gong, Hong Ni, Lei Jiang, et al. Learning from nature: constructing high performance graphene-based nanocomposites [J]. Mater Today, 2017, 20 (4): 210-219.

[340] Paul Podsiadlo, Amit K Kaushik, Ellen M Arruda, et al. Ultrastrong and Stiff Layered Polymer Nanocomposites [J]. Science, 2007, 318 (5847): 80-83.

[341] Yonghua Zhang, Qingyi Cai, Zhijie Jiang, et al. Preparation and properties of unsaturated polyester-montmorillonite intercalated hybrid [J]. Journal of Applied Polymer Science, 2004, 92 (3): 2038-2044.

[342] Ahmed M Youssef, F M Malhat, A A Abdel Hakim, et al. Synthesis and utilization of poly (methylmethacrylate) nanocomposites based on modified montmorillonite [J]. Arabian J Chem, 2017, 10 (5): 631-642.

[343] Marya Raji, Mohamed El Mehdi Mekhzoum, Denis Rodrigue, et al. Effect of silane functionalization on properties of polypropylene/clay nanocomposites [J]. Composites Part B, 2018, 146: 106-115.

[344] Hai jun Lu, Guo Zheng Liang, Xiao yan Ma, et al. Epoxy/clay nanocomposites: further exfoliation of newly modified clay induced by shearing force of ball milling [J]. Polym Int, 2004, 53 (10): 1545-1553.

[345] Weiping Liu, Suong V Hoa, Martin Pugh. Organoclay-modified high performance epoxy nanocomposites [J].

Compos Sci Technol, 2005, 65 (2): 307-316.

[346] Ke Wang, Lei Wang, Jingshen Wu, et al. Preparation of Highly Exfoliated Epoxy/Clay Nanocomposites by "Slurry Compounding": Process and Mechanisms [J]. Langmuir, 2005, 21 (8): 3613-3618.

[347] Ting Ting Zhu, Chun Hui Zhou, Freeman Bwalya Kabwe, et al. Exfoliation of montmorillonite and related properties of clay/polymer nanocomposites [J]. Appl Clay Sci, 2019, 169: 48-66.

[348] Juan Guillermo Martínez Colunga, Saúl Sánchez-Valdes, Armida Blanco-Cardenas, et al. Dispersion and exfoliation of nanoclays in itaconic acid funcionalized LDPE by ultrasound treatment [J]. J Appl Polym Sci, 2018, 135 (20): 1-10.

[349] Upashana Chatterjee, B S Butola, Mangala Joshi. High energy ball milling for the processing of organo-montmorillonite in bulk [J]. Appl Clay Sci, 2017, 140: 10-16.

[350] Vijesh A Tanna, Joshua S Enokida, E Bryan Coughlin, et al. Functionalized Polybutadiene for Clay-Polymer Nanocomposite Fabrication [J]. Macromolecules, 2019, 52 (16): 6135-6141.

[351] Guoliang Zhang, Yangchuan Ke, Jing He, et al. Effects of organo-modified montmorillonite on the tribology performance of bismaleimide-based nanocomposites [J]. Mater Des, 2015, 86: 138-145.

[352] K S Usha Devi, Deepalekshmi Ponnamma, Valerio Causin, et al. Enhanced morphology and mechanical characteristics of clay/styrene butadiene rubber nanocomposites [J]. Appl Clay Sci, 2015, 114: 568-576.

[353] Soo Ling Bee, M A A Abdullah, Soo Tueen Bee, et al. Polymer nanocomposites based on silylated-montmorillonite: A review [J]. Prog Polym Sci, 2018, 85: 57-82.

[354] P Poornima Vijayan, Debora Puglia, Jürgen Pionteck, et al. Liquid-rubber-modified epoxy/clay nanocomposites: effect of dispersion methods on morphology and ultimate properties [J]. Polym Bull, 2015, 72 (7): 1703-1722.

[355] S C Zunjarrao, R Sriraman, R P Singh. Effect of processing parameters and clay volume fraction on the mechanical properties of epoxy-clay nanocomposites [J]. J Mater Sci, 2006, 41 (8): 2219-2228.

[356] Omid Zabihi, Mojtaba Ahmadi, Minoo Naebe. Self-assembly of quaternized chitosan nanoparticles within nanoclay layers for enhancement of interfacial properties in toughened polymer nanocomposites [J]. Mater Des, 2017, 119: 277-289.

[357] Xiaoyan Li, Jian Yang, Xiaoqing Zhou, et al. Effect of compatibilizer on morphology, rheology and properties of SEBS/clay nanocomposites [J]. Polym Test, 2018, 67: 435-440.

[358] Katrin Hedicke-Höchstötter, Goy Teck Lim, Volker Altstädt. Novel polyamide nanocomposites based on silicate nanotubes of the mineral halloysite [M]. 2009.

[359] Lawrence E Nielsen. Models for the Permeability of Filled Polymer Systems [J]. Journal of Macromolecular Science: Part A-Chemistry, 1967, 1 (5): 929-942.

[360] A A Gusev, H R Lusti. Rational Design of Nanocomposites for Barrier Applications [J]. Adv Mater, 2001, 13 (21): 1641-1643.

[361] Marco A Ortenzi, Luca Basilissi, Hermes Farina, et al. Evaluation of crystallinity and gas barrier properties of films obtained from PLA nanocomposites synthesized via "in situ" polymerization of l-lactide with silane-modified nanosilica and montmorillonite [J]. Eur Polym J, 2015, 66: 478-491.

[362] Mehrdad Sharifi, Morteza Ebrahimi, Samane Jafarifard. Preparation and characterization of a high performance powder coating based on epoxy/clay nanocomposite [J]. Prog Org Coat, 2017, 106: 69-76.

[363] Ehsan Naderi Kalali, Xin Wang, De-Yi Wang. Multifunctional intercalation in layered double hydroxide: toward multifunctional nanohybrids for epoxy resin [J]. J Mater Chem A, 2016, 4 (6): 2147-2157.

[364] Oana M Istrate, Biqiong Chen. Enhancements of clay exfoliation in polymer nanocomposites using a chemical blowing agent [J]. Polym Int, 2014, 63 (12): 2008-2016.

[365] Jau Yu Chiou, Ting Kai Huang, Kuo Huang Hsieh, et al. Fine dispersion of phosphazene-amines and silicate platelets in epoxy nanocomposites and the synergistic fire-retarding effect [J]. J Polym Res, 2014, 21 (6): 467.

[366] B Lecouvet, J G Gutierrez, Michel Sclavons, et al. Structure-property relationships in polyamide 12/halloysite nanotube nanocomposites [J]. Polym Degrad Stab, 2011, 96: 226-235.

[367] Hao Wu, Mourad Krifa, Joseph H Koo. Inherently Flame Retardant Nylon 6 Nanocomposite Fibers [J]. Fibers Polym, 2018, 19 (7): 1500-1512.

[368] Huajie Mao, Bo He, Wei Guo, et al. Effects of Nano-CaCO₃ Content on the Crystallization, Mechanical Proper-

ties, and Cell Structure of PP Nanocomposites in Microcellular Injection Molding [J]. Polymers, 2018, 10 (10): 1160.

[369] Golshan Moradi, Sirus Zinadini. Polycitrate-para-aminobenzoate alumoxane nanoparticles as a novel nanofiller for enhancement performance of electrospun PAN membranes [J]. Sep Purif Technol, 2019, 213: 224-234.

[370] Sharjeel Abid, Tanveer Hussain, Zulfiqar Ali Raza, et al. Current applications of electrospun polymeric nanofibers in cancer therapy [J]. Mater Sci Eng, C, 2019, 97: 966-977.

[371] M Khalifa, B Deeksha, A Mahendran, et al. Synergism of Electrospinning and Nano-alumina Trihydrate on the Polymorphism, Crystallinity and Piezoelectric Performance of PVDF Nanofibers [J]. JOM, 2018, 70 (7): 1313-1318.

[372] Jyoti V Patil, Sawanta S Mali, Archana S Kamble, et al. Electrospinning: A versatile technique for making of 1D growth of nanostructured nanofibers and its applications: An experimental approach [J]. Appl Surf Sci, 2017, 423: 641-674.

[373] Jianbo Li, Chengwei Peng, Zhimei Wang, et al. Preparation of thermo-responsive drug-loaded nanofibrous films created by electrospinning [J]. RSC Adv, 2018, 8 (31): 17551-17557.

[374] R Zhao, X F Lu, C Wang. Electrospinning based all-nano composite materials: Recent achievements and perspectives [J]. Compos Commun, 2018, 10: 140-150.

[375] Janthana Namsaeng, Winita Punyodom, Patnarin Worajittiphon. Synergistic effect of welding electrospun fibers and MWCNT reinforcement on strength enhancement of PAN-PVC non-woven mats for water filtration [J]. Chem Eng Sci, 2019, 193: 230-242.

[376] Guang Yang, Xilin Li, Yang He, et al. From nano to micro to macro: Electrospun hierarchically structured polymeric fibers for biomedical applications [J]. Prog Polym Sci, 2017, 81: 80-113.

[377] Xiaoqian Shan, Changsheng Liu, Fengqian Li, et al. Nanoparticles vs. nanofibers: a comparison of two drug delivery systems on assessing drug release performance in vitro [J]. Des Monomers Polym, 2015, 18 (7): 678-689.

[378] Eryun Yan, Yingmei Fan, Zhiyao Sun, et al. Biocompatible core-shell electrospun nanofibers as potential application for chemotherapy against ovary cancer [J]. Mater Sci Eng, C, 2014, 41: 217-223.

[379] I Cooperstein, E Sachyani Keneth, E Shukrun Farrell, et al. Hybrid Materials for Functional 3D Printing [J]. Adv Mater Interfaces, 2018, 5 (22): 1-15.

[380] Z C Kennedy, J F Christ, K A Evans, et al. 3D-printed poly (vinylidene fluoride) /carbon nanotube composites as a tunable, low-cost chemical vapour sensing platform [J]. Nanoscale, 2017, 9 (17): 5458-5466.

[381] A L S Cruz, C M B Cordeiro, M A R Franco. 3D Printed Hollow-Core Terahertz Fibers [J]. Fibers, 2018, 6 (3): 1-11.

[382] Cheng Zhu, Tianyu Liu, Fang Qian, et al. 3D printed functional nanomaterials for electrochemical energy storage [J]. Nano Today, 2017, 15: 107-120.

[383] Ipek Bayraktar, Doga Doganay, Sahin Coskun, et al. 3D printed antibacterial silver nanowire/polylactide nanocomposites [J]. Composites Part B, 2019, 172: 671-678.

[384] Vishal Francis, Prashant K Jain. A filament modification approach for in situ ABS/OMMT nanocomposite development in extrusion-based 3D printing [J]. J Braz Soc Mech Sci Eng, 2018, 40 (7): 1-13.

[385] J J Luo, H B Wang, D Q Zuo, et al. Research on the Application of MWCNTs/PLA Composite Material in the Manufacturing of Conductive Composite Products in 3D Printing [J]. Micromachines, 2018, 9 (12): 1-13.

[386] Z Y Wang, W L Gao, Q Zhang, et al. 3D-Printed Graphene/Polydimethylsiloxane Composites for Stretchable and Strain-Insensitive Temperature Sensors [J]. ACS Appl Mater Interfaces, 2019, 11 (1): 1344-1352.

[387] K Zdiri, A Elamri, M Hamdaoui. Advances in Thermal and Mechanical Behaviors of PP/Clay Nanocomposites [J]. Polym Plast Technol Eng, 2017, 56 (8): 824-840.

[388] Cuicui Wang, Liping Cai, Sheldon Q Shi, et al. Thermal and flammable properties of bamboo pulp fiber/high-density polyethylene composites: Influence of preparation technology, nano calcium carbonate and fiber content [J]. Renewable Energy, 2019, 134: 436-445.

[389] Jian Wei Guo, Yi Hui Wu, Po Li Wei, et al. Immobilization of antibody conjugated ZnS quantum dots onto poly (2,6-dimethyl-1,4-phenylene oxide) nanofibers with Poly (N-isopropylacrylamide) grafts as reversibly fluorescence immunoassay [J]. Dyes Pigm, 2018, 159: 198-208.

[390] Muhammad Umar Azam, Mohammed Abdul Samad. A novel organoclay reinforced UHMWPE nanocomposite coating for tribological applications [J]. Prog Org Coat, 2018, 118: 97-107.

[391] Shuaipeng Xing, Zhe Zhang, Xiyu Fei, et al. Selective on-surface covalent coupling based on metal-organic coordination template [J]. Nat Commun, 2019, 10 (1): 70.

[392] Chen Hui Shu, Meng Xi Liu, Ze Qi Zha, et al. On-surface synthesis of poly (p-phenylene ethynylene) molecular wires via in situ formation of carbon-carbon triple bond [J]. Nat Commun, 2018, 9 (1): 1-7.

[393] Chao Teng, Dan Xie, Jianfeng Wang, et al. A strong, underwater superoleophobic PNIPAM-clay nanocomposite hydrogel [J]. J Mater Chem A, 2016, 4 (33): 12884-12888.

[394] Fei Qiang, Li Li Hu, Li Xiu Gong, et al. Facile synthesis of super-hydrophobic, electrically conductive and mechanically flexible functionalized graphene nanoribbon/polyurethane sponge for efficient oil/water separation at static and dynamic states [J]. Chem Eng J, 2018, 334: 2154-2166.

[395] Jiefeng Gao, Bei Li, Ling Wang, et al. Flexible membranes with a hierarchical nanofiber/microsphere structure for oil adsorption and oil/water separation [J]. J Ind Eng Chem, 2018, 68: 416-424.

[396] Guixiang Wang, Aoife Morrin, Mengru Li, et al. Nanomaterial-doped conducting polymers for electrochemical sensors and biosensors [J]. J Mater Chem B, 2018, 6 (25): 4173-4190.

[397] Yang Li, Mingfei Jiao, Huijie Zhao, et al. High performance gas sensors based on in-situ fabricated ZnO/polyaniline nanocomposite: The effect of morphology on the sensing properties [J]. Sens Actuators, B, 2018, 264: 285-295.

[398] V P Anju, P R Jithesh, Sunil K Narayanankutty. A novel humidity and ammonia sensor based on nanofibers/polyaniline/polyvinyl alcohol [J]. Sens Actuators, A, 2019, 285: 35-44.

[399] Ali Aldalbahi, Peter Feng, Norah Alhokbany, et al. Synthesis and characterization of hybrid nanocomposites as highly-efficient conducting CH_4 gas sensor [J]. Spectrochim Acta, Part A, 2017, 173: 502-509.

[400] Amirmohammad Seif, Alireza Nikfarjam, Hassan Haj Ghassem. UV enhanced ammonia gas sensing properties of PANI/TiO_2 core-shell nanofibers [J]. Sens Actuators, B, 2019, 298.

[401] Hairong Kou, Lei Zhang, Qiulin Tan, et al. Wireless wide-range pressure sensor based on graphene/PDMS sponge for tactile monitoring [J]. Sci Rep, 2019, 9 (1): 3916.

[402] Muthuchamy Maruthupandy, Govindan Rajivgandhi, Thillaichidambaram Muneeswaran, et al. Chitosan/silver nanocomposites for colorimetric detection of glucose molecules [J]. Int J Biol Macromol, 2019, 121: 822-828.

[403] Behzad Davodi, Mansour Jahangiri, Mohsen Ghorbani. The lead removal from aqueous solution by magnetic Fe_3O_4 @polydopamine nanocomposite using Box-Behnken design [J]. Part Sci Technol, 2019, 1-12.

[404] Alaa Mohamed, Mohamed M Ghobara, M K Abdelmaksoud, et al. A novel and highly efficient photocatalytic degradation of malachite green dye via surface modified polyacrylonitrile nanofibers/biogenic silica composite nanofibers [J]. Sep Purif Technol, 2019, 210: 935-942.

[405] Joanna Kurczewska, Michał Cegłowski, Beata Messyasz, et al. Dendrimer-functionalized halloysite nanotubes for effective drug delivery [J]. Appl Clay Sci, 2018, 153: 134-143.

[406] Ait Mehdi Yamina, Meriem Fizir, Asma Itatahine, et al. Preparation of multifunctional PEG-graft-Halloysite Nanotubes for Controlled Drug Release, Tumor Cell Targeting, and Bio-imaging [J]. Colloids Surf, B, 2018, 170: 322-329.

[407] Xiaoming Luo, Chengying Xie, Huan Wang, et al. Antitumor activities of emulsion electrospun fibers with core loading of hydroxycamptothecin via intratumoral implantation [J]. Int J Pharm, 2012, 425 (1): 19-28.

[408] S M Moghimi, A C Hunter, J C Murray. Long-circulating and target-specific nanoparticles: theory to practice [J]. Pharmacol Rev, 2001, 53 (2): 283-318.

[409] Brent D Weinberg, Elvin Blanco, Jinming Gao. Polymer Implants for Intratumoral Drug Delivery and Cancer Therapy [J]. J Pharm Sci, 2008, 97 (5): 1681-1702.

[410] Deng Guang Yu, Ying Xu, Zan Li, et al. Coaxial Electrospinning with Mixed Solvents: From Flat to Round Eudragit L100 Nanofibers for Better Colon-Targeted Sustained Drug Release Profiles [J]. J Nanomater, 2014, 2014: 8.

[411] Zhiwei Xie, Gisela Buschle Diller. Electrospun poly (D, L-lactide) fibers for drug delivery: The influence of cosolvent and the mechanism of drug release [J]. J Appl Polym Sci, 2010, 115 (1): 1-8.

[412] Fan Long Jin, Soo Jin Park. Thermo-mechanical behaviors of butadiene rubber reinforced with nano-sized calcium carbonate [J]. Mater Sci Eng, A, 2008, 478 (1-2): 406-408.

[413] Jun Liu, Zijian Zheng, Fanzhu Li, et al. Nanoparticle chemically end-linking elastomer network with super-low hysteresis loss for fuel-saving automobile [J]. Nano Energy, 2016, 28: 87-96.

[414] Chengfeng Zhang, Zhenghai Tang, Baochun Guo, et al. Concurrently improved dispersion and interfacial interaction in rubber/nanosilica composites via efficient hydrosilane functionalization [J]. Compos Sci Technol, 2019, 169: 217-223.

[415] Dhanya Vijayan, A Mathiazhagan, Rani Joseph. Aluminium trihydroxide: Novel reinforcing filler in Polychloroprene rubber [J]. Polymer, 2017, 132: 143-156.

[416] Yuhua Zhong, Chenchen Jiang, Mingzhu Ruan, et al. Preparation, thermal, and flammability of halogen-free flame retarding thermoplastic poly (ether-ester) elastomer/montmorillonite nanocomposites [J]. Polym Compos, 2016, 37 (3): 700-708.

[417] Chenyang Zhang, Jincheng Wang. Natural rubber/dendrimer modified montmorillonite nanocomposites: Mechanical and flame-retardant properties [J]. Materials, 2017, 11 (1): 1-17.

[418] Á J Leite, J F Mano. Biomedical applications of natural-based polymers combined with bioactive glass nanoparticles [J]. J Mater Chem B, 2017, 5 (24): 4555-4568.

[419] Daniela S Couto, Zhongkui Hong, João F Mano. Development of bioactive and biodegradable chitosan-based injectable systems containing bioactive glass nanoparticles [J]. Acta Biomater, 2009, 5 (1): 115-123.

[420] Sofia G Caridade, Esther G Merino, Natália M Alves, et al. Chitosan membranes containing micro or nano-size bioactive glass particles: evolution of biomineralization followed by in situ dynamic mechanical analysis [J]. J Mech Behav Biomed Mater, 2013, 20: 173-183.

[421] Artur Jdrzak, Bartosz F Grzekowiak, Emerson Coy, et al. Dendrimer based theranostic nanostructures for combined chemo- and photothermal therapy of liver cancer cells in vitro [J]. Colloids Surf, B, 2019, 173: 698-708.

[422] Haohong Pi, Rui Wang, Baona Ren, et al. Facile fabrication of multi-structured SiO₂@PVDF-HFP nanofibrous membranes for enhanced copper ions adsorption [J]. Polymers, 2018, 10 (12): 1385-1400.

[423] Ying Liang, Xiaohong Xia, Yongsong Luo, et al. Synthesis and performances of Fe₂O₃/PA-6 nanocomposite fiber [J]. Mater Lett, 2007, 61 (14): 3269-3272.

[424] Hui Liu, Shichao Zhang, Lifang Liu, et al. A Fluffy Dual-Network Structured Nanofiber/Net Filter Enables High-Efficiency Air Filtration [J]. Adv Funct Mater, 2019, 29 (39): 1904108.

[425] Amrita Hooda, M S Goyat, Rajeev Gupta, et al. Synthesis of nano-textured polystyrene/ZnO coatings with excellent transparency and superhydrophobicity [J]. Mater Chem Phys, 2017, 193: 447-452.

[426] Veromee Kalpana Wimalasiri, Helapiyumi Uthpala Weerathunga, Nilwala Kottegoda, et al. Silica Based Superhydrophobic Nanocoatings for Natural Rubber Surfaces [J]. J Nanomater, 2017, 2017: 1-15.

[427] Dongqiao Zhang, Brandon L Williams, Saral B Shrestha, et al. Flame retardant and hydrophobic coatings on cotton fabrics via sol-gel and self-assembly techniques [J]. J Colloid Interface Sci, 2017, 505: 892-899.

[428] Sonalee Das, Sudheer Kumar, Sushanta K Samal, et al. A Review on Superhydrophobic Polymer Nanocoatings: Recent Development and Applications [J]. Ind Eng Chem Res, 2018, 57 (8): 2727-2745.

[429] Liangliang Cao, Andrew K Jones, Vinod K Sikka, et al. Anti-Icing Superhydrophobic Coatings [J]. Langmuir, 2009, 25 (21): 12444-12448.

[430] Yulu Wang, Yabin Wang, Xiaoyu Li, et al. Dendritic Silica Particles with Well-Dispersed Ag Nanoparticles for Robust Antireflective and Antibacterial Nanocoatings on Polymeric Glass [J]. ACS Sustainable Chem Eng, 2018, 6 (11): 14071-14081.

[431] Huali Xie, Xuejun Lai, Yanlin Wang, et al. A green approach to fabricating nacre-inspired nanocoating for super-efficiently fire-safe polymers via one-step self-assembly [J]. J Hazard Mater, 2019, 365: 125-136.

[432] Dawei Zhang, Hongchang Qian, Luntao Wang, et al. Comparison of barrier properties for a superhydrophobic epoxy coating under different simulated corrosion environments [J]. Corros Sci, 2016, 103: 230-241.

[433] Jiwoong Heo, Moonhyun Choi, Jinkee Hong. Facile Surface Modification of Polyethylene Film via Spray-Assisted Layer-by-Layer Self-Assembly of Graphene Oxide for Oxygen Barrier Properties [J]. Sci Rep, 2019, 9 (1): 1-7.

[434] Andreas Haase, Pascal Hesse, Lars Brommer, et al. Modification of Polycarbonate and Glycol Modified Poly

(ethylene terephthalate) by Addition of Silica-Nanoparticles Grafted with SAN Copolymer Using "Classical" and ARGET ATRP [J]. Macromol Mater Eng, 2013, 298 (3): 292-302.

[435] Amit Chatterjee. Properties improvement of PMMA using nano TiO_2 [J]. J Appl Polym Sci, 2010, 118 (5): 2890-2897.

[436] Cayetano Espejo, Alejandro Arribas, Fuensanta Monzó, et al. Nanocomposite films with enhanced radiometric properties for greenhouse covering applications [J]. J Plast Film Sheeting, 2012, 28 (4): 336-350.

[437] P J Yoon, D L Hunter, D R Paul. Polycarbonate nanocomposites. Part 1. Effect of organoclay structure on morphology and properties [J]. Polymer, 2003, 44 (18): 5323-5339.

[438] Kyung Min Lee, Chang Dae Han. Effect of hydrogen bonding on the rheology of polycarbonate/organoclay nanocomposites [J]. Polymer, 2003, 44 (16): 4573-4588.

[439] Jr Hao Liaw, Tony Yi Hsueh, Tai-Sheng Tan, et al. Twin-screw compounding of poly (methyl methacrylate) / clay nanocomposites: effects of compounding temperature and matrix molecular weight [J]. Polym Int, 2007, 56 (8): 1045-1052.

[440] Djahida Lerari, Sophie Peeterbroeck, Samira Benali, et al. Use of a new natural clay to produce poly (methyl methacrylate) -based nanocomposites [J]. Polym Int, 2010, 59 (1): 71-77.

[441] Maria Eugenia Romero-Guzmán, Angel Romo-Uribe, Erasmo Ovalle-García, et al. Microstructure and dynamic mechanical analysis of extruded layered silicate PVC nanocomposites [J]. Polym Adv Technol, 2008, 19 (9): 1168-1176.

[442] Marianne Strange, David Plackett, Martin Kaasgaard, et al. Biodegradable polymer solar cells [J]. Sol Energy Mater Sol Cells, 2008, 92 (7): 805-813.

[443] Seok-In Hong, Jong-Whan Rhim. Preparation and properties of melt-intercalated linear low density polyethylene/ clay nanocomposite films prepared by blow extrusion [J]. LWT Food Sci Technol, 2012, 48 (1): 43-51.

[444] Setareh Niknezhad, Avraam I Isayev. Online ultrasonic film casting of LLDPE and LLDPE/clay nanocomposites [J]. J Appl Polym Sci, 2013, 129 (1): 263-275.

[445] Funda Inceoglu, Yusuf Ziya Menceloglu. Transparent low-density polyethylene/starch nanocomposite films [J]. J Appl Polym Sci, 2013, 129 (4): 1907-1914.

[446] Shadpour Mallakpour, Abdolvahid Barati. Efficient preparation of hybrid nanocomposite coatings based on poly (vinyl alcohol) and silane coupling agent modified TiO_2 nanoparticles [J]. Prog Org Coat, 2011, 71 (4): 391-398.

[447] Shadpour Mallakpour, Mohammad Dinari. Nanocomposites of Poly (vinyl alcohol) Reinforced with Chemically Modified Al_2O_3: Synthesis and Characterization [J]. J Macromol Sci Part B Phys, 2013, 52 (11): 1651-1661.

[448] Denin Pius Joy, P Parthasarathy, Shantanu Bhowmik. Investigation on high performance polymeric nano composite to develop transparent windshield [J]. Mater Today: Proc, 2018, 5 (11): 25229-25235.

[449] S Sugumaran, C S Bellan. Transparent nano composite PVA-TiO_2 and PMMA-TiO_2 thin films: Optical and dielectric properties [J]. Optik, 2014, 125 (18): 5128-5133.

[450] Young Gug Seol, Tran Quang Trung, Ok-Ja Yoon, et al. Nanocomposites of reduced graphene oxide nanosheets and conducting polymer for stretchable transparent conducting electrodes [J]. J Mater Chem, 2012, 22 (45): 23759-23766.

[451] G Carotenuto, M Valente, G Sciume, et al. Preparation and characterization of transparent/conductive nano-composites films [J]. J Mater Sci, 2006, 41 (17): 5587-5592.

[452] Yong Song Luo, Jiao Ping Yang, Xiao Jun Dai, et al. Preparation and Optical Properties of Novel Transparent Al-Doped-ZnO/Epoxy Nanocomposites [J]. J Phys Chem C, 2009, 113 (21): 9406-9411.

[453] Tarik Ali Cheema, Alexander Lichtner, Christine Weichert, et al. Fabrication of transparent polymer-matrix nanocomposites with enhanced mechanical properties from chemically modified ZrO_2 nanoparticles [J]. J Mater Sci, 2012, 47 (6): 2665-2674.

[454] Yuan Qing Li, Shao Yun Fu, Yiu Wing Mai. Preparation and characterization of transparent ZnO/epoxy nanocomposites with high-UV shielding efficiency [J]. Polymer, 2006, 47 (6): 2127-2132.

[455] Yuan Qing Li, Yang Yang, Shao Yun Fu. Photo-stabilization properties of transparent inorganic UV-filter/epoxy nanocomposites [J]. Compos Sci Technol, 2007, 67 (15): 3465-3471.

[456] Pao Swu Cheng, Kuen Mao Zeng, Jung Hui Chen. Preparation and Characterization of Transparent and UV-Shiel-

ding Epoxy/SR-494/APTMS/ZnO Nanocomposites with High Heat Resistance and Anti-Static Properties [J]. J Chin Chem Soc, 2014, 61 (3): 320-328.

[457] Chia Liang Tsai, Hung Ju Yen, Guey Sheng Liou. Highly transparent polyimide hybrids for optoelectronic applications [J]. React Funct Polym, 2016, 108: 2-30.

[458] Norihiro Suzuki, Mohamed B Zakaria, Ya Dong Chiang, et al. Thermally stable polymer composites with improved transparency by using colloidal mesoporous silica nanoparticles as inorganic fillers [J]. PCCP, 2012, 14 (20): 7427-7432.

[459] Ying Li, Peng Tao, Anand Viswanath, et al. Bimodal Surface Ligand Engineering: The Key to Tunable Nanocomposites [J]. Langmuir, 2013, 29 (4): 1211-1220.

[460] Victor M F Evora, Arun Shukla. Fabrication, characterization, and dynamic behavior of polyester/TiO₂ nanocomposites [J]. Mater Sci Eng, A, 2003, 361 (1): 358-366.

[461] Hsing I Hsiang, Yu Lun Chang, Chi Yu Chen, et al. Silane effects on the surface morphology and abrasion resistance of transparent SiO₂/UV-curable resin nano-composites [J]. Appl Surf Sci, 2011, 257 (8): 3451-3454.

[462] Hua Zou, Shishan Wu, Jian Shen. Polymer/Silica Nanocomposites: Preparation, Characterization, Properties, and Applications [J]. Chem Rev, 2008, 108 (9): 3893-3957.

[463] Koji Nakane, Tomonori Yamashita, Kenji Iwakura, et al. Properties and structure of poly (vinyl alcohol) /silica composites [J]. J Appl Polym Sci, 1999, 74 (1): 133-138.

[464] Rajatendu Sengupta, Abhijit Bandyopadhyay, Sunil Sabharwal, et al. Polyamide-6,6/in situ silica hybrid nanocomposites by sol-gel technique: synthesis, characterization and properties [J]. Polymer, 2005, 46 (10): 3343-3354.

[465] Shuhong Wang, Z Ahmad, J E Mark. A polyamide-silica composite prepared by the sol-gel process [J]. Polym Bull, 1993, 31 (3): 323-330.

[466] Q Hu, E Marand. In situ formation of nanosized TiO₂ domains within poly (amide-imide) by a sol-gel process [J]. Polymer, 1999, 40 (17): 4833-4843.

[467] P K Khanna, Narendra Singh, Shobhit Charan. Synthesis of nano-particles of anatase-TiO₂ and preparation of its optically transparent film in PVA [J]. Mater Lett, 2007, 61 (25): 4725-4730.

[468] Shixing Wang, Mingtai Wang, Yong Lei, et al. "Anchor effect" in poly (styrene maleic anhydride) /TiO₂ nanocomposites [J]. J Mater Sci Lett, 1999, 18 (24): 2009-2012.

[469] Haitao Wang, Peng Xu, Wei Zhong, et al. Transparent poly (methyl methacrylate) /silica/zirconia nanocomposites with excellent thermal stabilities [J]. Polym Degrad Stab, 2005, 87 (2): 319-327.

[470] Tianbao Du, Hongwei Song, Olusegun J Ilegbusi. Sol-gel derived ZnO/PVP nanocomposite thin film for superoxide radical sensor [J]. Mater Sci Eng, C, 2007, 27 (3): 414-420.

[471] Junwen Lu, Wei Wang, Aiqing Zhang, et al. Insitu sol-gel preparation of high transparent fluorinated polyimide/nano-MgO hybrid films [J]. J Sol-Gel Sci Technol, 2012, 63 (3): 495-500.

[472] Yang Seungcheol, Jeong Hwan Kim, Ho Jin Jung, et al. Synthesis and characterization of nano-sized epoxy oligosiloxanes for fabrication of transparent nano hybrid materials [J]. J Polym Sci, Part B: Polym Phys, 2009, 47 (8): 756-763.

[473] P Yang, C L Li, N Murase. Highly Photoluminescent Multilayer QD-Glass Films Prepared by LbL Self-Assembly [J]. Langmuir, 2005, 21 (19): 8913-8917.

[474] Jodie L Lutkenhaus, Elsa A Olivetti, Eric A Verploegen, et al. Anisotropic Structure and Transport in Self-Assembled Layered Polymer-Clay Nanocomposites [J]. Langmuir, 2007, 23 (16): 8515-8521.

[475] Z Wu, J Walish, A Nolte, et al. Deformable Antireflection Coatings from Polymer and Nanoparticle Multilayers [J]. Adv Mater, 2006, 18 (20): 2699-2702.

[476] Bong Sup Shim, Zhiyong Tang, Matthew P Morabito, et al. Integration of Conductivity, Transparency, and Mechanical Strength into Highly Homogeneous Layer-by-Layer Composites of Single-Walled Carbon Nanotubes for Optoelectronics [J]. Chem Mater, 2007, 19 (23): 5467-5474.

[477] Morgan A Priolo, Daniel Gamboa, Jaime C Grunlan. Transparent clay-polymer nano brick wall assemblies with tailorable oxygen barrier [J]. ACS Appl Mater Interfaces, 2010, 2 (1): 312-320.

[478] Chengbao Liu, Jingyu Li, Zhengyu Jin, et al. Synthesis of graphene-epoxy nanocomposites with the capability to

self-heal underwater for materials protection [J]. Compos Commun, 2019, 15: 155-161.

[479] Ayesha Kausar. Advances in polymer-anchored carbon nanotube foam: a review [J]. Polymer-Plastics Technology and Materials, 2019: 1-14.

[480] Bo You, Jinhui Jiang, Sanjun Fan. Three-Dimensional Hierarchically Porous All-Carbon Foams for Supercapacitor [J]. ACS Appl Mater Interfaces, 2014, 6 (17): 15302-15308.

[481] Wei Wang, Shirui Guo, Miroslav Penchev, et al. Three dimensional few layer graphene and carbon nanotube foam architectures for high fidelity supercapacitors [J]. Nano Energy, 2013, 2 (2): 294-303.

[482] Qihang Zhou, Tong Wei, Jingming Yue, et al. Polyaniline nanofibers confined into graphene oxide architecture for high-performance supercapacitors [J]. Electrochim Acta, 2018, 291: 234-241.